航线运输飞行员理论培训教材

飞机结构与系统

总 主 编：沈泽江 孙 慧

本 册 主 编：黄传勇

本册副主编：周 斌

大连海事大学出版社

DALIAN MARITIME UNIVERSITY PRESS

图书在版编目(CIP)数据

飞机结构与系统 / 黄传勇主编. — 大连：大连海
事大学出版社，2017.9
航线运输飞行员理论培训教材 / 沈泽江，孙慧总主
编
ISBN 978-7-5632-3498-1

Ⅰ. ①飞… Ⅱ. ①黄… Ⅲ. ①飞机 — 结构设计 — 技术
培训 — 教材②飞机系统 — 技术培训 — 教材 Ⅳ. ①V221

中国版本图书馆CIP数据核字(2017)第148191号

大连海事大学出版社出版

地址：大连市凌海路1号　邮编：116026　电话：0411-84728394　传真：0411-84727996
http://www.dmupress.com　E-mail:cbs@dmupress.com

大连海大印刷有限公司印装　　　　　　　　大连海事大学出版社发行

2017年9月第1版		2017年9月第1次印刷
幅面尺寸：210 mm×285 mm	印张：25	字数：701千

出版人：徐华东

策　　划：徐华东　孟　冀　王尚楠	执行编辑：董洪英　张　华　王　琴
责任编辑：沈荣欣	责任校对：宋彩霞　张　冰
封面设计：解瑶瑶	版式设计：孟　冀　解瑶瑶

ISBN 978-7-5632-3498-1　　　　　　　　　　　　　　　定价：170.00元

编委会

航线运输飞行员理论培训教材

编审委员会

- **主　　任**　沈泽江
- **副 主 任**　万向东　胡振江　孙　慧
- **主任委员**　蒋怀宇　关立欣　盛　彪
　　　　　　　魏雄志　韩光祖　张　磊

《飞机结构与系统》

翻译　黄传勇　周　斌　王　强　蒋维安
编写　黄传勇　周　斌　王　强　蒋维安
审校　孙　慧　韩光祖　张　磊

序

中国民航飞行员协会与美国杰普逊公司北京代表处以及大连海事大学出版社合作,编译出版了中国航线运输飞行员理论培训教材,共15本。本系列教材包括飞行原理、航空气象、人的因素、运行程序等与航线飞行有关的各个方面,并配有大量清晰的多为彩色的插图和表格。这是一套针对航线飞行员编写的十分有益的理论学习教材。中国民航飞行员协会盛彪副理事长邀我作序,我欣然接受。

作为一名已经退休的老飞行员,看到中国民航的机队快速发展,一批又一批新飞行员健康、快速地成长,我发自内心地感到十分欣慰。

回顾自己的飞行经历以及近几年国际运输航空几次大的空难事故,我深感理论学习在航线飞行员成长过程中的必要性与重要性。这套教材的面世,可谓是恰逢其时。

我们这一代飞行员,在机型理论学习上的经历可谓"冰火两重天"。20世纪60年代开始学习飞行时,正值"文化大革命","火烧蓝皮书"风行一时,我甚至是一天理论都没有学就上飞机开始训练了。"文革"后期已经当了几年飞行教员的我,仅去广汉校部补了三个月的理论课。20世纪70年代末,改装"伊尔14"时我是在广汉校部学的理论,历时三个月。20世纪80年代初改装"三叉戟"时我去北京管理教导队学习理论,又是历时三个多月,经历了五次考试,几乎能够背下来飞机所有的油路、电路等。1985年去波音公司改装波音737,第一次接触幻灯片教学,很新鲜,理论学习的时间也不长,约三周时间,也不考试,就是做了一些选择题而已,当时感觉西方的改装机型理论学习比较实用。后来又有了"柏拉图"(应该是CBT教学的前身),1996年改装波音777时已全部是CBT教学。现在已发展到在网上CBT,自学70余个课时即可。现在回过头来看,两种不同的理论学习方法、考试方法虽然是各有千秋,但西方的理论学习是建立在学员之前有较深厚的基础知识功底,之后又能认真阅读相关手册、资料之上的。而我们在这之前、之后两个阶段都有不小差距,我们的教育方式基础是学生听老师讲,学生记笔记,不太善于自学。不少飞行员在改装结束之后,尤其是当了机长,仅有的理论书、手册也都"刀枪入库,马放南山"了。选择题形式的考试,使学员的理论知识连不成系统,有点支离破碎。我们这方面的教材也很缺乏,尤其是针对大型喷气运输飞机的。飞行干部、飞行员都飞得十分繁忙,无暇参加理论知识的学习。各类手册不少,真正反复阅读并真正读懂的飞行员并不多。法航447航班的事故调查报告中有这样一段话:"仅凭失速警告和抖动想让飞行员意识到失速是很难的,这就要求飞行员之前有足够的失速经验,仅对情景、飞机知识(飞机的各种保护模式)以及飞行特性有最基本的认识是远远不够的。但航空公司飞行员当前培训情况的检查结果表明,飞行员并没有掌握保持这种技能。"波音的飞行机组训练手册中指出:"基础的空气动力知识是最重要的,以及对飞机各系统的综合认识下的飞机操纵特点,是处理飞机特殊情况的关键。"

1989年7月19日,阿尔·海恩机长处理DC-10飞机故障的成功案例,以及近年发生的OZ214、QZ8501、EK521事故,从正反两方面证明了理论知识学习的重要性。希望飞行员们认真查看上面的事故和事故调查报告。

希望这套书的面世,能为飞行员们提供自学的途径。飞行是飞行员一生的职业,保证航空安全不仅是为自己和家人负责,更是为机上那么多乘客负责。保证航空安全是我们的最高职责。

我翻译的萨利机长的《将飞机迫降在哈德逊河上》一书中的第19章,有这样一段话,我想把它作为序的结尾:

"在过去的42年中,我飞过成千上万个航班,但我在其中一次的表现却决定了人们如何对我整个飞行生涯做出评价。这一点告诉我:我们必须尽力每时、每次、每件事都要做对,还要努力做到最好,因为我们不知道生命中的哪一个瞬间会决定对我们一生的评价。机遇总是留给那些有准备的人。"

杨元元

2017年6月

航空气象

- 大气环境
- 风
- 热力学
- 云和雾
- 降水
- 气团与锋面
- 气压系统
- 气候学
- 危险天气下的飞行
- 气象信息

通用导航

- 导航基础
- 磁场
- 罗盘
- 航图
- 推测导航
- 空中导航
- 惯性导航系统（INS）

无线电导航

- 无线电设备
- 区域导航系统
- 无线电传播基础理论
- 雷达的基本原理
- 自主导航系统和外部导航系统

飞机结构与系统

- 机身
- 窗户
- 机翼
- 安定面
- 起落架系统
- 飞行操纵系统
- 液压系统
- 气源系统
- 空调系统
- 增压系统
- 除冰/防冰系统
- 燃油系统

动力装置

- 活塞发动机
- 喷气发动机
- 螺旋桨
- 辅助动力装置（APU）

航空电气

- 直流电
- 交流电
- 蓄电池
- 磁学
- 交流/直流发电机
- 半导体
- 电路

航空法规

12

人的因素

13

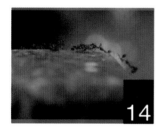

运行程序

14

通信

15

目 录

第三章
机翼结构

第四章
尾翼

第五章
主飞行操纵系统和辅助飞行操纵系统

第六章
飞行操纵——增升装置

第七章
起落架

第八章

起落架——机轮、轮胎和刹车装置

第九章

液压系统

第十章

燃油系统

第十一章
防冰排雨系统

第十二章
环境控制系统:空调

第十三章
增压和氧气系统

第十四章
火警探测与灭火系统

第十五章
通用应急设备

第一章
结构概述

概述

  自动力飞行诞生以来,飞机设计师和制造商就竭尽所能采用一切新技术制造飞得更快、载得更多、飞得更远的飞机。20世纪,特别是两次世界大战和冷战期间,以设计和制造高性能飞机为目标的激烈竞争使航空技术发生了质的飞跃。

  所有飞机都采用水平翼面来产生升力并克服飞机重力,这就是机翼。当然,机翼产生升力的同时,也会产生一个俯仰力矩。为了平衡该力矩,飞机还需要第二个水平翼面。可以像"飞行者"号那样,将其放在机翼前方形成鸭翼(如图1-1所示),或采用图1-2所示的那样,将其置于机翼后方,成为水平尾翼。此外,为了使飞机具有方向稳定性,还需要在机翼后方设置一个垂直翼面——垂直尾翼。垂直尾翼通常安装在机身尾部。

图1-1 莱特兄弟的"飞行者"号

图1-2 波音747运输机

在介绍飞机的构造之前,本章将介绍如下内容:

➤ 结构所产生的应变;

➤ 飞机运行时结构所承受的载荷;

➤ 不断发展的飞机强度设计准则;

➤ 制造飞机的材料。

飞机结构中的应力

拉伸

如图1-3(a)所示,拉伸载荷试图将杆拉长。拉伸外载荷在杆内产生拉伸应力。

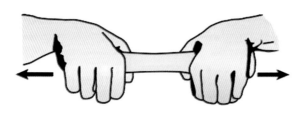

图1-3(a)　拉伸

压缩

如图1-3(b)所示,压缩载荷试图对杆产生挤压并使杆缩短。压缩载荷在杆内产生压缩应力。

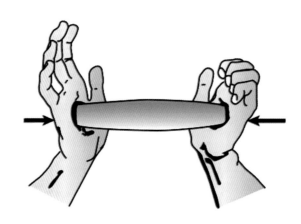

图1-3(b)　压缩

扭转

如图1-3(c)所示,扭转载荷使杆沿其长度方向产生扭转,扭转载荷在杆内产生扭转应力。

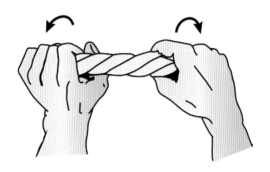

图 1-3(c) 扭转

剪切

如图 1-3(d)所示,当两块板受到拉伸载荷时,连接两块板的紧固件受到剪切作用。该外载荷在紧固件中产生剪切应力。

图 1-3(d) 剪切

组合应力

如图 1-3(e)所示,当某结构弯曲时,它受到几种不同的载荷。弯曲时结构外侧受拉伸,而内侧受压缩。此结构中还存在一条剪切线,如图 1-3(e)中虚线所示,剪切是由该线两侧材料的不同拉伸、压缩行为产生的。

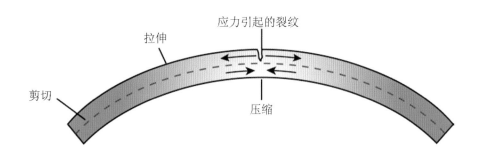

图 1-3(e) 组合应力

周向应力与轴向应力

周向应力也被称作环向应力。当一个容器被充满时,容器内的物质使容器膨胀,在容器壁内就出现了沿圆周方向拉伸的应力,即周向应力。例如,当一个气球充气后,气球表面就具有周向应力。与气球类似,当飞机增压时,增压座舱会膨胀,机身蒙皮也会产生周向应力。

轴向应力也叫纵向应力。当飞机增压时,内压使座舱外壳变长,机身蒙皮中就会产生轴向拉伸应力。图1-3(f)所示为飞机增压后的周向应力及轴向应力示意图。

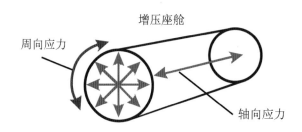

图1-3(f)　周向应力及轴向应力

材料的弹性

　　制造现代运输机的材料都有一定的弹性。当一条橡皮筋被拉长后再松开,它会恢复到其原始长度,这被称为弹性变形。但是,如果橡胶筋被过度拉伸,就会超过它的弹性极限,释放后,橡胶筋不能恢复到其原始尺寸,这就是残余变形。在飞机结构中,残余变形可能会以弯曲、皱褶、伸长、扭转、剪切或者裂纹的形式表现出来,它们最终会导致断裂和材料蠕变。

　　如果材料承受的载荷在其弹性极限范围内,但载荷作用时间足够长,材料也会产生残余变形,这就是蠕变。图1-4中的杆件承受了拉伸载荷,如果载荷作用时间非常长,则结构长度增加并且不能自动恢复。

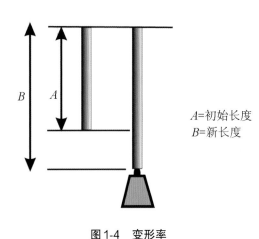

A=初始长度
B=新长度

图1-4　变形率

影响蠕变变形大小的因素包括:

   ➢ 材料种类;

   ➢ 外载荷大小;

   ➢ 载荷的持续时间;

   ➢ 温度。

应变

　　当作用到结构上的外力大到超过结构的承受能力(例如,外力大于结构极限应力)时,结构就会由于应变而产生残余变形。结构变形的度量可以通过比较初始长度和变形后的长度来实现。应变通常被定义为伸长量(变形后长度－初始长度)与结构初始长度的比值,它用来表示结构变形程度的大小。

冲击载荷

如果作用在结构上的载荷突然增加,则称该载荷为冲击载荷。例如,飞鸟直接撞击到喷气式发动机的压气机叶片上就是典型的冲击载荷。重着陆也会产生较大的冲击载荷。冲击载荷作用到飞机结构时,如果超过材料的弹性极限,结构就会产生永久残余变形。

材料的疲劳

如果材料承受交变载荷,则它会不可避免地发生疲劳破坏。例如,一根被反复拉伸的旧橡皮筋,在小于正常载荷时就可能发生断裂,这就是疲劳破坏。通常,承受交变载荷(大多是拉伸载荷)的结构通常比承受持续不变的静载荷的结构更容易受到破坏。交变载荷会形成微小损伤并在结构中积累,当损伤扩展到一定范围时,在小于正常值的载荷作用下结构也会发生破坏。

图1-5为材料S-N曲线。对数坐标系中竖轴标示出了结构可能承受的三种不同大小的交变应力值,分别是S_1、S_2、S_3。横坐标表示结构在发生疲劳断裂前可以承受对应交变载荷的作用次数,用N_1、N_2、N_3表示。可见,交变载荷越大,承载次数越小。

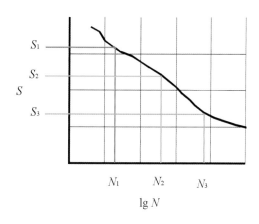

图1-5 材料S-N曲线

为了提高飞机经济性,用于生产飞机结构的材料都要尽可能轻,这就要求飞机结构处于较高的应力状态。例如,飞机以最大起飞重量(MTOM)起飞时,结构中的应力可达结构破坏时应力极限的三分之二。

飞机每次飞行都必须承受各种变化的载荷S。这些交变载荷在飞机结构内部产生疲劳损伤并逐渐累积,直到飞机使用寿命结束。结果很明显,结构使用一定时间后都会失效,这就是疲劳寿命。

疲劳开裂

当结构承受一定的平均应力时,在划痕、擦伤、紧固件孔边、尖锐的边角或小半径倒圆位置将会产生比平均应力高2~3倍的应力值,这被称为应力集中。它会促使材料开裂,从而释放过大的局部应力。疲劳裂纹通常在材料边界或者紧固件孔边等"自由边"处产生并扩展。虽然这些裂纹很短,但是每种结构都有一个特定的临界裂纹长度(CCL)。在疲劳裂纹达到临界值之前,材料能够保证结构的完整性。但是,当疲劳裂纹达到临界值时,裂纹会从材料的一边直接快速扩展到另一边,导致结构的突然断裂,造成灾难性事故。图1-6就是Aloha航空公司的波音737飞机结构发生突然断裂后的震撼场面。

图1-6　蒙皮裂纹扩展到材料临界值后,Aloha航空的波音737飞机的一段客舱蒙皮损坏

飞机承受的载荷

根据飞机运行的不同阶段,飞机结构承受多种不同的载荷。载荷通常先作用在一个整体结构上,然后又分担到组成飞机结构的各个零部件中。

飞行载荷

升力

飞行中,机翼产生的升力将机翼向上抬,飞行时翼尖向上弯曲就是升力作用的结果。机翼向上弯曲会在上表面产生压缩应力,在下表面产生拉伸应力。由于升力作用于机翼靠后的位置,所以升力还会产生一个扭矩使机翼产生前缘向下的扭转。

阻力

飞机部件如固定式起落架支柱在气流中会产生使部件沿气流向后弯曲的阻力。

质量

飞机质量将产生竖直向下的载荷将飞机向下拉。

重力

重力为质量乘以重力加速度。重力加速度通常假定为9.81 m/s²。

例:

质量为100 kg,其重力是多少?(重力加速度10 m/s²) G=1 000 N

质量为100 kg,其重力是多少?　G=981 N

当飞机处于水平匀速直线飞行时(加速度为0),飞机感受到1倍重力加速度(重力加速度9.81 m/s²),这时飞机同在地面上是一样的。然而,当飞机转弯、俯冲、拉起或受到突风的作用时,飞机感觉到重力发生了变化。大坡度转弯会使有效重力加速度增加,而向下突风会使之减小。这将改变飞机和飞机上各部件的有效重力。

加速

加速使暴露在气流中的部件阻力增加,同时也会增加飞机动量。

惯性

飞机在转弯、拉起、俯冲或改平时,飞机结构和部件都趋向于保持其原来的运动方向的属性称为惯性。

影响承载的其他因素

温度

温度降低使大多数材料变得更脆,而温度升高时,绝大多数材料韧性更好。

高度

飞行高度增加时,作用在飞机上的环境静压会降低。如果飞机是增压的,内外压差会在蒙皮上产生周向和轴向载荷。增加飞行高度或客舱压力都会增加内外压差,因而作用在气密座舱上的周向载荷和轴向载荷也会增加。

地面载荷

着陆时

飞机在跑道上接地时,动量和惯性除了有一个水平向前的分量外,还有一个垂直向下的分量(着陆时机翼向下弯曲变形)。当跑道阻挡了飞机原来的运动方向后,地面支反力改变了飞机的方向。该载荷作用在起落架及其安装结构上,产生压缩效果。

摩擦

当机身因动量而向前运动时,轮胎和地面之间产生的摩擦力(滚动摩擦力)将机轮及起落架向后拖。对前三点式起落架,主起落架机轮和地面之间的摩擦力还使飞机产生一个低头力矩。如果不加以控制,该力矩可能使前起落架以超过结构限制的速度撞向地面。

增压

如果飞机在增压的情况下着陆,作用在机身上的载荷就是着陆载荷与增压载荷的总和。

反推

当选择反推时,推力作用方向会发生变化。气流通常沿与发动机推力方向呈45°左右的角度喷出,这会对向前运动的发动机产生一个向后的载荷,即反推力。

刹车

采用主轮刹车时会导致机头下俯和飞机减速,在惯性作用下,未固定的物体会继续向前移动。

静止时

飞机处于静止状态时,起落架支撑飞机的所有质量。因为处于静止状态,重力等于质量乘以重力加速度。当飞机开始移动时,需要增加推力以克服惯性并使飞机向前加速。

滑行时

当飞机在不平的道面上滑行时,机翼上下晃动。机轮和地面之间的摩擦力可防止飞机偏离方向,并在转弯时对起落架提供侧向力。

起飞时

从静止状态开始,发动机必须产生推力来克服飞机的惯性、地面摩擦力,直到飞机离地起飞。另外,发动机推力还必须克服随速度增加而增加的阻力。

设计准则

现代飞机的设计和构造必须满足航空法规的严格要求。JAR 23 详细规定了最大起飞质量小于等于 5 700 kg 的飞机设计要求。JAR 25 详细规定了质量超过 5 700 kg 的飞机和运输类飞机的设计要求。

两部法规将飞机结构分成两类:

主要结构

主要结构是承力结构。如果该类结构失效,则飞机结构的完整性被破坏,会造成灾难性事故。

次要结构

该类结构也承受载荷,但程度要小一些。在失效时,飞机不会遭受灾难性事故,但运行会受到限制。

表 1-1 是 JAA 编制的关于结构失效概率和可能后果。

表 1-1　JAA 编制的关于结构失效概率和可能后果

失效状态分类	JAR 25 失效的概率	失效对飞机及乘员的影响
次要的	频繁的	可能 正常运行
次要的	偶然的(10^{-3})	可能 运行限制 应急程序
重要的	少有的(10^{-5})	不太可能 明显降低安全裕度 机组不易处理

（续表）

		不太可能
危险的	不大可能的（10^{-7}）	极大降低安全裕度 机组操纵负担增大 少数旅客发生严重或致命伤害
灾难性的	极不可能的（10^{-9}）	极不可能 飞机受损 多人死亡

设计限制载荷（DLL）

设计限制载荷是飞机设计者或部件制造商希望飞机机体或部件在运行中能够承受的最大载荷。

设计极限载荷（DUL）

飞机可能经历超过DLL的载荷,所以飞机需要做大载荷作用下的强度试验。该试验中要求施加的最小载荷必须达到DLL的1.5倍并保持3 s,当飞机承受此加载之后,法规要求可以有永久变形,但不能破坏。

DLL和DUL之间的差异体现为安全系数。安全系数是极限载荷和限制载荷的比值。对于现代飞机,在结构设计和材料选择时,仅仅考虑法规对安全系数的要求已经远远不够。

灾难性失效

航空法规要求飞机设计和制造方法必须确保飞机在服役期间不会由于下列原因而导致灾难性失效:

➢ 疲劳;

➢ 腐蚀;

➢ 意外损伤。

为满足此要求,设计人员必须评估所要采用的结构方案、材料,并考虑飞机在服役寿命内可能受到的所有载荷。

这就是安全寿命设计准则。

安全寿命

飞机结构整体及其部件都有确定的安全寿命。它取决于以下一项、几项或全部条件:

➢ 累计飞行小时数;

➢ 起降次数;

➢ 座舱增压循环次数;

➢ 日历机龄。

设定一个安全寿命是为了使结构在发生失效以前将其拆除更换。如果服役过程中,结构性能发生了退化,这一寿命应减少。同样,如果飞机结构或部件没有出现预期的退化,其寿命可以延长。为了满足法规要求,并获得长的结构寿命,设计人员采用了破损安全或损伤容限结构。

破损安全结构

为达到破损安全的目的,总体载荷不再由结构中的单一零部件承担,而是由多个零部件分担,即具有多条传力路径。这种构件的裕量使得结构即使在特定时间内承受最大静载荷,也能保证飞机正常运行。坚持这一设计原则,损伤(如裂纹)一定能够在下一次的定期维护中被发现。而且该损伤在被检测到之前不会快速扩展。图1-7给出了一个由多个部件构成的梁,当其中一个部件失效时,其他构件仍然可以保证梁的承力功能。

具有破损安全特性的翼梁

图1-7 典型破损安全设计方案

然而,该设计中含有更多的零部件,这必然导致结构重量的增加。所以,现代飞机结构越来越多地采用损伤容限结构方案。

损伤容限结构

相比破损安全结构,损伤容限结构将载荷分散到更大区域。载荷分散的概念可以使生产出的结构更轻,并能容许结构中包含意外损伤、疲劳和腐蚀。且任何结构损伤都可以在造成结构完整性降低之前的正常检查中被发现并修复。

维护周期

飞机的检查主要关注飞行小时循环数,并参考日历时限。日历时限确保在特定期限内,飞机即使没有达到特定的飞行小时循环数也对飞机进行预定的维护工作。通常飞机每五年有一次重大维护工作。

飞机结构材料

金属

钢是对一大类不同材料与合金的统称。钢和合金钢用于那些需要高强度并承受高载荷、磨损和高温的部位。下面是一些飞机上用的钢和合金钢种类:

高强度钢

高强度钢用于制造承受高拉力的接头和连接件。有些高强度钢对裂纹扩展的阻碍能力较差,当载荷导致应力超过材料特定的应力水平时,裂纹会快速扩展,而不是引起拉长、弯曲或屈曲等失效。

不锈钢

不锈钢较贵,但比强度高,并且能承受高温。多数情况下,不锈钢具有良好的抗腐蚀能力。因此,设计人员常常将不锈钢应用于发动机舱、热空气管路和翼面前缘。

钛合金

钛合金能承受高达400 ℃的高温并具有优秀的抗腐蚀性能,另外,钛合金具有相当高的比强度。因此,它在现代飞机制造中应用广泛。钛合金常用于隔框、蒙皮、铸造结构件、防火墙和涡轮喷气发动机的制造。

镍合金

镍合金仅用于温度很高并且以抵抗蠕变为主的结构中。正常情况下,镍基合金仅用于涡轮喷气发动机的热部件及其安装结构。

轻合金

轻合金是对铝合金和镁合金的总称。部分此类材料的强度甚至与某些钢相当,但密度仅仅只有钢的三分之一。

铝

纯铝虽然具有良好的抗腐蚀能力,但非常软,强度不高。

铝合金

铝合金是铝与其他材料的组合。常用的添加元素有铜、铬、锌、锰、硅、镁或它们的组合。含有不同元素的铝合金具有不同的特性。当铝与锌形成合金(Al-Zn)时具有高的比强度,常用于承受静载荷的结构中。

当铝与4%的铜组成合金(Al-Cu)时具有相对较低的比强度,但具有良好的抗疲劳性能,并且由于它比铝锌合金更软,因而更容易制造。这种广泛应用于飞机制造中的材料又常被称作硬铝。

铝合金具有两个典型的性质:一个是当温度降低时其拉伸强度提高,另一个是材料的延展性随温度的降低而增加。该特性与其他优秀特性使铝合金成为许多飞机零部件的理想制造材料。

镁合金

镁合金具有相当高的比强度,但其抗腐蚀性很差(特别是要避免与盐水接触),弹性性能也很差。当受到振动时,不管是板材还是锻造件都容易产生裂纹。

镁容易与其他任何形式的氧形成剧烈燃烧。因此,镁合金制成的部件一旦着火就必须要将其隔绝。不要使镁合金接触火源。

复合材料

复合材料是将增强纤维加入树脂基体中制成的材料。它可以用模具成型,所以常被简称为塑料。

主要的增强材料有:

➢ 玻璃,用于玻璃纤维增强塑料(GFRP)中;

➢ 碳(石墨),用于碳纤维增强复合材料(CFRP)中;

➢ 芳纶,又称为凯芙拉,用于芳纶树脂复合材料(KFRP)中,是一种合成材料;

➢ 锂,作为一种有前景的增强元素正在研究中。

几种基本材料如下:

➢ 环氧树脂;

➢ 聚四氟乙烯(PTFE)。

玻璃纤维增强塑料,或叫GFRP,已用于制造轻型飞机的机身和机翼。在运输机中,它常用于制造低温低压管路和不承受载荷的整流面板。

GFRP正在被其他更轻、更强的复合材料取代。

石墨比玻璃纤维强度更高且刚度更大,但当它与铝合金直接接触时会导致铝合金腐蚀。

芳纶树脂复合材料(KFRP)密度低,拉伸强度高。由芳纶制造的构件非常坚韧并且抗冲击损坏。由于其性能良好,越来越多的飞机部件采用芳纶复合材料制造。

复合材料的一个特点是在载荷作用下,其疲劳特性与合金不同。合金材料在疲劳载荷作用下强度不变,但当载荷达到一个特定值时结构就会遭到破坏。然而复合材料的承载性能会逐渐降低。载荷值达到其强度极限值的80%以下时,复合材料不用考虑疲劳问题。

复合材料的优点

与合金相比,复合材料具有以下优点:

➢ 能通过改变纤维的铺排方向来获得与载荷方向相适应的材料属性;

➢ 能制造复杂的形状;

➢ 能减轻重量;

➢ 抗腐蚀性好;

➢ 比强度高;

➢ 比刚度高。

复合材料的缺点

复合材料的缺点包括:

➢ 会被冰雹、砂石等快速磨蚀,因此前缘结构必须做防护;

➢ 修理困难;

➢ 如果密封不当,复合材料容易吸收潮气。

复合材料的未来

到目前为止,除了轻型飞机,复合材料仅仅用于生产如面板之类的结构件,替换传统金属飞机中的相应部分。波音公司的波音787飞机在设计中打算将飞机结构全部采用复合材料生产,这使得FAA不得不重新评估对这类特殊飞机结构的适航性要求。

对波音来说,在设计飞机之前确保复合材料具备适航要求极其重要。因为,如我们所知,完成设计后重新调整或变更复合材料结构设计会非常困难。FAA的新要求一定会对飞机设计造成深远的影响。

第二章
机身结构

概述

机身是飞机的主体结构,机翼、水平尾翼、鸭翼、垂直尾翼和发动机(飞机采用单发的情况)都安装在机身上。某些飞机的发动机和起落架也直接安装在机身结构上。

如图2-1所示,现代民航运输机的机身为圆筒形结构,它包含驾驶舱、旅客舱、货舱,以及飞机运行中必需的电子设备。

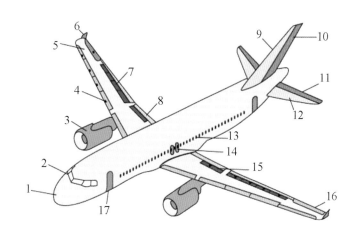

1—机身;2—驾驶舱风挡;3—发动机;4—前缘襟翼;5—机翼;6—翼尖小翼;7—减速板/扰流板;8—后缘襟翼;9—垂直安定面;10—方向舵;11—升降舵;12—水平安定面;13—客舱窗户;14—翼上应急出口;15—地面扰流板;16—副翼;17—客舱门

图2-1　运输机结构部件

对于飞行高度在10 000 ft以上的客机,机身结构必须形成一个增压密闭舱,以保证整个正常飞行过程中座舱高度不超过8 000 ft。

构架式机身结构

图2-2　构架式机身

由框架和帆布蒙皮构造的机身上,框架结构承受载荷。帆布表面涂有一层起到绷紧和密封作用的涂料,用于防水及防止气流穿透表面。

构架式机身和帆布蒙皮只用在一些轻型飞机上。现大多已经被玻璃纤维和芳纶等增强的复合材料所取代。

这种结构形式的机身是一个由系列的竖向、横向、斜向和纵向钢管焊接成的刚性盒状框架结构。竖向和横向管件用于纵向管件的定位和连接。斜向管件用于支撑整个结构。

这种机身通常为矩形横截面。为了改善这种机身结构的外形,设计人员会加装一些支撑件和管件,这也导致机身重量增加。机身框架承受所有的飞行和地面载荷,所以它必须具有足够的拉压强度。

硬壳式机身结构

硬壳式机身中蒙皮承受了所有载荷,保证结构的强度和刚度。铝制易拉罐和鸡蛋就是该方案的优秀例子。如图2-3所示,硬壳式机身结构中用隔框维持蒙皮外形,但所有飞行载荷和地面载荷完全由蒙皮承受。由于机身的强度完全由飞机蒙皮提供,因此蒙皮的任何损伤,包括变形、凹陷、穿孔和褶皱,都会降低其承载能力并导致结构失效。

由于在设计接近舱盖、舱门及其装配时会给蒙皮带来额外的应力,因此现在的铝合金蒙皮飞机中不再使用硬壳式机身结构。由于必须满足气动载荷和可变的商载重量要求,硬壳式机身中的蒙皮常过厚、过重,因此,大多数的飞机都采用半硬壳式机身结构。

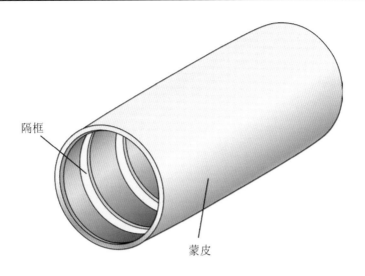

隔框

蒙皮

图2-3　硬壳式机身

半硬壳式机身结构

如图2-4为半硬壳式机身结构。在该类机身结构中,施加在蒙皮上的载荷被分散到与其相连接的隔框、桁条及其支持构件上。隔框用于增强机身并将载荷传递到其他结构。桁条是较轻的纵向构件,用以支撑蒙皮,支持构件用于保持隔框间蒙皮的外形。

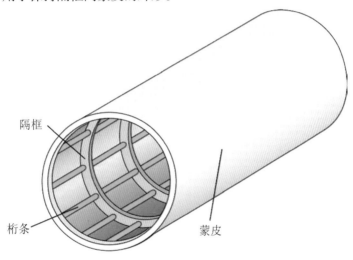

隔框

桁条

蒙皮

图2-4　半硬壳式机身结构

由于其他构件分担了蒙皮的载荷,这种结构类型的蒙皮损伤容限特性更好,它克服了硬壳式机身结构的缺点,并且具有高的强度重量比。

运输机应满足破损安全设计准则的要求,即任意单部件失效不能造成飞机损坏,这种属性被称为多余度设计。破损安全结构需要多条传力路线,并且为保证在发生飞机结构损伤(非灾难性的)、强度降低时,剩余结构即使不做修理仍能继续承载,因此各组成结构必须有更高的强度。机身加筋壁板的作用就在于此。

加筋壁板结构

机身结构由以下零部件构成：

> ➤ 腹板框；
> ➤ 纵梁；
> ➤ 环形框；
> ➤ 维形件；
> ➤ 桁条；
> ➤ 蒙皮。

在设计机身时，设计人员会对窗户、舱门、维护口盖等开口部位进行补强。通过在开口四周布置加强框架，使本来由开口部位的蒙皮和纵梁承受的载荷改由加强框架承担。

机身隔框也被加强，以传递和分担载荷，同时还能阻止裂纹扩展，如图2-5所示。

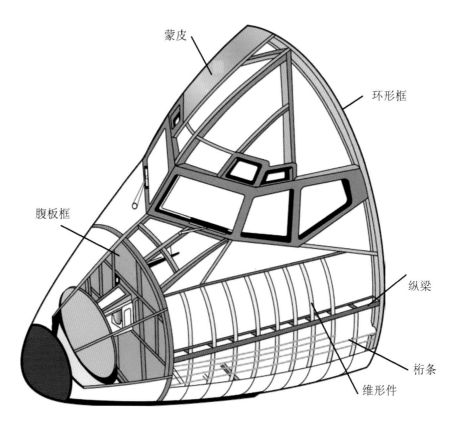

图2-5　加筋壁板

铆接、胶接、铣切和化学铣切

蒙皮、隔框和维形件等都需要用铆接或胶接的方式连接在一起。铆接比较花时间,并且需要在蒙皮及与其相连的框架上制作成排的铆钉孔。铆钉连接增加的重量比制作铆钉孔所去除的材料重量大,如图2-6所示。将两个金属件连接起来的现代方法是用黏结剂胶接。

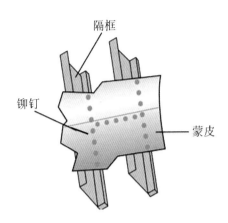

图2-6　铆钉连接的蒙皮

以前的飞机结构主要由上述各种单独零部件通过胶铆相结合的方法连接而成的。随着技术进步,现在已经能够对大尺寸的合金件毛坯进行铣切成型,以去除不必要的材料。当然,这种加工方法也保留了必要材料以满足结构强度和刚度要求。因此,现在也可以不通过连接隔框、桁条、纵梁与铝合金板材来制作飞机壁板了。

毛坯件的化学铣切处理进一步改进了这个加工过程。高抗剪切强度黏结剂的发展使得胶接大尺寸的铣切成型件或化学铣切成型件成为可能,并且提高了结构的强度重量比,降低了制造成本。

承压隔框

如图2-7所示,飞机的座舱增压区域限定在前后承压隔框之间。大型飞机的后承压隔框通常是球面的,以防止内部压力使其发生弯曲变形。某些飞机的客舱地板也作为增压座舱壁,地板的下部空间是非增压的货舱。

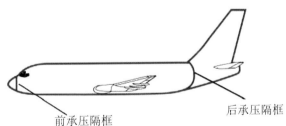

前承压隔框　　　后承压隔框

图2-7　承压隔框

现代飞机的客舱和货舱通常一起增压。蒙皮在机身圆周上不同位置承受相同的压力,并且地板也不再承受压差载荷。

客舱地板

客舱地板由一系列固定在支撑梁和横向构件上的板件组成。客舱和货舱都需要增压的飞机,地板通常采用蜂窝夹层结构,如图2-8所示。该结构重量轻,具有足够的承压能力和刚度。蜂窝夹层结构也可以用于制造其他面板和蒙皮。

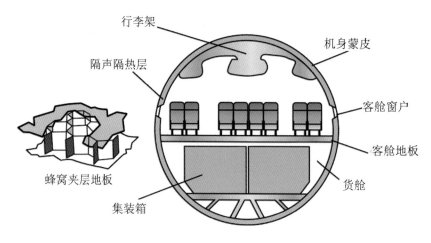

图2-8　客舱横截面

压力均衡活门

如果地板将增压货舱和客舱完全分隔开(如图2-9所示),那么地板上需要加工一些孔来安装塑料的压力均衡活门。当客舱或货舱失压时,两舱之间的压差会将压力均衡活门推开。这就可以保证地板在产生严重变形前,客舱与货舱间的压力得以平衡,防止乘客受伤或操纵钢索、传动杆等发生卡阻。

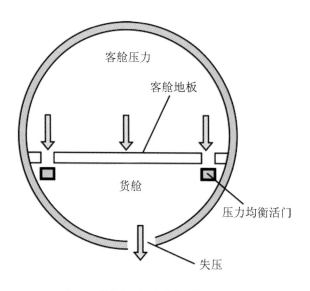

图2-9　压力均衡活门

窗户

驾驶舱窗户

现代亚声速和跨声速运输机采用了阶梯式机头外形设计,如图2-10所示。这保证了:

➤ 飞机在最大飞行速度时具有良好的气动形态;

➤ 风挡位于合理的视线路径上;

➤ 飞行员的视野在地面与空中都能满足要求;

➤ 风挡的尺寸可以更小。

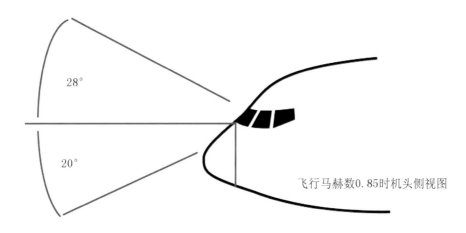

飞行马赫数0.85时机头侧视图

图2-10 飞行员的垂直视角

驾驶舱风挡向后倾斜保证了风挡的排雨能力,同时降低了鸟击的影响。尽管仍需对驾驶舱窗户开口周围的结构进行加强,但其增强程度低于以前的圆头型设计方案(例如1945年的波音"同温层巡航者"飞机)。

对于座舱增压的飞机,阶梯形机头使得窗户面积更小,进而使玻璃承受的压力载荷也减小。因此,机身不需要特别加强。

例如,在内外压差为9 psi的飞机上,每平方英尺窗户承受的载荷是1 296 lb。

除了光学上的性能要求,运输机驾驶舱窗户必须要能承受座舱内外压差、飞行动压和温度的剧烈变化。同时,它也必须要能够承受冲击载荷,如鸟击。

JARs规定所有相对于飞机纵轴的倾角达到或超过15°的驾驶舱风挡都必须满足如下要求:当飞机以设计巡航速度v_c在海平面飞行,或以85%的设计巡航速度v_c在8 000 ft高度飞行时,风挡都必须能承受4 lb重的飞鸟所产生的撞击力。

运输机的窗户是由多层钠钙玻璃、聚乙烯醇缩丁醛树脂(PVB)或具有相同甚至更高强度的乙烯基材料黏结在一起而形成的单块层合玻璃。玻璃的最外层采用化学硬化处理以增强耐磨能力(如图2-11所示)。

所有运输机前风挡玻璃加温的目的不仅仅是除冰,还应能防止风挡随着温度下降而变脆,从而保证玻璃在遭遇鸟击时有足够的韧性。

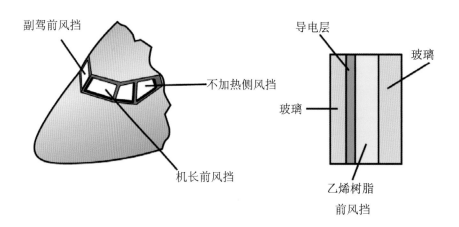

图2-11　驾驶舱窗户

鸟击后风挡玻璃的外层可能出现裂纹,但黏结层和层合结构可以保证风挡的完整性。如果风挡出现分层,该区域的乙烯基树脂层由于被拉开而呈乳白色。这是由于湿气进入分层区域而导致的。

驾驶舱侧窗户

按照法规要求,驾驶舱两侧都有一个可以从内部打开的窗户,当风挡除雾系统失效时,飞机仍能保持清晰的视野。该窗口被称为直接观察窗口。如果它足够大,也可作为机组人员的应急出口(参见应急设备部分的介绍)。

旅客舱窗户

客舱窗户是机身增压舱的一部分。图2-12为客舱窗户周围用于分散载荷的加强结构,即窗户框架。窗户从座舱内侧安装,由于窗户结构比开口大,座舱增压的气体压力将窗户紧压在窗框上。

为保证窗户的破损安全特性,客舱窗户由两层分离的玻璃组成(现代飞机多为三层),两层玻璃间由座舱空气直接增压到座舱压力。这就保证了如果旅客把头靠在窗户,玻璃上不会起雾,并且也不会冻伤旅客。一旦外层玻璃破裂,内层玻璃也可以承受座舱增压载荷。

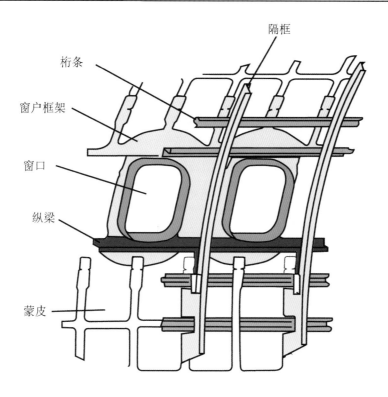

图2-12　旅客舱窗户结构

满足JAR 23和JAR 25要求的舱门

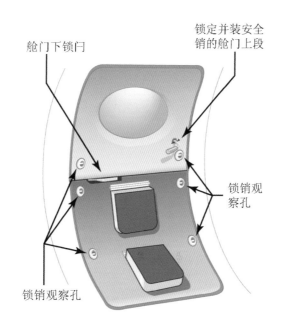

图2-13　座舱门

应急舱门及开口的尺寸和分类请参见"应急设备舱门"部分。

大型增压飞机通常采用堵压式舱门。此类舱门从飞机内部关闭门框上，并用锁销锁定。座舱增压空气将门紧紧地压在门框上。开门时,需要先向飞机内拉动,再向上滑开或向侧面转动从而将舱门收进座舱内。也有的舱门是折弯后向外打开,这样可以提供更宽敞的进出通道。

JAR 23和JAR 25对运输机舱门的要求有:

➤ 机身侧面的旅客登机门都必须是"A"类、"Ⅰ"类或"Ⅱ"类客舱应急出口。

➤ 所有的客舱门、货舱门及口盖都必须设有锁机构和安全保护装置。此外,锁机构在飞行过程中不能打开。

➤ 飞机迫降后,所有作为紧急出口的客舱门和舱口都不能卡阻。

➤ 必须有外部目视指示用以确认对应的舱门及锁机构正确锁定。常用的设计是外部舱门手柄仅在舱门或锁机构锁定后,才能将手柄收至与机身蒙皮表面相平齐的位置。

➤ 必须有内部目视指示用以确认对应的舱门及锁机构正确锁定。常用的设计:舱门或锁机构未关闭锁好,在机组警告面板上对应的警告灯就会亮起。

➤ 舱门必须能从座舱内、外两侧独立打开,舱门手柄应该与机身蒙皮表面平齐。

➤ 在迫降后,使用外部手柄应该能够解锁及打开舱门。

➤ 对于向内打开及收藏的堵压式舱门,应保证人群拥挤在舱门区域也能够被打开,或者应有适当的措施保证人群不会聚集在舱门区域附近。

➤ 必须有措施保证飞机外部舱门未关好并锁定时座舱不能增压。

➤ 客舱门不能设置在靠近螺旋桨或其他危险区域的地方。

座椅支持结构

座椅及其相应的安装结构必须能够承受下列极限载荷。座椅滑轨安装在地板下的横梁上(见图2-14),它是飞机的重要结构。

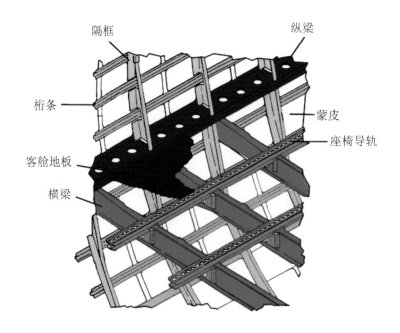

隔框　　　　　纵梁
桁条
蒙皮
座椅导轨
客舱地板
横梁

图2-14　客舱地板及座椅支持结构

例如,下列是JAR对飞机地板结构的所承受载荷的要求:

➢ 向上,3.0g;
➢ 向前,9.0g;
➢ 侧向,机身,3.0g;座椅以及安装结构,4.0g;
➢ 向下,6.0g;
➢ 向后,1.5g。

翼梁连接件

翼身连接部位是机身强度最大的地方,因为该处承受所有的飞行载荷。这部分内容请参见后续章节。

机身外形

飞机机身外形随起落架和动力装置类型不同而各有差别。好的机身外形包括平滑的外部轮廓和变化平缓的机身横截面,这样可以减小气流干扰和空气阻力。

如图2-15所示,流线型机身是早期运输机的标准设计方案,其中最有名的案例就是DC-3。为了提高装载量,机身近似于圆柱体,这也需要增大发动机功率来克服增加的重量和阻力。增大功率通常采用安装更大功率的发动机或增加发动机的数量来实现。

图2-15　DC-3 Dakota

然而,一旦活塞式发动机的输出功率和尺寸达到某个特定值后,如果要进一步提高功率,发动机的尺寸和重量就需要大幅增加。更大的发动机也需要消耗更高能量来保证自身运转,这在很大程度上限制了活塞式发动机的有效输出功率。同时,飞机还要求有平滑的气动外形,以使空气阻力最小。这些都限制了该类飞机的实际运载能力的提升。

19世纪60年代,随着喷气式发动机进入商用飞行领域,由于其逐渐增大的推力,现代运输机机身逐渐演化成标准的圆头尖尾的圆柱形机身结构,如图2-16所示。喷气式发动机的推力足以克服这类机身的阻力。

喷气式飞机具有以下优点:

➢ 易于制造,成本低;

➤ 货物的装卸速度更快,装卸停场时间更短;

➤ 货物装载量更大,收益更高;

➤ 座椅调整方便,可安装更多座椅,收益更高。

图2-16 现代喷气式运输机(DC-10)

机身侧面形状和前三点式起落架

采用前三点式起落架的大型运输机机身尾部设计发生了明显改变。如图2-17所示,机身尾段下部向上收缩,而机身上部则基本保持水平。

图2-17 机身侧面形状和前三点式起落架

这种改变是由前三点式起落架飞机和后三点式起落架飞机的不同起飞方式决定的。后三点式起落架飞机在起飞滑跑的时候,先操纵尾轮离开地面,当飞机达到离地速度时,飞机升力将飞机拉离地面,必要时可以通过操纵飞机尾部下沉来增大升力。

大型飞机常用前三点式起落架。当滑跑达到起飞速度时,为使飞机升离地面,飞行员需要操纵飞机绕主起落架旋转,使机尾下沉而机头上扬。图2-17中机尾标注出的角度表征飞机转动角度的最大范围。

尾橇

为防止飞行员操纵飞机抬头时角度过大而导致后机身擦地损坏,通常在机尾安装了防擦地的尾橇。有的是固定的,有的是可收放的。有些飞机的可收放式防擦尾橇还带有小轮,与起落架一起收放。

机身安装发动机

两台或四台燃气涡轮发动机可对称安装在机尾两侧的安装梁上,安装梁承受载荷并把推力传递给机身,被称为尾吊式发动机布局。图2-18所示的发动机安装在短翼上。

与翼下吊装发动机相比,将发动机安装在机尾的好处之一是可减小客舱噪声及飞机阻力。

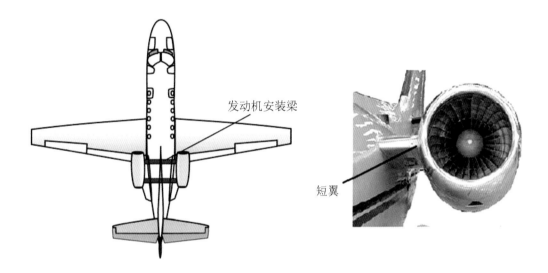

图2-18　机身安装发动机及短翼

第三章
机翼结构

概述

机翼主要是指飞机主翼面,它们在飞行过程中产生升力,用以支持飞机飞行。当气流从机翼前缘经上表面流到机翼后缘时,由于机翼上表面的弧度使气流经过的距离比下翼面的气流流过的距离更长,如图3-1所示。因此,当气流经过上翼面时速度增加,进而造成上翼面的静压力减小,形成升力。升力的大小取决于气流的速度、机翼的弯曲程度和机翼的面积。

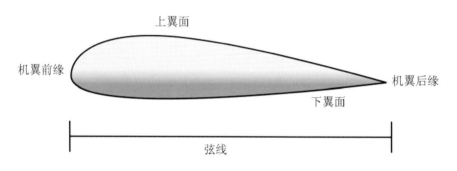

图3-1 机翼横截面

机翼的形状和内部结构取决于飞机的速度和用途,例如超声速、跨声速或亚声速,通用飞机、特技飞机、运输机、货运飞机、重型飞机和短距起降飞机(STOL)等。为了区分机翼的升力系数、横截面等,机翼被给定不同的NACA翼型编号或雷诺数。

机翼和机身的固定方式主要有两种:

> ➢ 支撑梁式单翼机;
> ➢ 悬臂梁式单翼机。

运输机或通勤飞机不采用双翼。

支撑梁式单翼机

随着飞机飞行速度的增加,飞机设计者多采用单翼形式(如图3-2所示)以减小阻力。但是,为了保证机翼具有足够的刚度以及能承受气动载荷、地面载荷和扭转载荷,在不增加机翼质量的前提下,常采用撑杆连接机翼与机身。飞行中,上单翼飞机的撑杆相当于拉索受到拉应力。地面上,撑杆承受压缩载荷。

航线运输飞行员理论培训教材

图3-2　支撑梁式上单翼飞机

该设计也应用于低速飞机上。多数情况下,撑杆结构连接到主起落架的支持结构上。当飞机在地面的时候,机翼的质量直接由撑杆传递到起落架。

为满足撑杆的破损安全特性要求,撑杆由多个承力结构组合制造而成。

悬臂梁式单翼机

采用悬臂梁式机翼的飞机中,机翼的一端直接连接到机身上,不需要其他支撑结构。设计人员必须保证机翼能承担飞行中使机翼前缘向下的扭转载荷、整个机翼上的气动载荷和地面上的机翼重量载荷。

图3-3　悬臂梁式单翼机

机翼的结构元件

尽管机翼的设计制造已经经过充分的发展,但机翼的基本要求和元件名称仍然相同,它们包括:

➢ 翼梁;

➢ 翼肋;

➢ 桁条;

➢ 蒙皮;

➢ 承扭翼盒;

➢ 中央翼;

➢ 翼尖;

➢ 机翼前缘;

➢ 机翼后缘;

➢ 翼根。

翼梁

轻型飞机正常情况下只有一根梁,但是,中型运输机通常采用两根翼梁,如图3-4所示。

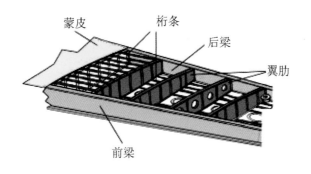

图3-4　现代飞机机翼结构

图3-5为大型飞机中翼梁在机翼结构中的位置。通常大型飞机机翼中有三根翼梁:

➢ 前梁;

➢ 主梁;

➢ 后梁或辅助梁。

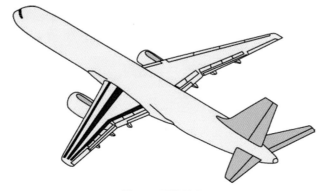

图3-5　翼梁位置

专门设计的前梁可以承受机翼向后弯曲的气动载荷。在安装部件的位置,例如发动机安装点,前梁也参与承担部分载荷。

主梁是传统机翼中最重要的部件,作用在机翼上的大部分载荷都由它承受。后梁主要用于安装后缘襟翼和副翼,同时后梁也能承担机翼后缘部分向上的扭转载荷。翼梁还必须能承担由于翼尖部分的副翼运动而形成的机翼扭转载荷。当机翼弯曲时,翼尖位移最大,但翼根受力最严重。

如图3-6所示,最基本的翼梁可以是由上、下缘条和腹板组成的工字梁。上、下缘条能在不增加多余材料和结构重量的前提下增强腹板的弯曲刚度和稳定性。当然,如果作用于梁上的载荷超过极限,翼梁还是会发生开裂、变形直到最终破坏。

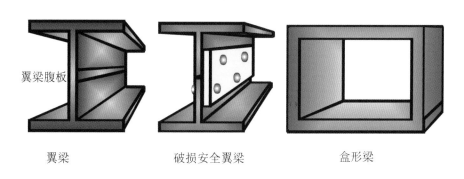

翼梁腹板

翼梁　　　　　　破损安全翼梁　　　　　　盒形梁

图3-6　翼梁

采用三个独立的部件连接而成可以得到具有破损安全性能的翼梁结构,但这将使梁的重量轻微增加。

盒形梁能在最小的重量下获得较大的刚度。在早期,盒形梁由层合板制成。在现代运输机上,盒形梁已经转变为了承扭翼盒。

桁条

桁条是沿翼展方向布置的细长结构,用于支撑蒙皮,增加受压蒙皮的刚度。铝合金蒙皮的飞机中,桁条通过铆接或黏结的方式与翼肋和蒙皮相连接。

翼肋

沿前后方向布置的翼肋为机翼提供准确的翼型形状。翼肋用于支持翼梁、蒙皮和桁条结构。另外,翼肋还能将翼下吊挂的发动机、起落架和操纵面的集中载荷传递给机翼结构。轻型飞机的机翼通常被制造成一个整体,而对于大型飞机(如空客飞机),机翼一般分段制造,然后连接成整体。

承扭翼盒

机翼上、下壁板和梁形成承扭翼盒。这种结构在不增加机翼材料重量的前提下,增加了机翼的刚度,同时可以抵抗扭转和弯曲变形。图3-7为737-300飞机机翼外段的内部结构图。机翼前梁和后梁之间的结构形成承扭翼盒。在大型或重型飞机上,承扭翼盒包含了前梁、主梁和后梁之间的部分。

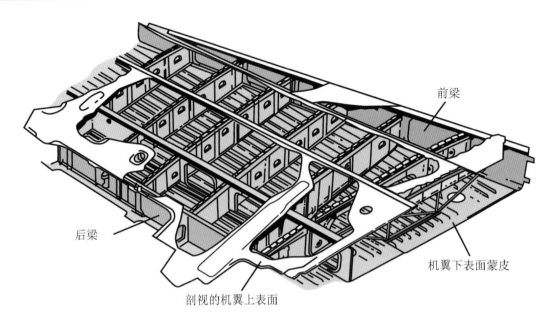

图3-7 承扭翼盒内部结构

现代机翼设计

如图3-8所示的现代机翼设计中,承扭翼盒由前梁、主梁与机械加工壁板连接而成。桁条通过机械加工或化学铣切的方法在厚蒙皮毛坯上直接形成沿展向的凸缘而制成。这种机翼强度、刚度更大,重量更轻。在这种设计方案中,壁板将承担较大部分的飞行载荷。

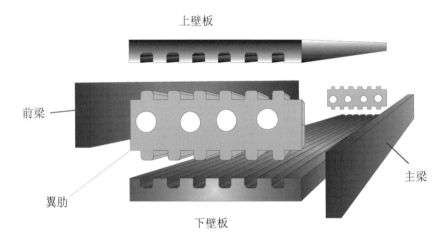

图3-8 承扭翼盒

翼载荷

单位机翼面积所承受的飞机重量称为翼载,即机翼所受载荷除以机翼面积。翼载越大,机翼结构必要求越强。像Pitts Special这种特技飞机,由于进行特技飞行需要较大过载,所以需要较大强度。而像Tiger Moth 和 Piper Cub这种飞机具有相对较轻的重量、较大的机翼面积,所以它们具有较小的翼载。运输机由于载重量大而机翼面积小,因而具有较大的翼载。

飞机水平直线飞行时的翼载为飞机重量和机翼面积的比值。

例如:

某飞机最大起飞重量 3 300 lb,机翼面积 300 ft²。在过载为 1 的情况下,翼载为 11 psi。

$$3\ 300\ \text{lb}/300\ \text{ft}^2 = 11\ \text{psi}$$

如果飞行员操纵飞机达到过载 1.5 时,翼载为 16.5 psi。

$$3\ 300 \times 1.5\ \text{lb}/300\ \text{ft}^2 = 4\ 950\ \text{lb}/300\ \text{ft}^2 = 16.5\ \text{psi}$$

如上所述,如果机动飞行造成正过载增加,飞机结构和机翼结构上的有效载荷也会同时增加。

因此,飞机必须根据既定目的进行设计和制造,并且应在其设计极限范围内使用。

运输机的飞机结构必须能承受由机动飞行造成的不少于 2.5 但不必大于 3.8 的正过载。并且,飞机结构在低于巡航速度时必须能够承受不少于 −1 的负过载。

根据 JAR 23,飞机分为三种类型:

➤ 　正常类飞机;

➤ 　多用途飞机;

➤ 　特技类飞机。

属于正常类的飞机禁止进行特技飞行,仅可以进行如下飞行:

➤ 　正常机动飞行;

➤ 　失速,但不包括"尾冲"机动失速;

➤ 　懒八字、急爬升转弯、大坡度转弯或坡度低于 60° 的类似操作。

多用途飞机可以做所有上述操作,其中坡度限制为小于 90°,另外如果飞机允许还可以做尾旋操作。

正常情况下,轻型飞机都属于多用途类型。然而,对于多数轻型飞机,如 Piper Warrior II,在进行不同用途飞行操作时,需要考虑飞机的重量和重心位置的限制,这样才能保证飞机在机动过程中翼载不超过机翼结构的载荷极限,同时保证飞机在失速和尾旋时能够成功改出。

特技类飞机没有坡度限制,并且该类飞机的设计过载超过多用途飞机的设计过载。这类飞机通常可以进行如起飞垂直爬升等极端机动操作。

通勤类飞机和运输机同正常类飞机具有相同的操作限制,包括失速及小于 60° 坡度的盘旋等,但不包含尾冲失速。

机翼上的设备

起落架

安装不可收放起落架的轻型单翼机中,如 Piper Warrior,主起落架支柱通常直接和机翼主梁相连接,因此机身载荷需要通过翼梁传递给主起落架。

机翼下安装可收放式起落架的大型飞机的枢轴一端连接至主翼梁上,另一端连接于支持结构上(如辅助梁或后梁),如图 3-9 所示。

图3-9 主起落架的安装

副翼和襟翼

在轻型飞机中,副翼及襟翼通常都是通过铰链连接在机翼的后梁上。对于只有一根主梁的机翼结构,副翼及襟翼安装在后缘的一个类似梁的结构上(常称为纵墙),但它不与机身连接。

单翼机中央翼

机翼分两部分制造并安装在机身结构上时,中央翼部分通常采用锻造工艺,以保证机翼具有足够的强度。中央翼的主要功用是将一边机翼主梁上的载荷传递到另一边机翼主梁上。如图3-10A所示,机翼前梁、后梁和辅助梁被连接在固定于机身内的锻造中央翼结构上。该连接使机身载荷可以传递到机翼结构上(见图3-10B)。轻型飞机上也采用相同的方案,通常将左右机翼翼梁穿入与机身制造在一起的盒段中,形成一个连续的翼梁结构。

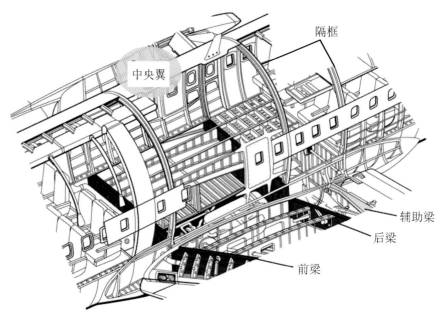

图3-10A 中央翼结构

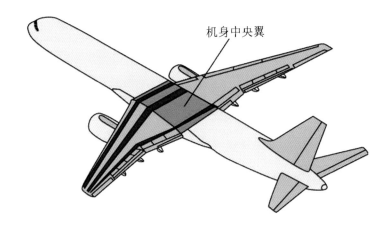

图3-10B　中央翼

机翼位置

机翼根据在机身上安装位置的不同通常分为如下三类,如图3-11所示。

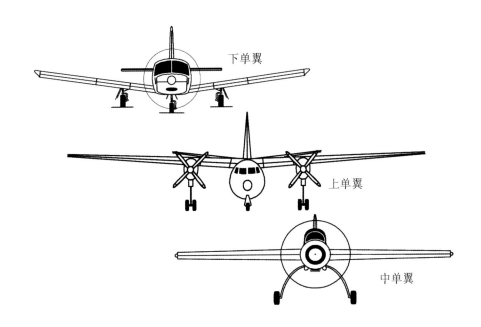

图3-11　机翼位置

下单翼

　　当飞机装载乘员或货物时,由于乘员或货物质量的影响,下单翼的飞机比上单翼的飞机具有更高的重心。中央翼盒结构或机翼主梁穿过机身下部时,飞机结构的坠毁生存性能更好。

　　下单翼飞机的两个机翼通常连接在机身内部的整体铸造结构上,地板位置比上单翼飞机高。与上单翼飞机相比,其起落架长度相对要短。如果发动机螺旋桨被安装在机翼上,那么螺旋桨尺寸会受到地面距离的限制，除非增加起落架长度。

上单翼

上单翼飞机具有较好的向下视野，并且由于地板较低，因此装卸货物更容易。

从结构上说，该类机翼可以整体制造成单一部件。由于机身悬挂在机翼下方，且具有较大的载荷，因此，翼身连接接头必须加强。为了使飞机具有足够的抗坠毁能力，机翼下的机身也必须增强，以防止机翼从机身上分离解体。

如果起落架安装在机翼，起落架支柱必须增加长度并提高强度。上单翼的飞机常用于重型飞机，因为上单翼飞机具有良好的气动性能，其原理在"飞行原理"章节有更详细的分析。

中单翼

中单翼飞机的优点是具有良好的高速气动性能，缺点是翼梁必须穿过机身中部。此缺点大大限制了中单翼的使用，JAR 不允许在现代运输机上使用这种设计。

整流蒙皮

飞机在飞行中的阻力包括废阻力和诱导阻力，废阻力的主要部分为干扰阻力。当两部分气流相互接触干扰时将产生紊流，紊流会吸收能量并产生阻力，称为干扰阻力。

如果不能在翼身连接处非常精确地加工整流蒙皮，使机身及机翼之间平滑过渡，干扰阻力就会非常大。为了减小干扰阻力，在高性能或大型飞机中通常使用整流蒙皮。虽然整流蒙皮不受结构载荷或仅受很小载荷，但是它仍然需要可靠固定并仔细维护，以保证其工作效能，如图 3-12 所示。

翼根整流蒙皮

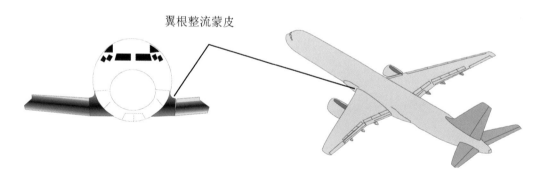

图 3-12 整流蒙皮

翼身连接处的上表面的尤为重要，因为该区域长且空气干扰最大，只要有两个外部构件间相连接的地方都会产生干扰阻力。但是，在机翼下部的连接产生影响较小，例如发动机吊舱，正常情况下就不需要整流蒙皮过渡（参阅本章发动机和机翼的连接部分）。

多数情况下，飞机尾翼不进行整流。因为当气流沿着机身流动到该处时已经非常紊乱，额外的整流结构已不能明显改善其气动性能。

上反角

如图 3-13 所示，上反角是指飞机向上倾斜安装的机翼和水平面之间的夹角。

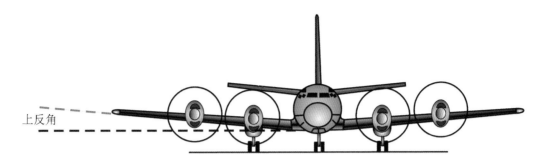

图 3-13 下单翼飞机的上反角

下反角

如图 3-14 所示,机翼下反角是指飞机向下倾斜安装的机翼和水平面之间的夹角。

图 3-14 下反角

后掠角

后掠角是指机翼向后倾斜的角度,通常定义为机翼 1/4 弦线与机身中轴线的垂线之间的夹角,如图 3-15 所示。通常,机翼 1/4 弦线与机翼前缘并不平行。

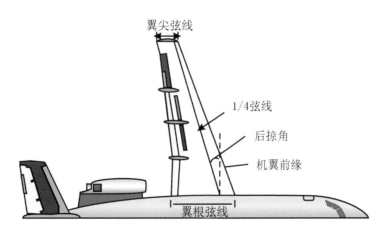

图 3-15 后掠角

机翼外洗

如图3-16所示,机翼外洗是指翼尖相对于翼根有一个减小迎角的扭转角度,即翼尖前缘向下偏移。通常,翼尖相对翼根向前扭转3°~4°。

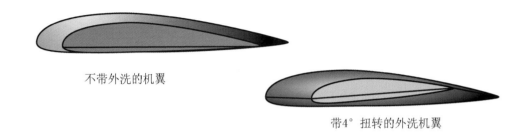

不带外洗的机翼

带4°扭转的外洗机翼

图3-16 机翼外洗

由于翼根到翼尖的机翼迎角逐渐变小,所以翼根处先失速,这能保证副翼处于非失速气流中。

翼尖和翼尖小翼

传统机翼的翼尖仅仅是用来封闭机翼结构而采用特定气动外形的端盖。很多轻型飞机为了减轻重量和减小复杂性,翼尖采用GFRP复合材料制造,也有用轻质合金制造而成的。然而,如后续章节中将详细介绍的一样,翼尖的设计对流经机翼的空气影响巨大,因此也会显著影响机翼的升力。

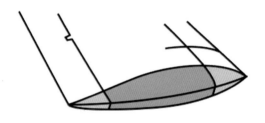

图3-17 普通翼尖

翼尖涡

从空气动力学的观点看,普通圆头翼尖并不是一个很好的设计。由于飞行中机翼下表面的压强更大,气流将绕过翼尖流向压强更小的机翼上表面。这样就会使空气从前往后流动时形成一种特有的轨迹:在机翼上表面,气流从外侧流向内侧;在机翼下表面,气流将从内侧流向外侧。

空气的这种流动方式会形成一种螺旋状涡流,称为翼尖涡(见图3-18)。翼尖涡从气流中吸收能量因此产生阻力。翼尖越长,翼尖涡影响越显著。

当机翼处于大迎角、高升力系数(例如进近过程),或在较高空域巡航时,由于机翼上下表面压差增大,翼尖涡效应增大。

为了防止翼尖涡的影响,需要在翼尖安装端板来防止机翼下表面气流从翼尖流向上表面。但是,有效的端板必须足够大,因此也会产生相当的废阻力,进而导致飞机总阻力增加。

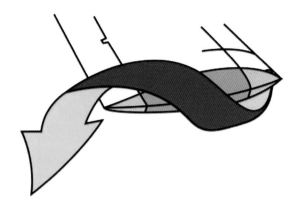

图3-18 翼尖涡

减小翼尖涡的方法主要有：

> 采用大展弦比机翼；
> 采用椭圆机翼；
> 改进翼尖；
> 安装翼尖油箱；
> 安装翼尖小翼。

大展弦比机翼与椭圆机翼

与滑翔机的机翼类似，大展弦比机翼的翼尖宽度和翼根相比较小，可以同椭圆机翼（例如Super-marine Spitfire飞机）一样有效减小翼尖涡效应。相对来说，椭圆机翼制造工艺复杂，同时成本较高，因此在商用飞机上使用较少。

弯曲

一些轻型飞机使用改进翼尖来减少翼尖涡效应，进而减少诱导阻力。通常的翼尖有下垂、向下偏斜或向上偏斜等形式。

如图3-19所示，下垂翼尖通常向下弯曲，外形如英文字母"J"。向下弯曲的翼尖给机翼下表面展向气流一个向下趋势，使翼尖涡在远离真实翼尖的地方产生。

图3-19 下垂或向下偏斜翼尖（从机翼斜后方看）

S Hoerner设计的弯曲被用于Piper Warrior飞机上（见图3-20）。这种翼尖下表面向上表面轻微弯曲，使得下表面的展向气流向外上侧流动。翼尖涡在实际翼尖的外上部产生，这种偏移能减少翼尖涡在机翼上形成的下洗，从而减小诱导阻力。

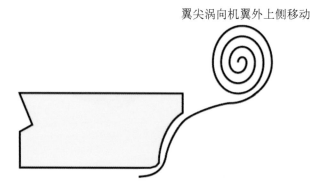

翼尖涡向机翼外上侧移动

图3-20 Hoerner型向上偏斜翼尖

翼尖油箱

在翼尖安装翼尖油箱(见图3-21)可以起到类似翼尖端板的作用,从而减少下表面高压气流的损失。此外,它还有如下优点:

➢ 增加升力;

➢ 增加燃油装载量;

➢ 在翼尖处增加向下载荷,防止在飞行时由于机翼升力而产生过大的向上弯曲。

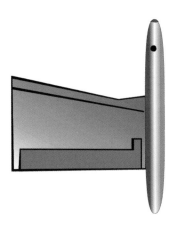

图3-21 圆柱形翼尖油箱

安装在Cessna 310飞机上的上移翼尖油箱(见图3-22)还有另外一个优势,即它能像Hoerner翼尖一样,使翼尖涡向外上部偏移。

因为翼尖涡对诱导阻力的影响取决于翼尖涡之间的距离,所以翼尖端盖的主要作用是在不增加实际翼展的前提下从空气动力学上增加机翼的有效翼展。它也改变了机翼的展弦比,从而减小诱导阻力。

图3-22 Cessna 310

翼尖小翼

翼尖小翼用于大型飞机和高升限飞机,代替了普通翼尖。翼尖小翼可减小翼尖涡。乌鸦、秃鹫等鸟类的翼尖羽毛经过长期进化也能起到翼尖小翼的作用。

图3-23 Aviation Partners 翼尖小翼

翼尖小翼最初用于利尔飞机(Lear jet)上,目的是提高飞机在高空飞行时的升力性能。大约在20多年前,航空界对翼尖小翼修正了设计,现在很多旧飞机也开始加装翼尖小翼。旧飞机安装翼尖小翼需要更改结构并且成本较高,因此需要确切证明加装翼尖小翼能提高飞机的性能才行。

翼尖小翼的优点来源于其翼形剖面形状(见图3-24)及其安装方式。翼尖小翼通常为后掠并且翼尖轻微外倾。同时,翼尖小翼的前缘略微向外,使得翼尖小翼的翼弦同飞机的中轴并不平行。

从机翼下表面往上表面流动的气流,以及机翼上表面向内流动的气流和正常机翼流场相互作用,使翼尖小翼产生一个小的正迎角。这就在翼尖小翼内侧表面产生了升力。

升力总是垂直于相对气流方向。翼尖小翼产生的升力在飞行方向上具有一个分量,这就抵消了部分阻力。从翼尖小翼后缘产生的下洗气流阻碍或者说抵消机翼的翼尖涡的流动,最终翼尖小翼的翼尖涡影响了部分主机翼翼尖涡的形成。

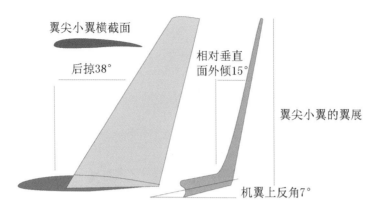

翼尖小翼横截面

后掠38°

相对垂直
面外倾15°

翼尖小翼的翼展

机翼上反角7°

图3-24 一种翼尖小翼的设计方案

翼尖小翼产生升力的大小取决于飞机的迎角。大迎角飞行时,翼尖涡效应明显,翼尖小翼能产生较大升力。

由于飞机起飞、着陆和高空巡航时,飞机处于大升力系数状态,因此利尔55型飞机(Lear Jet 55)为提高高空运行效率进行了专门设计,第一次将翼尖小翼作为标准配置。

对于商用飞机,翼尖小翼可以为航空公司带来如下收益:

➤ 在给定重量下减少起飞着陆距离;

➤ 给定起飞/着陆距离下能提高商载;

➤ 减少耗油率。

翼尖小翼也有如下缺点:

➤ 在小升力系数下,由于翼尖小翼增加了飞机的废阻力,导致飞机的总阻力增加。另外,由于翼尖小翼升力的增加,导致诱导阻力也相应增大。

➤ 由于翼尖小翼需要承受气动载荷,因此它会增加飞机的重量。

➤ 翼尖小翼同时也需要增强机翼的结构,因此也会增加飞机的重量。

对于商用飞机,翼尖小翼的优点超过其缺点。通过增加翼展来获得使用翼尖小翼相同的效果需要更多的材料和重量,因为翼展增大必须使用更多的材料来支持复杂的机翼结构。从商业运行的观点来看,采用翼尖小翼可以方便飞机在已有的机场机位停放,而增加翼展可能需要占用更大的空间。

机翼安装发动机

发动机的位置和安装结构会对飞机机翼的设计有显著的影响。图3-25所示的彗星飞机,发动机位于翼根处。这要求机翼的翼梁必须采用奇特的形状来保证发动机的进气及安装。这种安装方式使机翼设计过于复杂,现代喷气式飞机采用的标准安装方式是将发动机通过吊架吊装在机翼下。

图3-25 彗星飞机——翼根安装发动机

发动机吊架安装在机翼的前梁和主梁上,它将发动机载荷传递到机翼结构上(见图3-26)。由于发动机向前伸出到翼梁前面,因此发动机重量将对机翼产生一个使迎角降低的扭转力矩。对气流而言,发动机吊架相当于一个翼刀引导气流向后,减少了气流的展向流动。但是,在吊架和机翼的连接处,气体压力升高导致来流上升,并在机翼上表面产生从前向后流动的涡流。

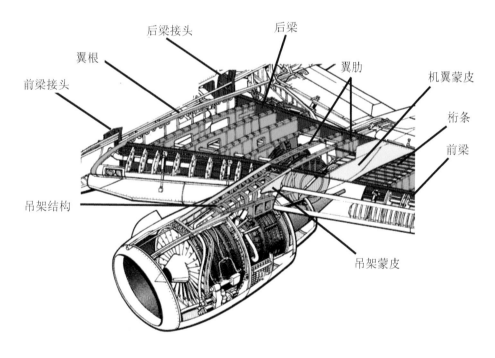

图3-26 翼下发动机吊架

发动机涡流发生器

发动机整流罩会引起一个问题——气流向上流过机翼上表面并形成涡流。通过增加一个发动机涡流发生器,可以引导气流从机翼下面向后流动,避免上述问题。图3-27所示为安装在发动机整流罩内侧的涡流发生器,其他飞机可能在发动机整流罩两侧各安装一个涡流发生器。

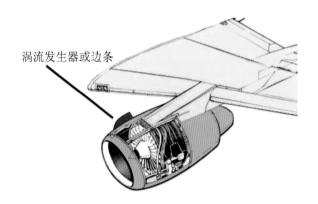

涡流发生器或边条

图3-27　发动机罩上的涡流发生器

第四章
尾翼

概述

在传统飞机上,飞机尾翼由垂直尾翼和水平尾翼组成。它们被安装在飞机尾部,为飞机提供航向及纵向稳定性。

垂尾的稳定性

垂尾为飞机提供了绕立轴方向的静稳定性(航向稳定性),如图4-1所示。如果突风等干扰使飞机改变了航向,由于惯性,飞机将继续沿以前的方向运动。改变了方向的气流流过垂尾时,会使垂尾两边的气动力发生变化,形成侧向力从而使飞机回到它的初始航向。

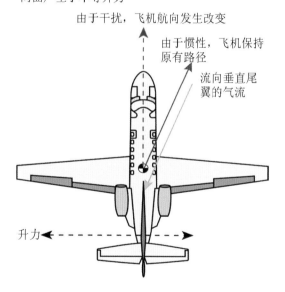

气流吹过时,在垂直尾翼上产生迎角变化,垂尾两面产生了不等升力

由于干扰,飞机航向发生改变

由于惯性,飞机保持原有路径

流向垂直尾翼的气流

升力

图4-1 垂直尾翼的功能

侧滑改变了流过垂尾时的气流迎角(AOA)。这会使飞机相对重心(CG)产生偏航力矩,进而使飞机转向相对气流的方向。侧滑角较小时,飞机的正静稳定性很强。随着侧滑角逐渐增加,静稳定性逐

渐减小为中性稳定状态。再进一步加大侧滑角将使飞机变得静不稳定。JAR 23和JAR 25要求飞机在所有正常飞行状态下都应具有航向静稳定性。

垂直尾翼结构

垂直尾翼(见图4-2)结构与机翼类似,它由梁、桁条、肋和蒙皮组成,这些结构承受飞行中的所有载荷。方向舵安装于后梁上,操纵方向舵所产生的附加载荷也由垂尾结构承受。垂尾连接在机身隔框上。除了轻型通用飞机,这些隔框都是重要的结构,因为任何作用于垂尾表面的载荷都会通过该隔框对机身结构产生扭转应力。

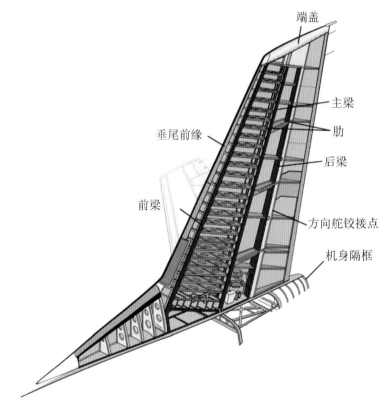

图4-2 垂直尾翼结构

垂尾与机身的位置关系

垂直尾翼主要为飞机提供航向静稳定性和操纵性。重心之前的机身会稍微减小飞机的静稳定性。

部分原因是亚音速飞行时机身的压力中心位于距离机头1/4位置处,它位于飞机重心的前面,如图4-3所示。

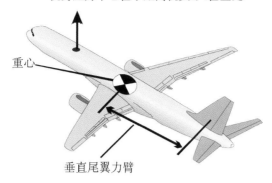

机身压力中心位于距离机头1/4位置处

重心

垂直尾翼力臂

图4-3　垂尾与机身的位置关系

如发动机短舱那样伸到机翼前方的设备,会降低飞机的航向静稳定性。后掠机翼却能够提高飞机的航向静稳定性。图4-4中红色部分的部件将降低飞机方向的静稳定性,而绿色部分将增加飞机方向的静稳定性。

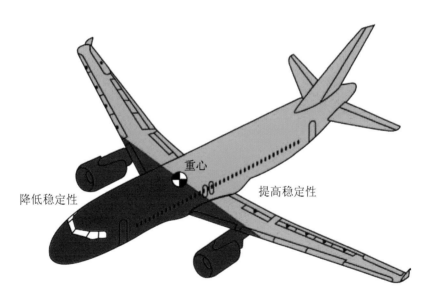

降低稳定性　　　重心　　　提高稳定性

图4-4　机身对稳定性的影响

在进行飞机垂尾设计时需要考虑以下因素:

➤ 垂尾产生的侧向力;

➤ 垂尾的失速角度;

➤ 垂尾面积;

➤ 垂直尾翼的力臂;

➤ 飞机的动力形式(螺旋桨或涡轮);

➤ 飞机的速度范围;

➤ 机翼的平面形状;

➤ 平尾的位置。

升力

垂尾像其他翼面一样产生升力。升力的大小取决于垂尾翼型、迎角、面积以及气流流过的速度。

失速角度

与其他翼面相似,当垂尾迎角达到某临界值时,气流就会从垂尾表面分离形成紊流。设计人员必须确保垂尾的失速角度大于飞机可能遭遇到的侧滑角度。如果飞机的侧滑角过大,垂尾可能失速。为了避免这种情况,可安装背鳍。请参见背鳍部分内容。

垂尾面积

虽然方向静稳定性非常重要,但是对于多发飞机,在非对称推力状态下的方向可操纵性也相当重要。该操纵性的要求对发动机位置与重心距离提出了必要限制。

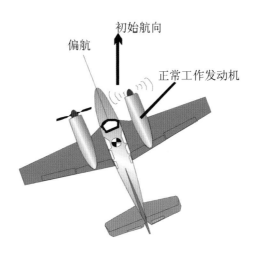

图 4-5 非对称推力情况下的轻型双发飞机

机身长度、机翼在机身上的纵向位置以及机身高度都对确定垂尾面积有影响。重心前部机身越长或机身高度越大,垂尾就应提供更大的稳定性,即增大垂尾面积或增加垂尾与重心的距离。

力臂

当垂尾面积确定时,垂尾与飞机重心之间的距离,即力臂,决定了飞机偏航力矩的大小。增大垂尾面积和力臂能增大偏航力矩。请参见多垂尾设计部分内容。

动力

驱动飞机有两种方法,一种是使用燃气涡轮发动机提供推力,另一种是使用螺旋桨。燃气涡轮发动机采用推力的方式驱动飞机,其喷气速度和温度都很高,任何结构接触都可能致使结构损坏。设计人员要确保发动机燃气远离飞机结构,也不会影响流过垂尾的气流。

对于采用螺旋桨驱动的飞机,可使用燃气涡轮发动机,也可以使用活塞式发动机。螺旋桨可以在飞机前面拉动飞机,也可在飞机后面推动飞机。

不管是推动飞机还是拉动飞机,螺旋桨滑流都会对垂尾造成影响。涡轮螺旋桨发动机的尾流汇入螺旋桨滑流,其温度降低。请参见后面的螺旋桨效应部分内容。

空速

当飞机在低速状态下飞行时,飞机需要大迎角。机身在大迎角状态下附面层更厚,这会造成垂尾的有效面积减小。为保证垂尾在大迎角状态下的正常功能,需要增大垂尾面积,如图4-6所示。增大垂尾面积可以通过采用更大尺寸的垂尾、增加腹鳍或增加机腹边条等方式实现。

图4-6　有效垂尾面积的损失

腹鳍和机腹边条

腹鳍是安装在机身后部垂尾下方的竖直翼面。正常飞行时,腹鳍与机身中心线对齐,处于后机身紊流当中,它起到的作用很小。然而,当飞机以大迎角飞行时,机头上仰导致腹鳍处于平稳气流当中,相当于增加了垂尾面积。请参见图4-7中右图的示意。

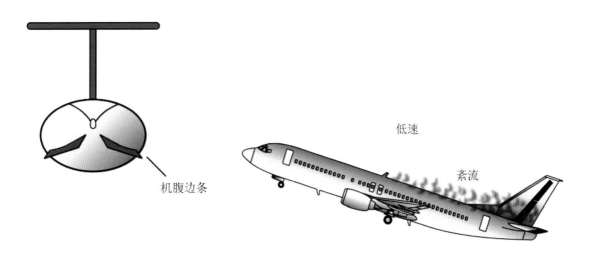

图4-7　腹鳍和机腹边条

当飞机已有腹鳍,并且希望能在某速度范围内控制飞机尾部气流时,设计人员可以采用两块机腹边条。另外,如果飞机的航向稳定性较差,也可使用机腹边条。机腹边条的安装位置和长度取决于飞机的稳定性要求。在不需要明确区分时,通常腹鳍和机腹边条可以被统称为腹鳍。

尾翼的布局

水平尾翼的位置对流过垂尾的气流有显著影响。主要是因为正常情况下流过垂尾的气流需先经过平尾。如图4-8所示，飞机进入螺旋时，不同平尾位置造成飞机垂尾的有效区域也不一样。

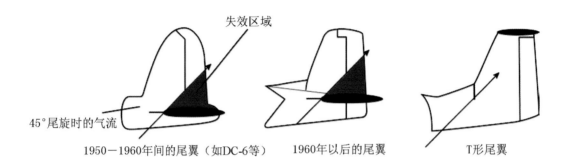

图4-8 平尾位置及尾旋时的垂尾有效区域

螺旋桨的影响

对于机头安装发动机的单发螺旋桨飞机，螺旋桨尾流是旋转运动的(见图4-9)。它绕着机身旋转并作用在垂尾的某一侧。在大功率状态下，如单发飞机起飞时，滑流的强度和角度足以使飞机产生偏航运动。

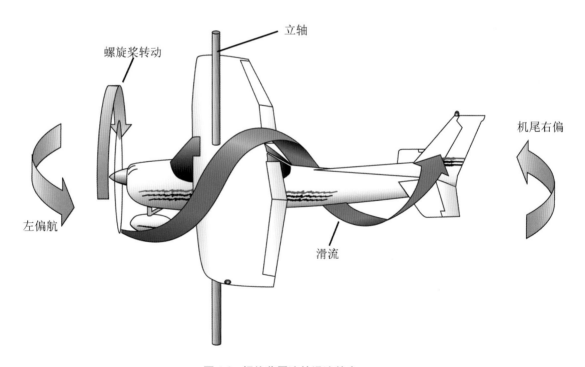

图4-9 螺旋桨尾流的滑流效应

在低功率状态下，滑流改变的垂尾迎角使垂尾两侧的升力不一致，从而驱动垂尾引起偏航。

对于单发螺旋桨飞机,为克服受螺旋桨转速影响的不对称升力,可以采取如下措施:

采用非对称翼型设计垂尾,或者采用对称翼型但是垂尾位置侧向偏移。这种方案不常采用,因为在低功率情况下飞机会偏航。

更为通用的方法是采用对称垂尾,并安装在机身中心线上,它要求飞行过程中通过方向舵偏转来修正。为了减小飞行员的负荷,可以在方向舵上安装固定调整片,该调整片可以保持方向舵在偏转位。

在正常情况下,多发飞机中流经机身两侧的滑流相同。因此,最佳的垂尾气动外形是对称翼型。它保证了在正常飞行状态下,垂尾左右表面产生的升力相等。

背鳍

背鳍是垂尾根部前缘向前延伸到机身背部某处的一段翼面(见图4-10)。它有两个作用:一是改善飞机在大侧滑角时的稳定性;二是减小垂尾的有效展弦比,从而增大垂尾的失速迎角。

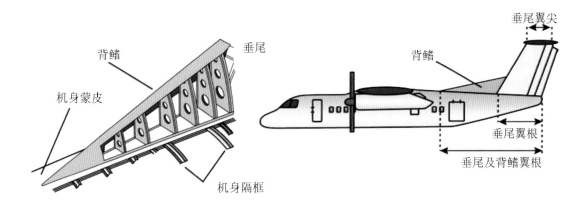

图4-10 背鳍

平尾介绍

传统飞机的水平安定面和升降舵安装在飞机尾部,也被称为平尾。飞机设置平尾的目的是平衡飞行中升力、重力、阻力和拉力所产生的俯仰力矩。因为升力和重力形成的力偶及阻力和拉力形成的力偶会使飞机抬头或低头。

平尾的静稳定性

平尾的作用是提供纵向静稳定性。在突风使飞机抬头或低头时,飞机的惯性使其仍然沿着初始方向运动,这种俯仰姿态的变化将改变流过水平安定面的气流迎角,使上表面或下表面产生更大的升力,从而将飞机修正回它原来的姿态。

后掠翼为飞机提供了一定的静稳定性。如果飞机重心(CG)在压力中心(CP)之前,则飞机具有更好的纵向静稳定性;如果飞机重心与压力中心重合,则机翼对纵向静稳定性无影响。如果重心(CG)在压力中心(CP)之后,则机翼降低飞机纵向静稳定性。

平尾尺寸

影响平尾尺寸的因素包括:

➤ 平均气动弦长;

➤ 机翼后掠角;

➤ 机翼升力产生的俯仰力矩;

➤ 平尾到重心的距离;

➤ 压力中心的范围。

由此可见,由于平尾升力的力臂比较长,相对较小的平尾(与机翼相比)就足以产生用于平衡机翼升力对飞机形成的俯仰力矩。

平尾上的飞行载荷

如果飞机做水平匀速直线飞行,则升力与重力、阻力与拉力精确平衡,如图4-11所示。此时,作用在平尾上的升力(通常为负)与机翼升力的总和与重力刚好大小相等,且平尾升力、机翼升力和重力产生的力矩也刚好平衡。

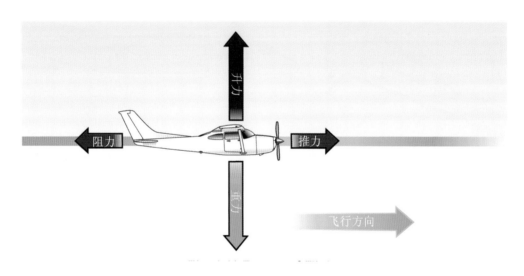

图4-11 飞行载荷

在某些飞行状态(如低速)下,平尾气动力不能完全平衡由压力中心和重心位置不同所造成的俯仰力矩。在这些情况下,可以通过改变升降舵偏角来改变翼形弯度,从而增大或减小气动力。

偏转的升降舵会增加水平尾翼空气阻力,即所谓"配平阻力"。配平阻力会增加总飞行阻力,发动机被用来克服飞机阻力,推动飞机向前运动。升降舵偏转也用来控制飞机爬升或下降。

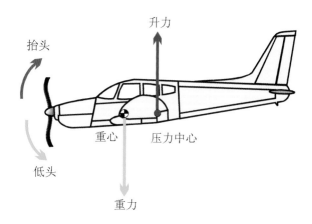

图4-12 飞机不平衡载荷

为了实现上述功能,大多数飞机的平尾都采用对称翼型,如图4-13所示。如果迎角为零,平尾上下两侧升力相等,则净升力为零。为了让平尾产生负升力,其前缘下偏大约2°。请参见安装角部分内容。

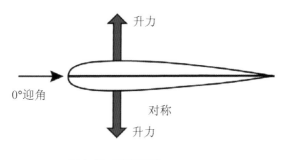

图4-13 对称翼型

平尾的构造

平尾结构也与机翼结构类似,由梁、桁条、肋和蒙皮组成。平尾后梁也作为升降舵的铰接安装点。飞行中,平尾升力会发生改变。当平尾产生向上或向下的升力时,平尾上、下表面就要受到拉伸和压缩载荷。

平尾的位置

平尾可以位于:

➢ 机身中部(竖直方向);
➢ 垂尾底部;
➢ 垂尾顶部,即T形尾翼;
➢ 垂尾中部,如图4-14所示。

图4-14 安装在垂尾中部的水平尾翼

把平尾设计在机身中部或者垂尾底部,不但可以简化平尾和机身的连接,而且也不用增强垂尾结构。

T形尾翼

将平尾设计在垂尾中部或顶部可以减小或消除平尾所受到的气流干扰。然而,该设计方案的平尾和垂尾的连接比较复杂,同时还需要加强垂尾结构。

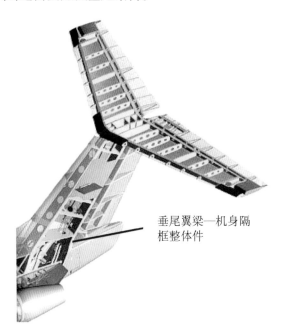

垂尾翼梁—机身隔框整体件

图4-15 Eclipse 500飞机的T形尾翼构造

螺旋桨滑流和机翼下洗气流

设计人员在分析流过平尾的气流时,总是希望尽量把平尾设计在少受气流干扰或不受气流干扰的位置。

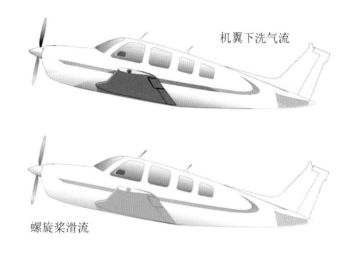

机翼下洗气流

螺旋桨滑流

图4-16　流过平尾的螺旋桨滑流

影响螺旋桨飞机平尾气流的因素包括：

➢ 机翼下洗气流；

➢ 螺旋桨滑流。

对于大多数的单发螺旋桨飞机，除非采用T形尾翼，否则平尾都是处于螺旋桨滑流中的。有些轻型双发螺旋桨飞机的平尾设置在垂尾中部，使其处于螺旋桨主滑流之外。处于垂尾底部或机身两侧的平尾则完全处于螺旋桨滑流当中。

在不同发动机转速和飞行速度下，由于螺旋桨滑流对平尾的作用角度不同，因此平尾的升力特征也不一样。

影响燃气涡轮发动机飞机平尾气流的因素包括：

➢ 发动机排气；

➢ 发动机位置；

➢ 机翼下洗气流。

在决定燃气涡轮发动机飞机平尾位置的时候，需要考虑到的因素包括发动机排气的温度和速度。如果发动机高温排气流向平尾，可能导致结构损坏。

对于机尾吊挂发动机的飞机，如MD 80、Eclipse 500、Galaxy和Cessna Citation，其平尾都安装在垂尾顶部或中部。对于机翼下方吊挂燃气涡轮发动机的飞机，平尾安装在机身中部或垂尾底部，足以避开发动机喷出的高温燃气。但是，从平尾下方流过的高速喷射气流对平尾附近的自由流有抽吸作用，这会改变平尾前缘的气流迎角，影响程度正比于发动机功率。

另外一个要考虑的因素是机翼的下洗气流。当流过机翼上表面时，气流速度大于下表面流速，上下表面气流在机翼后方汇合后产生向下偏转，即下洗。它抽吸周围自由空气一起向下，从而改变了平尾的气流迎角。

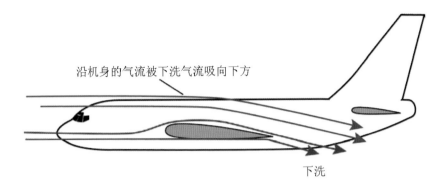

沿机身的气流被下洗气流吸向下方

下洗

图4-17　从机翼引出的下洗气流

平尾安装角

如果平尾处于螺旋桨滑流和机翼下洗流当中,则滑流角度和速度将直接影响平尾的状态。

为了解决这个问题,平尾前缘可略微向下倾斜,其角度通常为机翼安装角的一半。这个小的平尾安装角确保飞机在巡航飞行中保持力矩平衡时平尾载荷最小。这个平尾安装角增加了飞机的俯仰稳定性,因此又称为纵向上反角。

飞机遭遇突风并使俯仰姿态发生变化时,平尾也能够使飞机重新恢复平衡状态。这是由于平尾升力与较大力臂形成了足够大的俯仰恢复力矩。

V形尾翼

部分轻型飞机采用了非传统的V形尾翼。在这种设计方案中,垂尾和平尾被两个按V字布置的尾翼所取代。它们的构造与传统的垂尾和平尾相同,用于保证飞机的方向和俯仰控制。

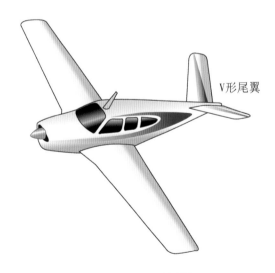

V形尾翼

图4-18　V形尾翼

鸭翼

鸭翼与传统的水平尾翼不同,它在所有正常飞行过程中都产生向上的升力,与机翼产生的向上升力一起来平衡飞机重力,从而可以使机翼所受载荷减小,结构重量减轻。

鸭翼安装在机翼之前的一个水平翼面,其功用是产生升力抵消飞机的低头力矩。鸭翼安装角稍大于主机翼安装角,因此鸭翼迎角比主机翼迎角大。机翼升力所产生的正俯仰力矩使机头上仰,会进一步增大鸭翼的气流迎角。如果继续增大仰角,在机翼失速前,鸭翼将先失速。

三翼面布局

尽管鸭式布局没有能取代平尾在现代商用航线飞机上的应用,一些通勤类飞机,例如满足 JAR 23 要求的 Piaggio Avanti 飞机(见图 4-19),既使用了传统的平尾,也使用了鸭翼。这种设计的优点在于:在飞行中,所有的水平翼面都产生向上的升力,由于升力面积增大,飞机翼载降低,飞行速度增加。与鸭式布局的飞机一样,该类飞机的机翼通常更靠后,鸭翼代替了后缘襟翼,用于增长,而水平尾翼控制飞机俯仰。飞机起飞时,该飞机仍然采用鸭翼操纵。

图 4-19　Piaggio P180 Avanti 飞机

第五章
主飞行操纵系统和辅助飞行操纵系统

概述

　　飞机在飞行中可以沿三个方向操纵。这些操纵称为俯仰、横滚和偏航操纵。这一章将介绍飞行操纵面和飞行操纵系统，飞行员通过飞行操纵面和操纵系统可以控制飞机的飞行。在学习空气动力学章节之前，为了帮助学生阅读这些章节，先介绍了空气动力作用的基本解释，并据此解释结构部件怎样实现它们的功能。

基准轴线

　　所有三个轴线都通过飞机重心，飞机重心是通过飞机全部重量的点，并且重量的作用力垂直向下，如图5-1所示。

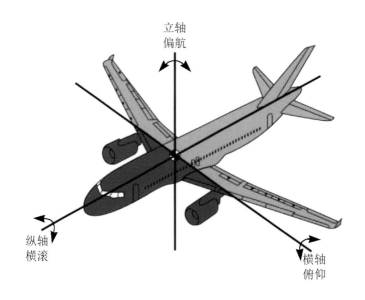

图5-1　基准轴线

　　三个轴线或基准轴线是：

　　纵轴——通过飞机机头到机尾的线。绕纵轴的运动称为横滚。它也被称为横滚轴线，如图5-1所示。

　　横轴——通过飞机一边翼尖到另一边翼尖的线，绕横轴的运动称为俯仰。它也被称为俯仰轴线，如图5-1所示。

立轴——通过飞机机身下方到飞机顶部的线。绕立轴的运动称为偏航。它也被称为偏航轴线，如图5-1所示。

主飞行操纵面——传统飞机

参见图5-2，传统飞机的操纵面在机翼、垂尾和水平尾翼上。下面是操纵面：

副翼——操纵飞机绕纵轴横滚运动，副翼是流线型的操纵面，连接到机翼外侧的后缘上。

升降舵——操纵飞机绕横轴俯仰运动，升降舵是流线型的操纵面，连接到水平尾翼的后缘上。

方向舵——操纵飞机绕立轴偏航运动，方向舵是流线型的操纵面，连接到垂直尾翼的后缘上。

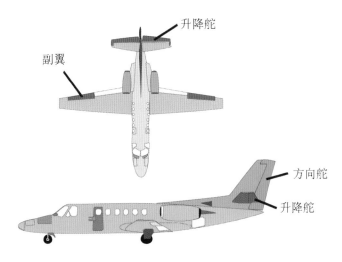

图5-2　传统飞机上的主操纵面

主飞行操纵面的功用

主飞行操纵面或主操纵面铰接是在翼面上的一个小块，并且能够做角运动——偏转。

任何偏转都会改变主操纵面连接翼面原来的形状或轮廓，如图5-3所示。

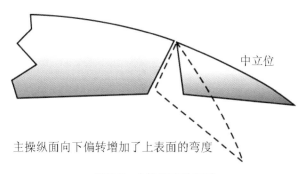

图5-3　主操纵面的运动

运动范围

通过改变形状,即翼面的弯度,在翼面的一侧将会产生更大的升力,引起翼面向产生额外升力的方向运动。从一个方向的全偏角度到另一个反方向的全偏角度,它们之间的角度被称为操纵面的运动范围(或ROM)。操纵面的运动范围可以在后缘用线性距离的测量来表达,如图5-4所示。

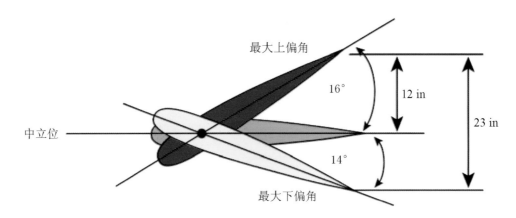

图5-4　主操纵面的偏转范围

结构

操纵面的翼型剖面通常和与它相连接的翼面的翼型剖面相连续。当操纵面的剖面正好与主翼面相匹配的时候,即在任何方向都没有偏转,这个操纵面就是中立的或流线型的,见图5-4。

主操纵面相对于与它相连接的翼面是比较小的。其起到的作用取决于它的位置与重心之间的力臂长度。这样就可以用一个小角度的偏转来产生足够大的力矩使飞机绕基准轴线滚转。操纵面的尺寸取决于其位置与飞机重心的距离以及飞机的设计速度。图5-5阐明了这个原理。

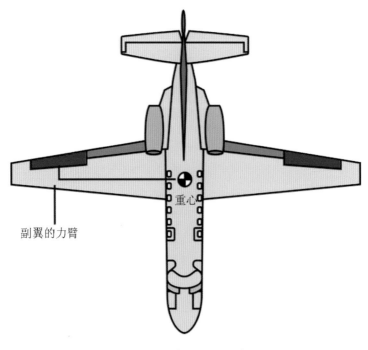

图5-5　操纵面的力臂

在低速飞机上,作用在操纵面上的气动力不是很大。主操纵面和辅助操纵面由翼肋、桁条、梁组成,外面由蒙布覆盖。Dakota是这种结构设计的典型例子。当飞机的操纵面需要承受更大的载荷,或者设计者希望使用合金时,用合金蒙皮代替蒙布,见图5-6。

对于高速飞机,操纵面需要承受很大的气动力,例如大型运输机,操纵面是通过把切削好的蜂窝密封成预成型的形状而制造。这样增加了整个操纵面的刚度而不会增加其重量。不管使用哪种方法,在铰接连接部位和操纵输入点的结构上都需要增强。

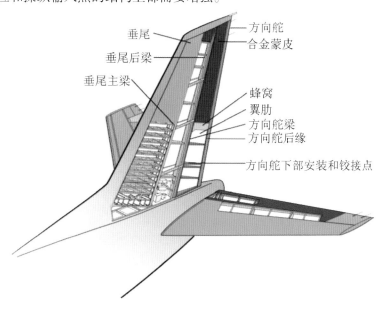

图5-6　大型飞机主操纵面的结构部件

驾驶舱操纵机构

主飞行操纵面连接到驾驶舱中的主操纵机构上。主操纵机构根据飞机的年代、大小和复杂程度的不同而不同。在老式轻型飞机和战斗机上,主操纵机构采用驾驶杆和方向舵脚蹬,见图5-7。

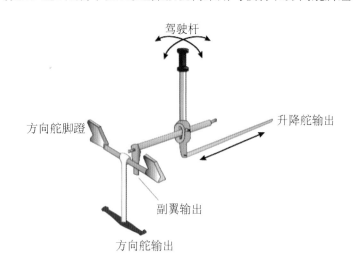

图5-7　驾驶杆和方向舵脚蹬

推拉类型的驾驶盘

对于许多现代轻型飞机,驾驶杆被通过仪表板的推/拉驾驶盘或驾驶盘所代替。在这种设计中,驾驶盘安装在一个通过仪表盘的杆上。后拉驾驶盘,升降舵后缘上偏,引起飞机机头向上。右转驾驶盘,右副翼上偏,左副翼下偏,引起飞机向右滚转,反之亦然,见图5-8。

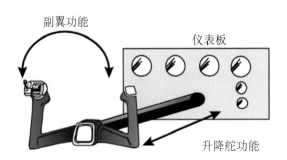

图5-8 推拉类型的驾驶盘

驾驶盘和杆

大型飞机用一个驾驶杆和一个驾驶盘的结合体代替了推拉类型的驾驶盘。驾驶杆操纵升降舵,驾驶盘操纵副翼,见图5-9。

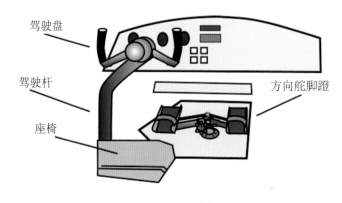

图5-9 驾驶盘和驾驶杆

侧杆

空中客车公司的飞机上用侧杆代替了传统的驾驶杆和驾驶盘,使用了计算机和电传操纵技术。从视觉上比较图5-10和图5-9,当驾驶杆移除后,侧杆可以给飞行员提供更大的空间。侧杆的操纵方式与原来的驾驶杆相似。本章之后的电传操纵部分将对侧杆的操纵做详细介绍。

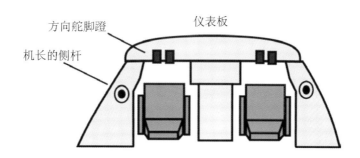

图5-10 驾驶舱中的侧杆

驾驶杆

在这种系统中,升降舵通过驾驶杆的前后运动进行操纵。驾驶杆也称作操纵杆。驾驶杆向前运动,升降舵后缘下偏,改变了尾翼的弯度。这在上表面产生更大的升力(低压),使飞机尾部抬升,并使机头向下;反之亦然。

驾驶杆的左右运动可以操纵副翼。当飞行员向左移动驾驶杆时,左副翼上偏,左边机翼的升力减小;右副翼下偏,右边机翼的升力增加,引起机翼向左滚转;反之亦然。这种驾驶杆类型的操纵面在中立位时,驾驶杆被定中。如果飞行员斜对角或者以任何角度移动驾驶杆,只要不是直接向前后或左右移动驾驶杆,升降舵和副翼将同时运动。

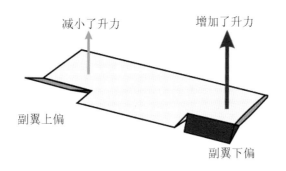

图5-11 副翼的运动

方向舵操纵

飞行员通过脚蹬来操纵飞机的偏航运动。松开右脚,左脚往前蹬,方向舵后缘左偏,这样改变了垂直尾翼的弯度,在右表面产生一个升力,在左表面产生的压力使飞机尾部向右,因此机头向左偏航。当方向舵处于中立位时,方向舵脚蹬被定中。

随着技术的发展,飞行员操纵副翼和升降舵的输入方式发生了改变,从操纵杆(驾驶杆)变成电传操纵的侧杆,方向舵的操纵与所有传统飞机一样使用脚蹬。

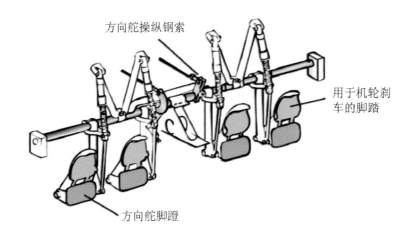

方向舵操纵钢索

用于机轮刹车的脚踏

方向舵脚蹬

图5-12　传统的方向舵脚蹬

操纵系统的连接

对于轻型飞机和低速飞机,操纵面在比例上要大于速度更大的飞机。当操纵面偏转时,作用于其上的气动力较小,这就使得设计者在操纵面和驾驶杆/脚蹬之间使用直接的机械连接。

这种类型的机械连接采用操纵钢索和操纵拉杆。

操纵钢索

输入的驾驶杆/脚蹬上需要两根钢索连接到每个操纵面,因为钢索只能承受拉力,如图5-13所示。

当飞行员进行一个操纵输入,产生拉力的钢索移动操纵面,而另一根钢索跟随操纵面运动。当进行反向操纵时,钢索的功能反转过来,如图5-13所示。

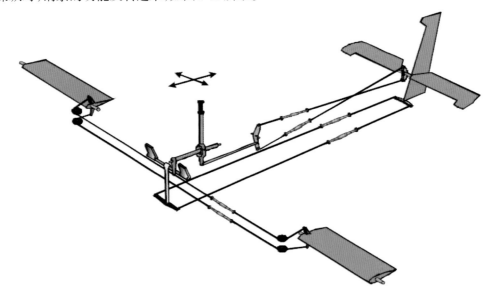

图5-13　钢索操纵

钢索张力

为了保证飞行员的操纵输入能立即传到操纵面,在主操纵和辅助操纵系统中使用了操纵钢索,在钢索系统中使用了预加张力。如果钢索系统失去预加张力并变得松弛,操纵面会产生非指令性的运动,使系统产生间隙。

当飞行员进行一个操纵输入时,钢索在张力作用下使操纵面运动,第二根钢索跟随操纵面运动。当反向输入时,钢索的功能相反,如图5-13所示。

为了保证在前后运动中,钢索和机体结构不发生损坏,在钢索通过的地方,或者机体结构上(如隔框)安装了导览器。JAR要求必须安装导览器,以便使钢索的方向变化不会超过3°,通常的做法是,钢索通过的导览器孔径要大,导览器的材料要比钢索更柔软,在正确安装后,钢索不会接触到导览器,如图5-14所示。

对于大型飞机,机翼和机身的膨胀和收缩会导致其尺寸增大和缩小几英寸,钢索系统需要安装一个热补偿器或弹簧补偿器,如图5-14所示。这样可以保证钢索在运动中保持预加张力。

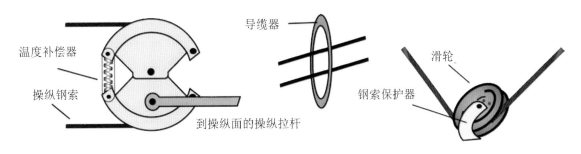

图5-14 温度补偿器、导索环和滑轮

操纵拉杆

操纵拉杆系统使用管子来承受压缩和拉伸应力,因此可以使用单根拉杆进行双向操纵。同样,在拉杆穿过结构的位置,也使用了导向器系统。为了沿长度方向支撑拉杆,使用了惰性杆。当使用拉杆的操纵路线必须改变方向时,可以使用摇臂,如图5-15所示。为了补偿热胀冷缩,在传动线路中安装了弹性杆。

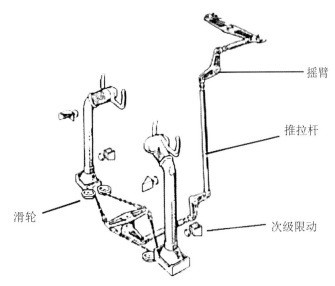

图5-15 使用操纵拉杆的系统

操纵系统的限动

安装主限动和次级限动可以防止飞行员输入一个大于操纵面行程的动作,还可以防止操纵面和连接机构的损坏。

主限动

主限动位于操纵面操纵行程的末端,它们被调节到当操纵面运动到满行程时被锁定,因此它们不会被改变。图5-16显示了两个主限动限制了一个升降舵的运动范围。

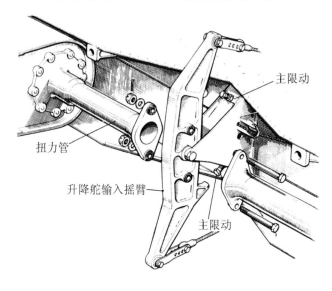

图5-16　主限动

次级限动

次级限动位于操纵系统操纵输入的末端。它们被调节到当操纵面处于全偏位置并被锁定时,它们和操纵系统之间还有一个小的间隙。

这些限动确保飞行员可以对操纵系统进行满行程操纵。如果飞行员施加在驾驶杆/脚蹬上的力超过操纵面的偏转极限,一个物理的限动可以防止操纵连接机构损坏。参见图5-15上的次级限动。它们通常不会被看见,因为它们被安装在驾驶舱地板下面。

液压操纵系统

随着高速飞机的出现和操纵面上气动力的增加,液压动力用来克服作用在机械连接机构上额外超出的力。这些系统分为动力辅助和动力控制组件两种形式。

动力辅助

在大型高速飞机上,如果单纯使用人力操纵系统,需要施加的操纵力会超出飞行员的能力。操纵系统的发展帮助飞行员操纵舵面。

克服这些力的第一种方式叫动力辅助系统。在动力辅助系统中,飞行员仍然直接连接到操纵面,但是,与飞行员操纵输入相平行的是一个液压作动力的伺服组件。伺服组件的活塞连接到飞机结构上,如图5-17所示。伺服组件的壳体通过一个操纵摇臂连接到操纵面的输入杆上。操纵摇臂也连接到伺服活门。

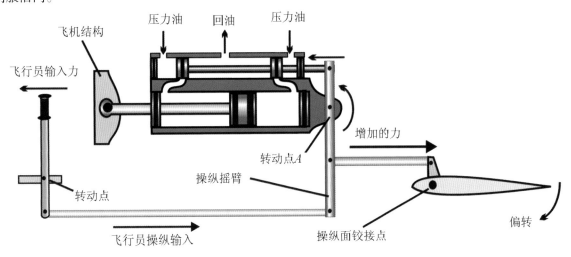

图5-17　动力辅助系统

当飞行员进行操纵时,液压动力起动了操纵面的运动,同时,操纵摇臂绕伺服组件壳体上的连接点转动(见图5-17中转动点A),并且使伺服活门产生位移,伺服活门的运动使液压系统的压力油可以进入到伺服组件活塞的一侧。操纵拉杆与操纵摇臂的连接点称为转动点,并且伺服组件移动操纵摇臂增加了施加在操纵面上的力。

当飞行员将操纵机构回中时,伺服组件反向工作并且使操纵面回中立位。在这个系统中,飞行员仍然需要提供一定比例的动力来操纵操纵面,并且通过驾驶杆/脚蹬来感受气动的影响(空速×舵面偏角)。

如果液压失效,动力辅助伺服组件保持固定,飞行员施加直接的人力来操纵舵面。但在大型飞机上操纵面更大,当空速和高度增加时,这个系统就没有能力来处理增加的枢轴力矩。这就是马赫效应。

动力控制组件

在大型高速飞机上,作用在操纵面上的气动力超过了飞行员和动力辅助可施加的力。为了获得机械操纵的优势,并且与飞行员的操纵输入成比例地对操纵面进行控制,需要使用液压动力控制组件(PCU)。PCU安装在操纵面的输入与飞行员的输入之间。在这种操纵系统中,飞行员的输入操纵一个活门,从而使飞机上液压系统的压力来驱动操纵面。

PCU连接到飞机结构和操纵面的输入结合点,飞行员的操纵输入操纵PCU的伺服活门,PCU对应伺服活门成比例移动。

由于在飞行员和操纵面之间没有直接连接,PCU失效或失去液压压力都会导致操纵系统不工作。为了克服这个缺点,JAA建议设置一个余度系统。具体的办法是使用不止一个PCU连接到操纵面,并且每个PCU使用单独的液压源供压。这样当一个PCU或液压系统失效时还有其他备份。

PCU原理图

图5-18是一个小型PCU的原理图。为了保证按比例运动,双向作用活塞的一端连接到飞机结构上。PCU的壳体连接到操纵面的操纵输入端。飞行员的输入连接到伺服活门或滑阀。当飞行员的操纵处于中立位时,滑阀也处于中立位,这样就同时关闭了液压油的供压和从活塞两边的回油。

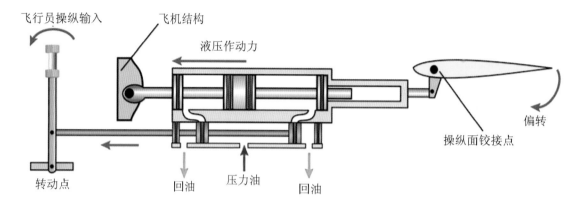

图5-18　基本PCU的原理图

对于升降舵,当驾驶杆前移(见图5-18中的左边),滑阀移动,打开左口进油,右口回油。由于活塞杆连接在机身结构上(它仍然保持固定),PCU的壳体向左移动,为操纵面提供输入。

由于壳体跟随伺服活门移动,当飞行员停止移动驾驶杆时,壳体超过伺服活门,并且堵住口子。这被称为PCU的跟随动作,将把液压油封闭于活塞的两端,形成液锁。

PCU释放组件

为了允许失效的PCU自由运动而不妨碍连接到同一操纵面上的工作中的PCU,必须使用释放组件。在这个设计中,释放组件是一个单作用作动筒,见图5-19。它由一个活塞作动的卡块和一个释放弹簧组成,弹簧安装在作动筒内腔体内,作动筒与机体结构相连。活塞没有直接连接到机体结构上,它通过释放组件上的一个孔,当有液压作用时,活塞推动卡块进入PCU的活塞杆。如果液压失效或去除,弹簧让卡块脱开,允许PCU前后自由运动。

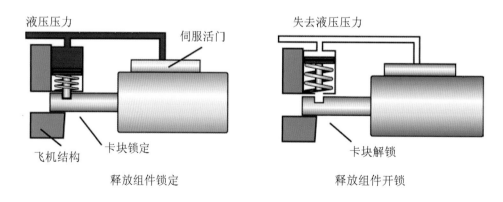

图5-19　PCU释放组件

有内部互连活门的PCU

参见图5-20,在这种设计中,PCU的活塞杆直接连接到飞机结构上,壳体操纵舵面。操纵输入连到伺服活门。液压压力进入PCU的伺服活门,并推动一个互连活门向上,以克服弹簧力。因此互连活门堵住了连接PCU两端的一个旁通通道,这样使活塞两边隔离。任何伺服活门的运动都会引起操纵面的运动。

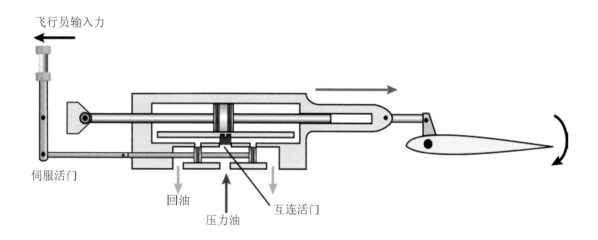

图5-20　有互联活门的PCU

在液压失效的情况下,弹簧推动互连活门向下,允许活塞两端相互连通,从而解除伺服活门形成的液锁。

在每个操纵面上有一个PCU的轻型飞机上,互连活门的工作允许飞行员获得人工恢复。在这种情况下,驾驶杆的运动允许飞行员利用伺服活门手动移动PCU。对于运输类飞机,用人工恢复操纵舵面需要的操纵力太大,所以每个操纵面上的PCU不止一个。在这种情况下,作为备用的PCU可以自由地浮动。

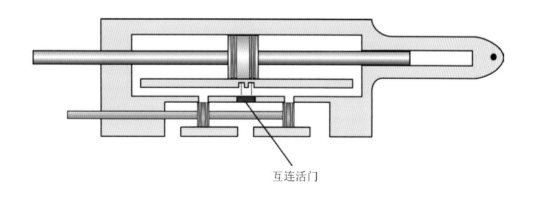

图5-21　PCU的互连活门打开

主操纵面的设计和发展

莱特兄弟的飞机和其他早期的飞机利用机翼的扭曲来改变机翼的弯度,从而实现飞机的横滚操作。这个方法很快被发现是低效的,因此利用机翼外侧后缘的一部分进行铰接形成副翼。

由于每个操纵面实际上是一个小机翼,它有自己的重心和压力中心。如果这个操纵面在它的前缘进行铰接,并且铰接线与操纵输入在一条线上,那么在枢轴后面材料的质量会使操纵变得很沉重,增加了驱动它们的力。飞行员将会失去机械操纵的优势,这将增加飞行员操纵其偏转的力,见图5-22。为了克服这个问题,设计者使用了气动补偿和质量补偿。

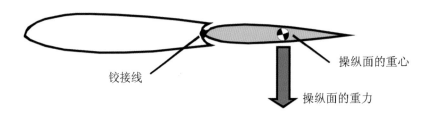

铰接线　　　操纵面的重心

操纵面的重力

图5-22　操纵面的枢轴在操纵面的前缘

颤振

操纵面颤振是后缘在中立位两边摆动的现象。有几个因素有助于颤振,它们是:

➤ 与操纵面连接的翼型部分的弹性;

➤ 操纵面的重心位置;

➤ 传动系统的刚度。

当一个翼型,例如机翼,遭受到气动载荷时,由于设计的原因,它会发生弯曲和扭转。这个弯曲和扭转能产生一个振动,这个振动又会反过来作用于操纵面。如果重心在枢轴的后方,尽管没有操纵输入,它的后缘也会下偏,后缘的偏转产生包括操纵面在内的弯曲,这样又反过来使后缘往反方向反弹,以此类推。

这个问题通常与高速飞行有关,当速度达到一定值时,操纵松软的通用飞机可以使操纵面发生颤振,并导致飞机向下俯冲。设计者必须确保导致颤振的固有振动频率不能发生在飞行的空速范围内。为了避免这个问题,设计者可以通过质量补偿把重心移到枢轴上,也可以提高机翼/操纵面的刚度。

质量补偿

质量补偿可以采用在操纵面前缘增加内部重量的方式,参见内部质量补偿;也可以采取外部重量的方式,外部重量安装在力臂(角臂)上,力臂连接到操纵面的结构上,参见图5-23的说明。

操纵面的枢轴的位置正好在或非常靠近操纵面的前缘时,或者不利于在内部增加材料时(增加了总质量),设计者可以选择使用较小的质量作用在更长的力臂上,采用外部安装。

外部质量补偿通常用于低速飞机,如果需要的话,安装在副翼和方向舵上。正常情况下,机身上有充足的空间用于升降舵质量补偿角臂的运动,尽量消除其他外部突出物,以减小阻力。

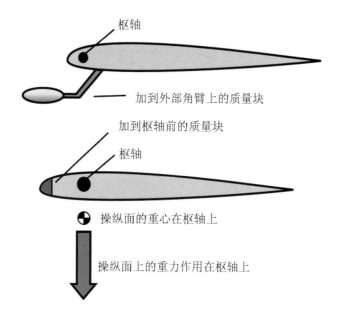

图5-23　质量补偿

当一个外部质量补偿用于补偿副翼时,标准的做法是用一个角臂连接到每个副翼结构的下方。在运行时,每个补偿块对应相应的副翼。补偿块设在机翼的下方,对通过操纵面的气流影响最小。如果一个方向舵需要外部质量补偿,并且不可能安装一个单个的角臂在方向舵的顶部,可以安装两个质量块,每边各放一个,确保正确的平衡。

气动补偿

直接铰接在前缘的操纵面,如果采用人工操纵,飞行员必须使用很大的力来使它们偏转。为了减小操纵力,可以使用气动补偿,采用嵌入式枢轴或角补偿的方式。

嵌入式枢轴

在这种设计中,枢轴位于操纵面前缘的后方,这被称为嵌入式枢轴。当操纵面向一个方向偏转时,操纵面的前缘向相反方向运动,并且从与它相连的翼面的反面伸出,这样就会把前缘伸出到气流中,产生一个帮助飞行员进行操纵的力。

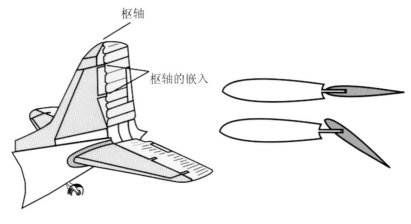

图5-24　嵌入式枢轴

角补偿

　　有些飞机的操纵面的外缘伸出一个补偿凸角,从而产生气动效果。这样可以使前缘铰接更简单。它通常被局限在升降舵和方向舵上。

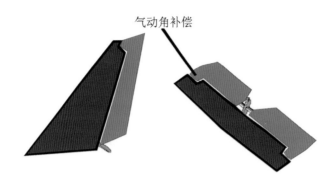

气动角补偿

图5-25　方向舵和升降舵气动补偿凸角

　　使用气动角补偿允许设计者把补偿质量放到操纵面的翼尖。与把内部补偿块仅仅安装在枢轴的前方相比,它可以减小材料的需求,因为它可以起到杠杆的作用。这样可以使凸角起到外部质量补偿的作用,同时又可以提供气动补偿。

　　如果嵌入式枢轴的前部区域或补偿凸角过大,偏转舵面的效果就会倾向于使舵面全偏。如果嵌入式枢轴前部区域补偿凸角足够大,产生的气动力矩等于剩下面积产生的气动力矩,飞行员就会失去操纵感觉力。如果补偿面积超过总面积的1/5,操纵就变成过补偿,在操纵面上的任何操纵都会导致操纵面自动驱动到全偏位置,如图5-26所示。

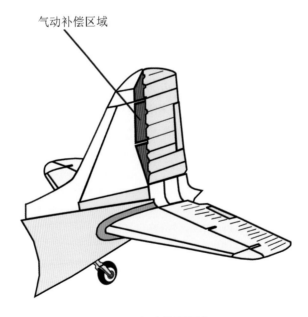

气动补偿区域

图5-26　气动补偿区域

内部平衡板

在这种设计中,副翼前缘在整个运动范围内被机翼后缘挡板遮挡。在机翼后缘和副翼前缘之间的空腔内,安装了一个板,该板铰接在三个地方(见图5-27):

➤　在机翼后缘的连接点上;

➤　在副翼前缘的连接点上;

➤　在中间点上。

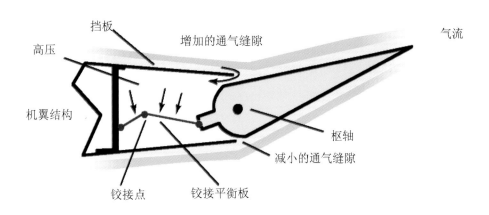

图5-27　有内部平衡板的副翼

平衡板把遮挡区域分成两个部分,通过挡板与副翼表面的缝隙,每个部分都能与大气相通。当副翼偏转时,例如上偏,由于操纵面的曲线,上表面与遮挡之间的缝隙变大,同时下表面与遮挡之间的缝隙变小。

这将改变进入遮挡区域的气流,引起平衡板上面区域的压力增加,压差有助于操纵面的运动。另一边机翼也是这样,总的效果就是减小了飞行员操纵舵面的杆力。

枢轴力矩

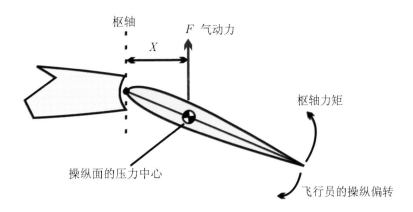

图5-28　操纵面的枢轴力矩

当一个操纵面偏转时,它会产生一个气动力,气动力与偏转方向相反,并且通过操纵面的压力中心。枢轴力矩等于气动力F和压力中心(CP)与枢轴的距离(X)的乘积。

枢轴力矩$=FX$

枢轴力矩抵抗飞行员的操纵。它随空速和操纵面偏转的增加而增加,这个被称为杆力,它是飞行员必须施加来保持杆的位置的力。它也被称为感觉力,因为飞行员可以感觉到作用于飞机操纵面上的空气载荷。

> 如果压力中心后移,枢轴力矩增加;
> 如果压力中心前移,枢轴力矩减小;
> 如果压力中心移到枢轴上,枢轴力矩为0;
> 如果压力中心移到枢轴之前,枢轴力矩增加并且帮助操纵面偏转。

杆的传动比——机械传动的优点

杆的传动比可以用来获得机械传动的优点,并减小杆力。这可以通过使杆的运动量大于操纵面的偏转量来实现。

杆的传动比=杆的运动量/操纵面的偏转量

简单副翼的反向偏航效应

当飞行员通过偏转副翼操纵飞机横滚时,下偏副翼增加了外侧机翼的弯度,而上偏副翼减小了内侧机翼的弯度,对两边机翼都增加了型阻。但是,下偏副翼增加升力的同时也增加了诱导阻力,而上偏副翼产生的诱导阻力较小。机翼上升力、阻力和迎角的改变可引起飞机向相反方向偏航。

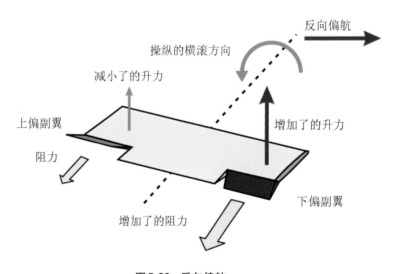

图5-29 反向偏航

因此,横滚的第二效应是反向偏航。为了克服横滚产生的反向偏航,飞行员必须蹬舵来阻止飞机向横滚的反方向偏航。反向偏航效应在低速飞行副翼全偏时达到最大,有三个途径来克服这个问题:

> 差动副翼;
> 方向舵和副翼联动;
> 弗利兹(Frise)副翼。

差动副翼

为了克服横滚的第二效应,副翼的运动是不同的,上偏副翼的偏角大于下偏副翼的偏角。上偏副翼产生的阻力大于下偏副翼产生的阻力,这样就能帮助克服副翼偏航效应。

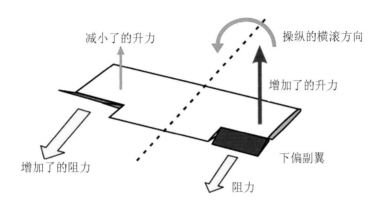

图5-30 差动副翼

方向舵副翼联动

在这种设计中,飞行员操纵副翼时,同时也按比例操纵方向舵。由于横滚引起偏航,反过来偏航也引起横滚。当飞行员操纵方向舵时,通过联动机构也可操纵副翼偏转一定角度。

弗利兹副翼

在这个系统中,上偏副翼的前缘降低,伸出到机翼下表面,增加了上偏副翼的阻力,使阻力的值超过了下偏副翼产生的阻力,因为下偏副翼的前缘与机翼保持流线型。上偏副翼产生阻力的不平衡抵消了反向偏航效应。

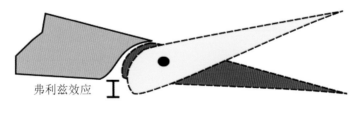

图5-31 弗利兹副翼

固定片

除非飞机的气动表面完全对称,否则飞机飞行时一边机翼会下沉。为了使下沉的机翼上升而不需要飞行员握住操纵机构,在副翼的后缘安装了一个固定的金属片。该金属片向上或向下的弯曲角度取决于与它相连接的副翼。弯曲角度由飞行试验决定。这个金属片只能由有资质的工程师在地面进行调节。

如图5-32所示,向上弯曲的固定片会产生一个使副翼下偏的力。当副翼上的气动载荷等于固定片产生的力时,副翼就会停止下偏并且保持在偏转位置。这是最基本的抬升机翼的方法,它只能在一个有效的空速下设置。为了提高主操纵的操纵性,安装了补偿片。

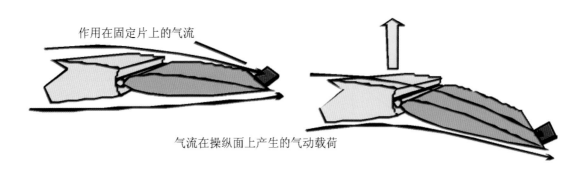

作用在固定片上的气流

气流在操纵面上产生的气动载荷

图5-32　固定片

补偿片

补偿片是铰接在操纵面后缘的一个小片,见图5-33。一个可调的连杆安装在机翼结构上并连接该补偿片。由于连杆的两端都在同一个操纵面上,当进行一个操纵输入时,补偿片的后缘相对于操纵面的后缘反向偏转。这样产生一个小的气动力,作用方向与操纵面产生的气动力方向相反。由于作用的力臂长度比操纵面的力臂长度大,因此减小了飞行员的操纵力矩。这个补偿作用与操纵面的偏转成比例,并且建立在飞行试验的基础上。

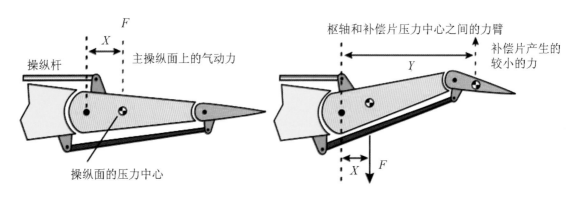

F

X

操纵杆

主操纵面上的气动力

枢轴和补偿片压力中心之间的力臂

补偿片产生的较小的力

Y

操纵面的压力中心

X　F

图5-33　补偿片

配平片

固定片,即使能纠正飞行中一边机翼下沉的情况,也不允许飞行员在一定速度和重心条件下松开手飞行。为了解决这个问题,在操纵面的后缘铰接一个小片,并且可以让飞行员在飞行中进行调节,配平片被认为是第二操纵面。

图5-34显示了一个由螺杆驱动的配平片。连接到飞行员操纵机构的钢索旋转螺杆。当螺杆向一个方向旋转时,它使螺杆伸长,反之缩短。这个动作使配平片后缘上偏或下偏到最大偏角。偏角被称

为配平片的范围。

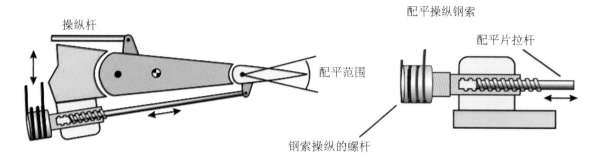

配平操纵钢索

配平片拉杆

操纵杆

配平范围

钢索操纵的螺杆

图5-34　配平片

配平片的工作原理是,当它偏转时,它产生一个气动力,使操纵面向相反方向偏转。当操纵面偏转产生的气动力矩等于配平片产生的气动力矩时,操纵面停止运动并保持在那种状态。

当飞机平飞时,如果驾驶杆不在中立位,飞行员必须握住驾驶杆,这时飞行员可以调节配平片,以抵消操纵面返回到驾驶杆上的力(杆力),从而飞行员可以放开手飞行。

配平片通常安装在升降舵和方向舵上,也可以安装在副翼上。由于配平片的操纵方向与人的本能反应一致,因此升降舵配平片的操纵手轮在垂直平面内安装,方向舵配平片操纵手轮在水平面内安装。向前转动升降舵配平手轮,可以使升降舵配平片后缘上偏,飞机做机头向下的俯仰,其结果是升降舵下偏。

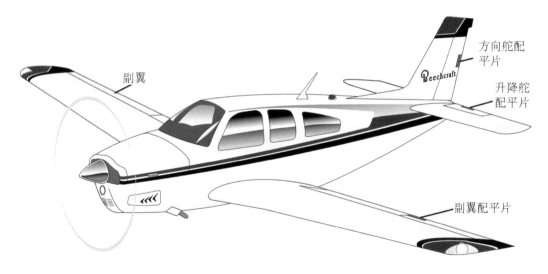

方向舵配平片

升降舵配平片

副翼

副翼配平片

图5-35　配平片的位置

在轻型飞机上,为了显示配平操纵机构在中立位,在操纵手轮上有一条线或标记与中央操纵台上一个标记对齐。对于大型飞机,一个刻度表和一个指针通常提供配平指示,如图5-36所示。当一个配平片安装在飞机的主操纵面上时,它必须是平衡的,不能发生颤振,或者操纵机构被设计成不可逆的。配平片的颤振可以引起操纵面的颤振。

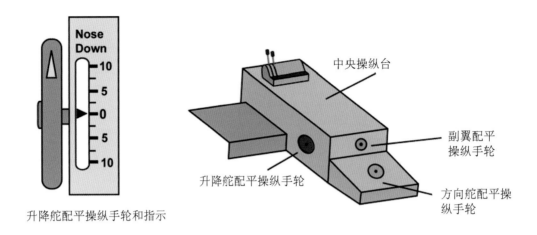

升降舵配平操纵手轮和指示

图5-36 人工配平操纵

动力控制组件(PCU)驱动的操纵面的配平功能

当使用液压动力控制组件驱动主飞行操纵面时,补偿片、反补偿片和配平片都不能用于减小气动载荷和允许飞行员松开手飞行。这些主操纵面由PCU驱动并且在飞行员停止操纵时形成液锁。因此,可以改变操纵传动机构的几何结构,从而反过来重新定位驾驶杆,对这些操纵机构执行配平功能。这通常由电动配平马达来完成。

电动配平马达

轻型飞机和运输飞机都采用电动配平马达,从而使飞行操纵系统的配平更轻松。对于轻型飞机,升降舵或水平尾翼是这个系统安装的正常舵面。有自动驾驶仪的运输类飞机,针对每个飞行操纵都设置一个电气系统。

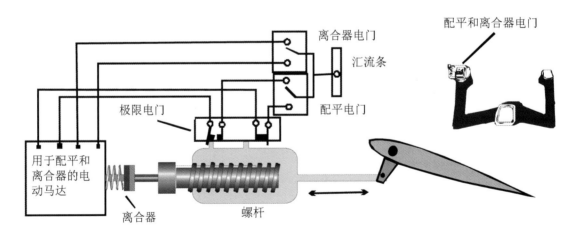

图5-37 电动配平

对动力配平系统的要求是:

➢ 必须要有预警,以防止发生不可逆的、不正确的或突然的配平工作。

➢ 飞机安全可控。

> 在飞机服役期内,动力配平系统发生可预期的、合理的失控情况时,飞行员能够执行所有的操纵,并且必须保证飞机安全着陆。

为了满足这些要求,飞行员的标准做法是,必须同时操纵2个拇指跷板开关,其中一个开关操作一个电子离合器,另一个操作配平马达。在任何一个开关或电路失效的情况下,动力配平系统不会工作。在开关松开以后,不管什么原因,如果配平作动器继续工作,飞行员需要通过人工操纵来克服配平系统产生的力。在这种情况下,许多大型运输机都会限制动力配平系统的行程。

次级操纵位置指示器

对轻型通用飞机的位置指示,手轮上有简单的沟槽,里面填充涂料,并与中央操纵台上的相似标记对齐。大型飞机需要一个更精确的方法来呈现更多的信息,因此采取刻度和指针的形式。对于升降舵和可调水平安定面,用绿区标注起飞安全范围。

通过伺服片对主操纵面的操作

在这个设计中,伺服片安装在主操纵面的后缘,主操纵面的操纵输入直接连接到伺服片,如图5-38所示。在飞行员进行操纵输入时,伺服片的偏转方向与主操纵面的偏转方向相反,帮助主操纵面向期望的方向运动。

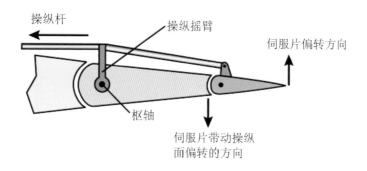

图5-38　伺服片

这种设计允许人工操纵舵面,否则就需要动力飞行操纵。安装了这种操纵面的飞机在地面停放时,操纵面会倾向下偏。当固定不动时,驾驶杆的任何移动仅仅使伺服片运动。在起飞滑跑时,操纵面继续保持松弛,直到有足够的气流流过它们。由于需要气流流过伺服片,安装伺服片的飞机可能遇到低速时的操纵问题。

弹簧伺服片

弹簧伺服片是设计用来解决伺服片在低速时的操纵问题的。在这种设计中,操纵输入连接到一个输入摇臂,该摇臂套在枢轴上,但没有与枢轴或操纵面连在一起,一个连杆从输入摇臂斜着连接到伺服片。

有两个处于压缩的弹簧连接到操纵面和输入摇臂,当飞机在低速情况下操纵时,弹簧力将操纵面锁定到输入摇臂。因此,飞行员的任何输入都可以移动整个操纵面。当气动力超过弹簧力时,操纵面与输入摇臂脱开,伺服片取得控制。

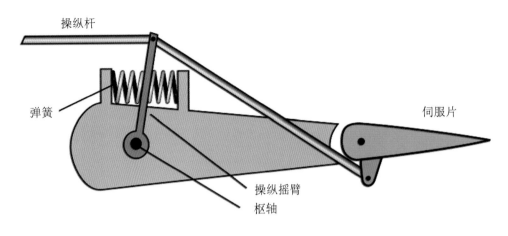

图5-39　弹簧伺服片

全动平尾

在这种设计中,固定的平尾和转动的升降舵被一个单独的可转动的翼面代替,见图5-40。可转动翼面可以提供更好的可操纵性和灵敏度。但是,对于飞机俯仰操纵,全动平尾比升降舵的权限更大,因此,需要使用反补偿片系统以防止飞行员过大的操纵输入。

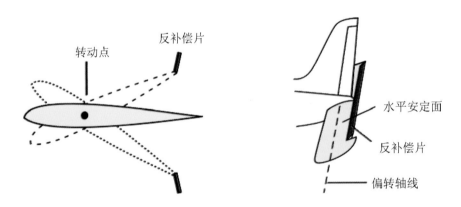

图5-40　水平安定面和反补偿片

在讨论升降舵的偏转时通常是指它的后缘偏转;对于全动平尾,则是指前缘偏转。因此,驾驶杆前推时,升降舵后缘下偏,全动平尾的前缘上偏。

反补偿片

当轻型飞机需要增加杆力时,可以在操纵面上安装反补偿片。安装反补偿片最常见的操纵面是全动平尾,如图5-40所示。

在这个设计中,一根杆斜穿过机身,从全动平尾的一面连接到后缘的铰接部分。当全动平尾后缘上偏时,反补偿片成比例地向同方向偏转,这将增加杆力并反馈给驾驶员。

反补偿配平片

反补偿配平片在一个片上结合了两个功能。对于反补偿片,连杆的长度决定了运动的范围。为了实现配平,飞行员转动手轮,从而调节了反补偿片连杆与机身的连接点。配平和反补偿都设置了运动范围。飞行员通过配平调节可移动反补偿片的位置。

Slab或带液压助力的全动平尾

这种设计用于动力飞行操纵的飞机。这种水平尾翼像全动平尾一样,绕一根扭力管转动,以改变其迎角。由于是液压驱动舵面,人工感觉力给飞行员提供舵面产生的气动载荷。该系统的配平包含在操纵传动系统内。

可变安装角的水平尾翼——可调平尾

在巡航中,为了使平尾载荷降至最低,并且获得内在的稳定性,通常将平尾前缘低于水平面4°安装。这就是平尾的安装角。飞机以经济巡航速度飞行时,如果正确配平,机头是略微向上的。这样改变了气流流过平尾的迎角,并且产生一个需要的向下的力,尽量减小对升降舵的使用,因此可降低配平阻力。

如果飞机重心不能满足机头向上的姿态,飞行员必须操纵升降舵上偏并配平,这会增加升降舵的阻力。为了解决这个问题并消除飞行员操纵水平尾翼的负荷,大型运输飞机使用了可调平尾。在这种设计中,平尾将它的后梁铰接到机身结构上。平尾的前梁通过一个作动器连接到机身。通常使用螺旋丝杆(作动器),参见图5-41。

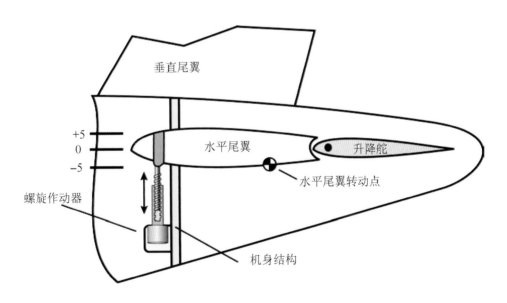

图5-41 可变安装角的水平尾翼

作动器可以人工或自动操纵。在人工模式下,飞行员可以根据飞机重心位置和后缘襟翼的位置来设置平尾的配平。平尾配平的变化可以抵消襟翼引起的下洗气流的影响,也可以抵消重心到平尾压力中心距离变化的影响。

在自动模式下,当气动载荷作用在平尾上时,由于升降舵的偏转,平尾会到达一个预定位置,螺旋作动器被作动,改变平尾前缘的迎角,同时减小升降舵偏角。这样能使平尾到达一个更佳的位置以适应正常的飞行条件。自动工作不会改变驾驶杆的位置。

在高速、高高度巡航时,升降舵锁定在水平尾翼上,两者都作为单独的舵面,这样提供了需求权限,并且防止升降舵在偏转时弯曲,也减小了阻力。在低速时,平尾锁定,升降舵偏转。

平尾的螺旋作动器不太可能失控,而且在前缘全上偏和全下偏时,飞行员只能用升降舵操纵飞机,尽管升降舵的权限降低。

蝶形或V形尾翼飞机

两个翼面安装成V形来代替传统的尾翼,这样可以提供方向稳定性和俯仰稳定性。为了进行俯仰和横滚操纵,被称为升降方向舵的舵面铰接在翼面的后缘,它们通过混合组件连接到驾驶杆和方向舵脚蹬。

对于偏航操纵,操纵方向舵脚蹬使升降方向舵一边下偏,另一边上偏。由于翼面是倾斜的,运动也是成比例的。

对于俯仰操纵,操纵驾驶杆使升降方向舵同方向偏转。

当同时进行俯仰和偏航操纵时,混合组件根据需要调整操纵输入到每个舵面。在一些设计上,用全飞行舵面代替固定翼面和操纵面。除枢轴外,它们的工作方式相似,见图5-42。

图5-42 V形尾翼的功能

舵面锁

飞机停放时,舵面锁用于防止阵风损坏操纵系统和舵面。由于大风来回吹动舵面,对于轻型飞机,通常采用舵夹的方式,舵夹安装在操纵面的后缘与相邻翼面结构之间。如图5-43所示,警告旗连接在舵夹上,提醒飞行员起飞前取下。

大型飞机有内部操纵机构锁系统,它们可以锁住舵面或传动机构。这个锁系统被设计成可以从操纵机构的开锁卡位来拔出插销进行解锁,也可以接通锁机构。

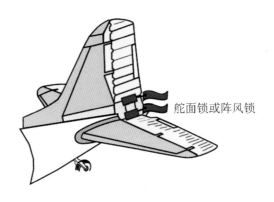

图5-43 舵面锁

驾驶杆位置稳定性

如果一个飞机需要后拉驾驶杆增加迎角,而且也可以通过配平使驾驶杆后移来保持飞机低速飞行;相反,如果前推驾驶杆减小迎角,而且当飞机过渡到高速飞行时,配平也可以使驾驶杆前移,则称该飞机具有"驾驶杆位置稳定性"。如果这个飞机在高速飞行时需要向后移动驾驶杆来配平,就称该飞机具有"驾驶杆位置不稳定性"。

杆力梯度

如果一个飞机平飞时具有静稳定性,那么几乎可以确定其在机动飞行时具有稳定性,并且可以证明随着过载(或g)的增加其杆力稳定增加。

如果杆力梯度太大,飞行时就会很累。如果太小,就存在飞行员操纵过量的危险。对于运输类飞机,其具有高的静稳定性,一个大的操纵杆力梯度用于确保飞机不会超过极限过载。

表5-1详细规定了飞机在JAR 23和JAR 25下取得合格证的最大允许杆力。

表5-1 最大允许杆力

	作用于驾驶盘或脚蹬的力/lb		
	俯仰	横滚	偏航
驾驶杆——JAR 23	60	30	
短时间俯仰和横滚操纵——两只手操纵——用驾驶盘,JAR23,25	75	50	—
短时间俯仰和横滚操纵——一只手操纵——用驾驶盘,JAR23,25	50	25	—
短时间偏航操纵——用方向舵脚蹬	—	—	150
使用驾驶杆、驾驶盘和方向舵脚蹬进行长时间操纵	10	5	20

驾驶杆定中弹簧

图5-44显示的是一个简化的系统。一个张力弹簧安装在摇臂的各侧并且连接到机身结构上。这些弹簧对驾驶杆和操纵面起到定中作用。对于一个相同的相互耦合的操纵系统,任何驾驶杆的运动都对飞行员产生一个人工感觉力,从而在操纵期间增加杆力稳定性。在低速时,因为需要较大的舵面偏转,这个效果达到最大。由于飞机空速增加,舵面偏角减小,弹簧产生的稳定效果也减小。

系统还可以更加简化,将弹簧放置在一个作动筒里来抵抗活塞,活塞连接操纵系统,这个被称为弹簧感力组件。

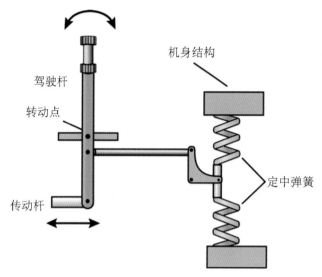

图 5-44　驾驶杆定中弹簧

下偏弹簧

一根长的预加张力的弹簧连接到传动机构和飞机结构上,它作为一个简单的安全装置,确保升降舵总是向让飞机低头的方向偏转。由于弹簧有预加张力,当飞机驾驶杆松开时,弹簧就会让升降舵下偏。当飞机停放时,升降舵处于全下偏的位置。当空速增加时,在下偏弹簧和气动力的作用力下,升降舵保持平衡。作用在升降舵上的气动力总是尽力让舵面保持流线型。

由于弹簧力与空速无关,增加飞机杆力稳定性的弹簧不会改变飞机的静稳定性。杆力梯度增加,意味着随着空速的增加,飞行员的感觉力增加。但是,弹簧力是渐进的,并且不受空速和驾驶杆位置的影响,它不会影响飞机操纵杆力稳定性。

配重

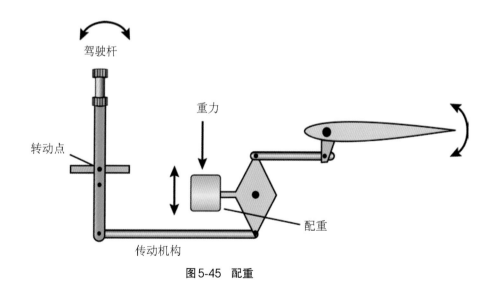

图 5-45　配重

在这种操纵系统的设计中,一个配重安装到传动机构上。当飞机静止或没有水平方向的加速时,升降舵在配重的重力作用下被拉向下偏,这样增加了杆力稳定性和杆力梯度。它的作用与下偏弹簧一样。

但是,配重的加速度与飞机的加速度相同,配重产生杆力的增加直接与飞机的加速度成比例。这样,由于配重的线性作用增加了操纵杆力,所以一个配重可以用来提高操纵的杆力,否则杆力值会比较低。

人工感觉力

对于使用动力控制组件(PCU)的大型飞机,飞行员没有直接反馈回来的感觉力。因此,设计者必须使用人工感觉力来确保飞行员能够感受到操纵的幅度。最简单的就是弹簧感力组件。

弹簧感力组件

在这个设计中(见图5-46),平衡弹簧安装在一个筒里并作用在活塞上,活塞连接到操纵输入。当飞行员输入一个信号给PCU来偏转舵面时,弹簧的阻力就会被感觉到。输入量越大,则阻力越大。在低速飞行时,需要更大的舵面偏角,这个系统才更有效。在高速飞行时,为了产生更真实的感觉力(该感觉力可以作为给飞行员提供舵面气动力的指示),设计出了测量和利用动压的系统。动压等于皮托管的压力减去静压,记为 Q。

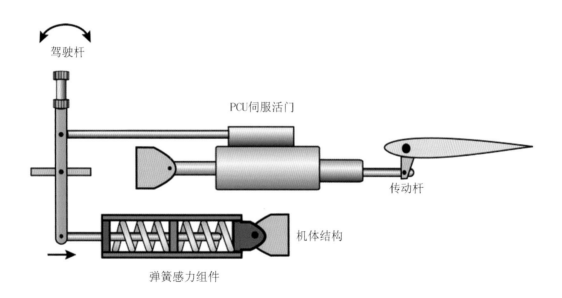

图5-46　弹簧感力组件

基本的 Q 感力系统

在这个设计中,皮托管的压力直接送到双作动筒的一侧,静压送到另一侧。这样就会产生压差即动压,动压作用于操纵系统,如图5-47所示。作动筒壳体连接到机身结构,活塞杆通过连接组件连接到操纵系统。作动筒通常称为 Q 感力罐。

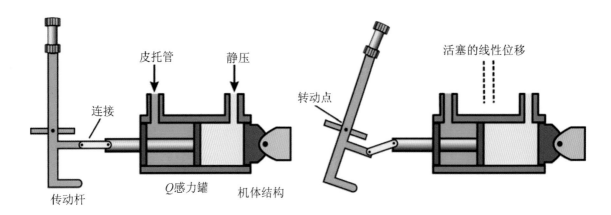

图5-47 基本的 Q 感力组件

通过移动活塞抵抗动压,使操纵机构偏离中立位,从而实现 Q 感力功能。要使驾驶杆向前和向后移动都具备这个功能,其方法是在驾驶杆和连接机构之间插入一个摇臂。驾驶杆在中立位两侧偏转同样的距离,与摇臂相连的连杆在每个方向线性移动同样的距离。摇臂绕它的转动点转动,输出杆和输入杆移动同样的距离,但方向相反,发出信号给PCU使舵面偏转。同时,连接到 Q 感力罐的角臂划了个弧线。由于活塞通过一根连杆与角臂相连,这个弧线又转化成线性运动,拉动活塞抵抗动压。运动量越大,感到的阻力越大。任何时候速度增加,Q 值也增加,Q 感力会反作用于飞行员,尽管只需要很小的操纵量。

液压 Q 感力

在这个设计中,垃圾桶大小的 Q 感力罐被一个小的液压作动器和一个伺服活门代替,伺服活门由动压驱动,参见图5-48。

在这个设计中,一个小的伺服活门连接到一个隔膜隔离的皮托管和静压。动压驱动伺服活门,允许液压进入作动器。

为了使操纵和感力成比例,通过伺服活门的液压压力也作用在活门杆的下方,使伺服活门处于中立位。动压下降使伺服活门偏移,减少液压油,降低液压压力,并且使力反馈到驾驶杆。这个系统具有自动定中的作用。

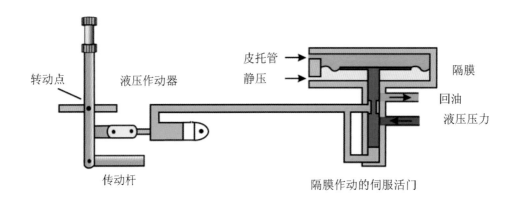

图5-48 液压 Q 感力

一个改进的系统结合了一个弹簧感力组件,因此可以获得整个速度范围的人工感力。同时安装液压感力作动器和弹簧感力组件,使它们作用于一个凸轮上(见图5-49),当操纵量增加时,感力增加,并且在不需要增加弹簧和作动器尺寸的情况下,定中效果更佳。

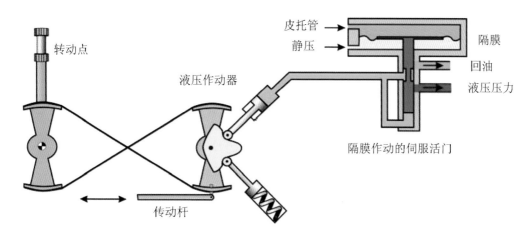

图5-49　弹簧感力组件

运输机的横滚操纵

当飞机速度增加时,使用外侧副翼进行横滚操纵会产生两个问题:

- ➤ 副翼反逆,原因是机翼和传动系统的柔性。
- ➤ 过大的横滚力矩,原因是副翼到飞机重心的距离(力臂)。

为了克服高速飞行时的这些问题,外副翼被锁定在中立位,用内副翼进行横滚操纵。由于内副翼安装在机翼翼弦较大的部分,这里的刚度较大,副翼反逆的问题可以克服。副翼离飞机重心更近,横滚力矩的影响也可以克服。

机翼上安装的减速板/扰流板

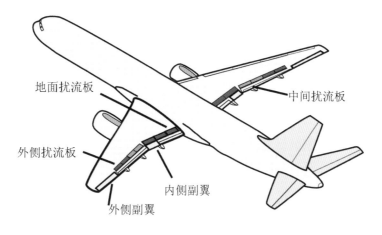

图5-50　横滚操纵

有两种在机翼上安装的减速板:直立扰流板和铰接扰流板。当伸出时,直立的扰流板升起,像一块板一样横穿过机翼的翼弦,产生阻力和紊流,从而减小升力。当收起时,扰流板的上表面与机翼的上表面保持平齐。

铰接扰流板铰接在襟翼上表面的整流罩上方。这样可以减小重量和降低复杂程度,因为这种设计在维护时便于拆卸和打开面板。利用扰流板进行横滚操纵的飞机,例如运输机,通常使用铰接扰流板。

减速板设计用于在接地时增加阻力和破坏流过机翼表面的气流。这样可以使飞机减速和缩短着陆滑跑距离。减小飞机升力意味着起落架可以更快感受到飞机的全部重量,从而增加机轮的刹车效率。改进这些基本设计可以使这些板用于空中减速和横滚操纵。

安装扰流板的优点是:

- ➤ 作为横滚操纵,可以允许减小外侧副翼的尺寸,这样可以安装更长的后缘襟翼,反过来可以减小着陆速度。
- ➤ 起到减小升力的作用,可以在不减小发动机功率的情况下降低升力/速度。对涡轮发动机,这是一个很重要的功能,因为发动机在功率减小后需要时间来恢复。
- ➤ 可以允许更高的最大可操纵速度,因为相对于外侧副翼,安装在机翼中间和内侧的扰流板产生的气动载荷,对机翼的扭转变形影响更小。

对扰流板的工作,最标准的做法是,在低速时使用外侧扰流板进行横滚操纵;飞行中使用中间扰流板进行减速和卸升;内侧扰流板用于着陆时减小升力。当飞机速度增加时,外侧扰流板停止工作,参见后面的载荷降低功能的详细描述。

飞行中的工作

扰流板用于减小空速和/或增加飞机的下降率。这种情况下,飞行员可以把扰流板手柄从放下卡位移到飞行卡位,使扰流板升起到飞行中的最大位。手柄在两个卡位之间表明扰流板伸出。

在这种条件下,内侧扰流板不会像中间扰流板那样偏转那么多。这样可以防止水平尾翼因为紊流引起的抖振。外侧扰流板不会偏转,因此不会引起机翼的过应力。总的偏转要受到限制以防止飞机抬头。

为了辅助横滚操纵,许多飞机自动连接驾驶盘的输入到外侧扰流板和副翼。在这种设计中,当飞行员操纵飞机压坡度时,使机翼下降一边的扰流板也成比例地升起以增加阻力,而使机翼上升一边的扰流板保持收起。这样可以帮助抵消反向偏航效应和增加滚转率。

载荷降低功能

当飞机空速增加时,外侧副翼和扰流板被锁定,因此当飞行员输入横滚命令时它们不会工作。内侧副翼和中间扰流板执行横滚操纵。这样可以防止过大的载荷作用于外侧机翼结构。这种情况下,当飞行员希望进行带坡度的下降时,驾驶盘和扰流板的输入被送到一个操纵机构或混合组件,它使所有扰流板升起来进行减速和下降,但是两边的升起是不对称的。机翼下降边的扰流板偏转更多一些。

高速和高高度飞行时的空中减速

飞机在高速和高高度飞行时,需要空中减速来防止超过机翼的临界马赫数,否则可能导致激波失速。

在着陆时,为了使升力减小80%,飞行员可以选择扰流板手柄到"预位"位,当飞机接地并满足一系列条件后,扰流板自动升起到全偏位,并且扰流板手柄移动到升起卡位(如图5-51所示)。不管什么原因,飞行员移动油门杆(只要不是选择反推)来增加功率,扰流板会自动收回并且手柄移动到放下位。

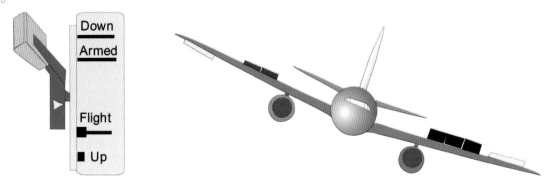

图5-51　飞行中扰流板的工作

图5-52　扰流板的地面工作

飞机必须满足下列条件:
➢ 扰流板手柄在预位位置;
➢ 油门杆在飞行慢车位;
➢ 主轮滚转。

机身安装的减速板

有些飞机,例如BAe146,在机尾结构上安装有铰接的减速板,同时在机翼上也安装有扰流板。它们在飞行中能部分放出以及着陆时全放出以使飞机减速。

下偏副翼

图 5-53 下偏副翼

有些飞机在着陆时,副翼被设计成充当外侧机翼的襟翼,这些通常被称为下偏副翼。在这个设计中,当飞行员选择襟翼在着陆位时,所有外侧副翼自动下偏,产生额外通过外侧机翼部分的升力。横滚操纵输入到横滚扰流板,这可以使飞机以较低速度着陆。

电传操纵系统(FBW)

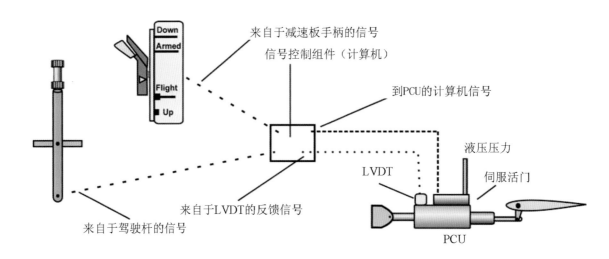

图 5-54 一个基本的电传操纵系统图

现代飞机在主操纵系统中使用计算机技术,在这些系统中,飞行员的输入与飞行操纵面没有直接相连。通过驾驶杆的运动,输入操纵信号到一系列计算机。在这些计算机中,软件将飞行员的输入与飞机的控制参数、空速和迎角进行比较,然后发出处理的命令到相应的操纵面,以获得最优的期望效果。

这些命令通过电线传递到动力控制组件的伺服活门。这些信号被转化成伺服活门的位移,对作动筒增压以驱动操纵面。当一个线性可变差动传感器(LVTD)或旋转可变差动传感器(RVTD)的值等于计算机的设定值时,LVTD或RVTD将信号返回到计算机,到伺服活门的信号被取消,操纵面停止工作,并由液压锁定。

在最复杂的运输机中,由于没有人工恢复,操纵信号通过80根或更多的不同线路的线缆从输入到输出,以确保不会因为线缆的失效或损坏而导致操纵的失效。

图5-55显示了一个复杂电传操纵系统的计算机系统,它包括:

> 两个升降舵副翼计算机(ELAC)和三个扰流板升降舵计算机(SEC),它们控制横滚和俯仰;
> 两个飞行增益计算机(FAC),用于控制偏航;
> 两个缝翼襟翼控制计算机(SFCC),用于控制缝翼和襟翼;
> 两个飞行控制数据集中器,它与ELAC、SEC和伺服活门交联,它们也显示维护状态。

在发生失效的情况下,只要一个ELAC和SEC工作,就可以控制飞机。

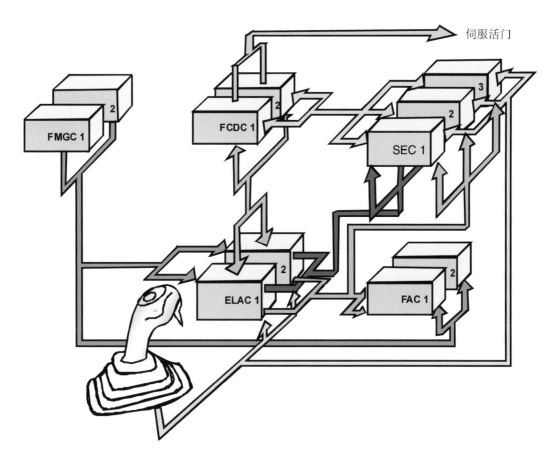

图5-55　电传操纵的计算机系统

与机械操纵系统相比,电传操纵系统有许多优点:

> 减轻了重量;

> ➤ 减少了维护；
> ➤ 操纵反应更快；
> ➤ 内置操纵参数；
> ➤ 减小突风载荷；
> ➤ 节省燃油。

减轻重量

对于一个大型运输飞机,连接主飞行操纵面与驾驶杆的机械部件的重量是很大的,用电线和计算机取代它们减轻了飞机重量。这样可以增加飞机的商载,在同样商载的情况下可以节约飞机的燃油。

减少维护

在维护时间和零件上,安装和维护机械操纵系统是非常昂贵的,通过使用局部替换组件(LRU),电传操纵系统无论在安装和维护上都要求简单。在LRU中,计算机盒能够被替换和校准。

操纵反应

电信号的传递速度等于光速,输入信号能够被立即处理,精确的操纵输入被施加或取消要快于那些纯粹的机械系统。这增强了飞机的操纵性能。

内置操纵参数

在软件中植入的是飞机的安全飞行包线参数。飞行员的任何引起飞机超出这些极限的操纵输入都会被取消。这样可以保证不会超出飞机结构的限制。

减小突风载荷

通过利用计算机的能力,使操纵输入快速循环。当飞机遭遇突风时,一旦大气数据计算机感受到垂直加速度增加,副翼和扰流板就会作动。为了防止飞机升力的突然增加,导致飞机以相当大的速度爬升,计算机发出一个信号给两边机翼的副翼/扰流板,使它们上偏以减小升力。这样可以减小飞机结构的应力,从而缓解飞机结构遭受的疲劳。反过来,可以允许设计者减小结构强度,因此可以减小结构质量。

节省燃油

所有运输机都有稳定性和操纵性的要求,重心靠前可以增加稳定性和降低操纵性,重心靠后则相反。老式机械操纵系统飞机的重心范围的后极限要被限制,它是通过飞行员抵抗俯仰方向增加的不稳定性的能力来实现。使用电传操纵系统,并且操纵面反应迅速,这可以使设计者让重心后移。重心后移使飞机更不稳定,但在安全极限范围内,计算机可以迅速抵抗任何俯仰变化。

这允许飞机在高高度以机头向上的方式飞行。这使机翼迎角更大,因此可以在不增加动力的情况下产生更多的升力,从而可以在飞机长途巡航飞行时节省燃油。

第六章
飞行操纵——增升装置

增升装置

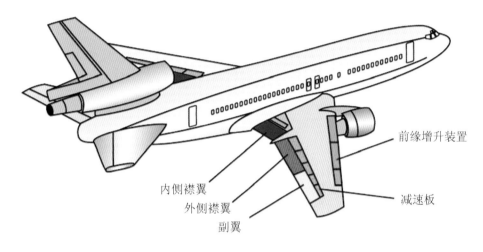

前缘增升装置

内侧襟翼

外侧襟翼

副翼

减速板

图6-1 增升装置

增升装置,也称高升力装置,是安装在机翼前缘或后缘的在一定范围内对气流进行调节的装置。前面章节所述扰流板也属于气流调节装置。下面列出的是后缘襟翼和前缘装置。

后缘襟翼包括:

- ➢ 简单襟翼;
- ➢ 分裂襟翼;
- ➢ 开缝襟翼;
- ➢ 富勒襟翼;
- ➢ 开缝富勒襟翼。

前缘装置包括:

- ➢ 克鲁格襟翼;
- ➢ 机翼开缝;
- ➢ 固定式缝翼;
- ➢ 可收放式缝翼;
- ➢ 下垂机头。

后缘襟翼

通过后缘襟翼来改变翼型弯度和/或增大升力面积,以增加低速飞行时的机翼升力。在升力增大的同时,阻力也增大了。在不同情况下,这可能是有益的或无益的。在飞机起飞时阻力增加是不利的,所以起飞时襟翼放出量要受到限制,一方面可增大升力,另一方面阻力增加也不多。在进近和着陆时,需要增大阻力使飞机减速,而增大升力可使飞机在低速状态下飞行。

简单襟翼

简单襟翼通常用于轻型通用飞机,安装在副翼内侧,其剖面形状和与它相连的机翼的剖面形状相同。襟翼转轴穿过襟翼结构,位于襟翼前缘后方。当襟翼收上时,襟翼后缘与机翼后缘平齐。

如图6-2所示,当放下襟翼后,襟翼后缘划了个圆弧,使机翼翼弦长度减小而翼型弯度增加。襟翼放下可导致机翼升力最多增加50%,同时使压力中心后移,产生一个机头下俯力矩。襟翼放下后的涡流强度也增大,导致阻力增加。

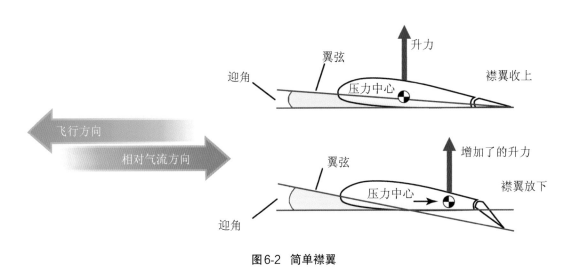

图6-2 简单襟翼

分裂襟翼

分裂襟翼安装在机翼后侧的下表面,如图6-3所示。襟翼收上(0°襟翼位)时,与机翼下表面平齐构成机翼外形。当襟翼放下时,同时增大了升力和阻力。放下襟翼使翼型弯度增加,而机翼弦长不变。

飞机着陆完全放下襟翼时,与襟翼收上时相比,升力将增加60%。产生机头下俯力矩并使飞机减速。许多运输机都使用了分裂襟翼,因为它既能增大升力,也能使飞机减速。在一些老式飞机上,襟翼全放出(着陆襟翼)所产生的阻力很大,以至于升力不够,即使发动机处于最大功率状态,飞机仍然会下降。

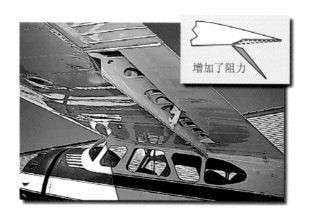

图6-3　分裂襟翼

开缝襟翼

在这种设计中,简单襟翼的枢轴被调整,因此在放下时,在机翼后缘和襟翼前缘之间会形成一道缝,如图6-4所示。它把机翼下表面的高能气流引导到襟翼的上表面,形成附面层气流。这种襟翼完全放出可导致升力增加65%,并可延迟机翼失速。但是,这种襟翼产生的阻力比简单襟翼小。

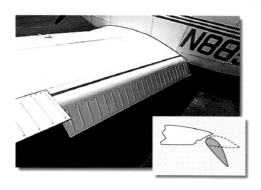

图6-4　开缝襟翼

富勒襟翼

富勒襟翼可以在不改变失速迎角的情况下增大机翼升力达到原机翼的90%。它通过增加翼型弯度和增大机翼面积来完成。如图6-5所示,这种襟翼设计成一个翼型,完全收上时,形成机翼后侧的下表面。放出时,襟翼通过一个复杂的滚轮和导轨系统逐渐向后、向下运动。

图6-5　富勒襟翼

双开缝富勒襟翼

在这种设计中,一个小的翼型安装在主襟翼的前部。当襟翼逐渐放出时,刚开始还只是增大机翼面积,随着襟翼的进一步放下,翼型弯度也增加,并且通过开缝,下表面的高能气流也被引导到上表面。

随着襟翼逐渐放下到着陆位,翼型弯度进一步增加,下表面高能气流通过两道开缝流到襟翼上表面。该襟翼可使机翼升力增加100%并使其失速迎角增大到20°。

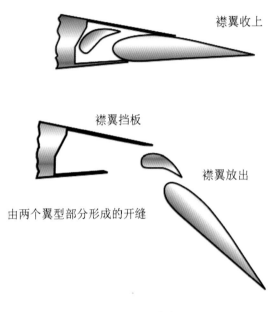

襟翼收上

襟翼挡板

襟翼放出

由两个翼型部分形成的开缝

图6-6 双开缝富勒襟翼

前缘装置

如图6-7所示,最初的前缘装置就是位于机翼前缘后边的开缝,与副翼对齐。当飞机以大迎角状态飞行时,开缝使附面层气流流过副翼,以保证副翼的气动效率。

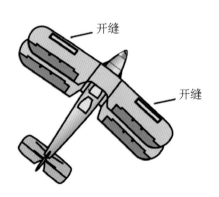

开缝

开缝

图6-7 早期的开缝

机翼开缝

如图6-8所示，在机翼前缘之后，机翼上下表面之间有一道开缝，可引导下侧高能气流流到机翼上表面，形成附面层，并确保附面层空气能够流过剩下的翼弦部分。

与不开缝的机翼相比，开缝机翼的升力可增大40%，失速迎角可增大到20°。开缝并不会影响机翼的正常俯仰力矩。但在高速飞行时，开缝会导致阻力增加。

固定开缝

图6-8　固定开缝

固定缝翼

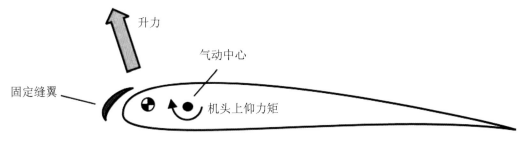

图6-9　固定缝翼

为保证整个机翼前缘缝隙的效率，在机翼前缘的支撑上安装一个流线型的金属条，以加强整个机翼范围内气流的能量。

固定缝翼可增加升力50%。但是，由于缝翼形成的缝隙位于机翼前缘之前，气流加速所带来的升力增加效应也位于机翼气动中心之前。这使飞机产生了一个抬头力矩。由于固定式缝翼在高速飞行时的阻力较大，因此它一般都不应用在运输机上。但是，在需要大升力和大迎角的飞机上，如农业机或林业机，固定缝翼是标准配置。

如果缝翼是飞机机翼唯一的增升装置，考虑到大迎角飞行时的效率问题，设计人员在进行飞机起落架设计时会感觉比较困难，所以通常同时使用后缘襟翼和前缘缝翼。

可动缝翼——可控缝翼

如图6-10所示,该类型缝翼的工作受飞行员控制。它的工作与后缘襟翼操纵相关联,以保证飞机不受缝翼产生的抬头力矩影响。飞机在巡航过程中,缝翼紧贴机翼,构成机翼前缘翼型。

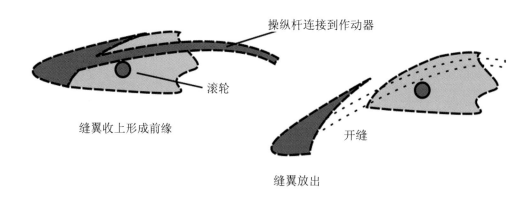

图6-10　可控缝翼

可动缝翼——自动缝翼

在这种设计中,自动缝翼在气动压力作用下紧贴机翼前缘。随着飞机机头上仰,气动压力改变,当气动压力减小到一定值时,自动缝翼在弹簧力作用下向前打开。

如果缝翼后缘和机翼前缘之间的上表面有通风口,上侧气流压力将减小,使缝翼保持在收起位置,从而延迟缝翼打开。如果该通气口设置在下表面,机翼下侧气流压力增加,将加速缝翼打开。

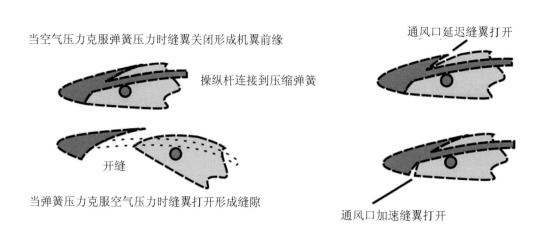

图6-11　自动缝翼

前缘襟翼

在前缘襟翼设计中,机翼沿长度方向的前部是可以下偏的,如图6-12所示。这样可以增加翼型弯度,而机翼弦长不会减小太多。与前缘缝翼类似,对于一个给定机翼剖面,它可以增加升力曲线。

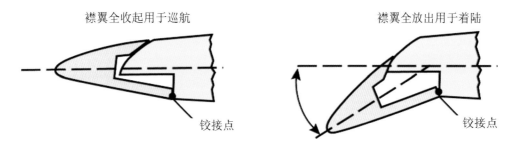

图6-12　前缘襟翼

克鲁格襟翼

克鲁格襟翼是专为燃气涡轮发动机飞机设计的,其翼型更薄,可布置在几乎整个机翼展范围内。但是,在现代运输机上,它逐渐被可动式缝翼取代。如果使用,它也只是布置在内侧发动机的内侧机翼前缘。

注:除非有相反的说明,作为考试目的,克鲁格襟翼位于翼根和发动机之间。

克鲁格襟翼铰接在机翼前缘下侧。如图6-13所示,当放下襟翼时,它向下、向前伸出。

放出克鲁格襟翼极大地增加了翼型弯度,全放出将导致升力增加50%,也将产生抬头力矩。而如果操纵克鲁格襟翼工作在中间位,将减小部分机翼升力。

图6-13　克鲁格襟翼

附面层控制

如图6-14所示,附面层控制可以通过抽吸和鼓风两种方法来实现。

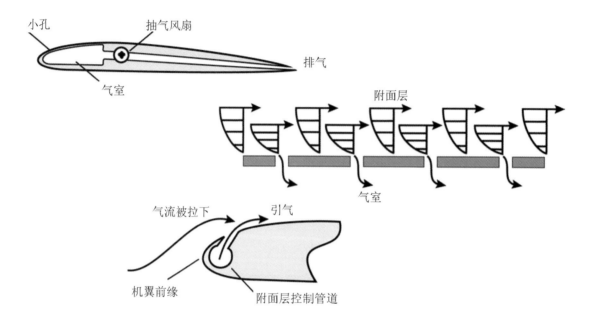

图6-14 通过抽吸和鼓风进行附面层控制

抽吸法是指把机翼上表面附面层的空气通过一些很细小的孔抽到内蒙皮所形成的空腔中,从而减小附面层厚度,使流过机翼的空气附面层分离点后移。抽吸到空腔中的空气通过机翼后缘管道排出。这种抽吸法的缺点是需要在机翼蒙皮上加工出很多的微孔(直径大约0.002 5 in)。这些微孔很容易被堵塞,从而降低抽吸效率。一些使用抽吸法进行附面层控制的运输机利用缝翼上部的后缘来遮盖这些区域。

鼓风法是利用机翼前缘上表面刚好在前缘之后的开口引射出高速空气,使机翼蒙皮表层空气流速加快,减小附面层厚度。鼓风法要比抽吸法简单,但它需要专门的泵或发动机引气;两种方法都可以延缓气流分离。

襟翼和缝翼的效率

襟翼和缝翼都放出时,后缘襟翼产生的低头力矩与前缘装置产生的抬头力矩相抵消,则不会产生俯仰力矩。开缝襟翼和缝翼结合使用可增加升力75%,增大失速迎角到25°。双开缝富勒襟翼和缝翼结合使用可增加升力120%,增大失速迎角到28°,这种情况在运输机上比较常见。

襟翼操纵和指示

本部分内容描述了简单轻型飞机、高级轻型飞机和运输机的襟翼操纵和指示。

轻型飞机简单襟翼操纵系统

简单轻型飞机所采用的襟翼操纵系统如图6-15所示。左、右襟翼都安装在一根扭力管上,以保证其功能的一致性,防止出现不对称工作。襟翼操纵钢索固定在滑轮上,滑轮与襟翼操纵手柄连接。

扭力管滑轮通过一根张力弹簧与飞机机体结构连接起来。这样做有两个作用:一是如果钢索断裂,弹簧力可使襟翼收上;第二个作用是增加飞行员操纵力以感应襟翼的位置。从零位到完全放出的着陆位,每个襟翼设定位置都对应着襟翼扇形轮的一个工作卡位。与汽车的手刹手柄类似,襟翼操纵手柄装有一个手柄开锁按钮,开锁后才能操纵该手柄。襟翼手柄指示出了襟翼的位置(例如放到底就是零位,等等)。图6-15所示襟翼位置为第三位。

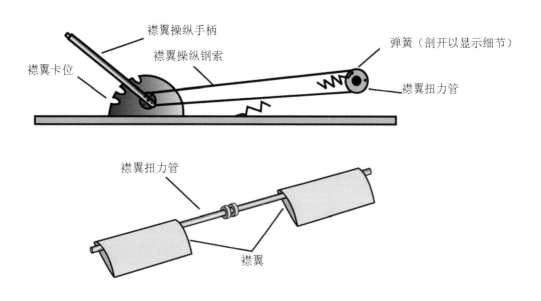

图6-15　基本轻型飞机襟翼安装

高级轻型飞机

高级轻型飞机通常采用电动螺旋丝杆来驱动襟翼并将其锁定在所选择位置。如图6-16所示,它采用了安装在仪表板上的滑动式操纵手柄和"不一致"指示灯代替了地板上安装的手柄。襟翼的每一个中间卡位都标志在卡槽旁边。

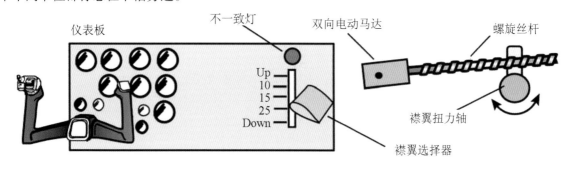

图6-16　电动襟翼操纵系统

飞行员选择一个襟翼位置时,手柄停留在对应卡位上。在需要时可以有目的地移动到下一个卡位。因为襟翼的实际运动要滞后于操纵,所以设置了一个琥珀色的"不一致"指示灯,在襟翼实际位置与襟翼操纵手柄位置不一致的情况下,该灯始终是亮的。一旦两者位置一致,该灯熄灭。

襟翼螺旋丝杆由一个双向电动马达驱动。在很多轻型飞机上,安装了两个极限电门在襟翼扭力管上,每个电门控制一个方向。当襟翼手柄移动离开电门时,控制相应方向的电机电路闭合,螺旋丝杆转动,直到扭力管到达相应的电门位置。此时,电机电路断开,襟翼锁定在指令位。

系统有两种失效状态:第一种是在选择襟翼位置过程中螺旋丝杆电机发生断电或传动机构卡阻;第二种情况是极限电门不能使作动器在襟翼到达选定位置时停止下来。在第一种情况下,"不一致"指示灯保持亮。为确定襟翼实际位置,飞行员应将襟翼手柄扳回初始位置,直到"不一致"指示灯熄灭。该灯熄灭的位置就是襟翼的实际位置。手柄的每个卡位都标志了一个度数,由此飞行员便可大致判断出襟翼的偏移量并相应调整飞机的进近速度。

在第二种情况下,电机将一直工作,直到内部载荷电门使其停止。因此,襟翼将运动到所选择方向的极限位置。在此情况下,飞行员需要拔出襟翼电路断路器使电机断电。

简单襟翼系统是通过弹簧加载来收起襟翼的。对于轻型飞机上使用的电动襟翼系统,磨损可能导致襟翼在0°位置出现颤振。为了克服这个问题,在两边襟翼上都设置固定片,其作用是保持襟翼后缘上偏。

运输飞机的襟翼操纵

如图6-17所示,襟翼或其他辅助装置的操纵手柄可安装在仪表板或中央操纵台上。大部分运输机的选择器安装在中央操纵台。

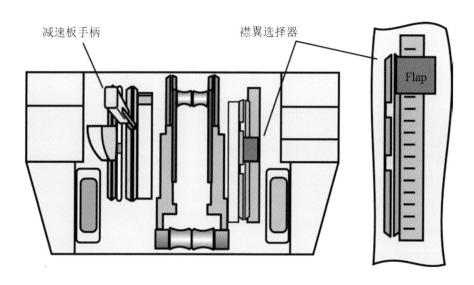

图6-17 运输机襟翼选择器

为使其操纵与人的生理本能反应一致,这些手柄必须是:
➤ 向前或向上扳动手柄控制襟翼或辅助装置收起;
➤ 向后或向下扳动手柄控制襟翼或辅助装置放出。

在低能见度条件下飞行并在驾驶舱照明失效的情况下,为保证飞行员能够准确定位和识别出襟翼操纵手柄,除了基本的轻型飞机之外,所有的襟翼选择器手柄端头采用了翼型的形状。

为方便飞行员,襟翼操纵手柄有两个卡位:第一个卡位用于襟翼起飞位,第二个卡位用于着陆失败的襟翼复飞位。这些卡位确保了飞行员对襟翼操纵手柄的控制,并且不会在无意中移动该手柄(如图6-18所示)。

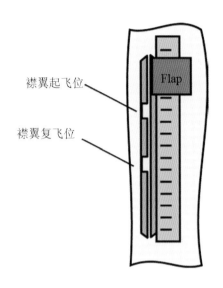

图6-18 襟翼选择器

由于运输机的襟翼面积大并且着陆速度高,为了克服收放襟翼所产生的气动力,需要大功率的驱动装置。

运输机通常采用液压系统收放襟翼,由液压作动筒或马达通过齿轮箱来驱动传动轴。

如果前缘和后缘襟翼由不同的动力源驱动,它们必须采用独立于襟翼驱动系统的机械互联机构或许可的等效方式来使其同步工作。通过机械互联,多个操纵面整体联动,就像是一块操纵面。

在设计内部互联机构时,需要考虑到这种载荷,即当某侧襟翼或缝翼卡阻或不能动时,另一侧襟翼操纵面可自由运动,这时作动系统以最大输出功率驱动载荷。如果不设置机械互联机构,设计人员应采取措施使飞机在各襟翼极限位置进行组合的状态下都具备安全的飞行品质。双发飞机的设计人员应确保在单发失效而正常发动机以起飞功率工作时,襟翼的内部互联机构能够承受由此带来的不对称载荷。

由各自独立的液压线性动作筒驱动的襟翼

采用独立的液压作动筒驱动每块襟翼(如图6-19所示),需要一个系统确保襟翼以相同的速度收放到相同的位置。该系统采用了两个双作用平衡作动筒,其中一个作动筒用于驱动襟翼,而另一个作动筒与另一侧襟翼的作动筒的液压交叉相连(如图6-19所示)。在每个襟翼收放时,两个作动筒的液压油流到对方作动筒的相反的一侧。这种设计限制了两边襟翼的收放速度和位置。

在该系统放下管路中设置了一个释压活门(或称回流活门)。如果飞行员操纵襟翼时的飞行速度过大,作用在襟翼上的气动力可能损坏襟翼或作动机构。此时,气动力通过液压系统回传使回流活门打开,收回襟翼以避免这种损坏。

为了防止襟翼收上过快,导致结构损坏和带来稳定性问题,在回油管路中设置了单向限流活门,允许液压油自由流入作动筒,但从作动筒的流出是有阻尼的,以减缓襟翼的运动。

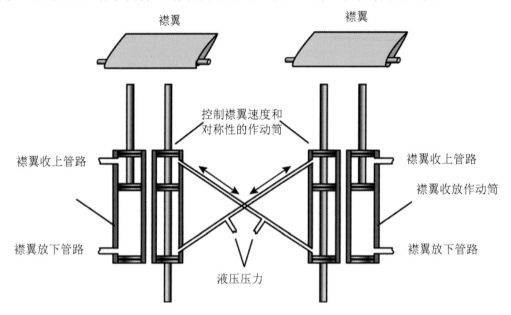

图6-19　由各自独立的液压作动筒驱动的襟翼

由动力驱动组件驱动的襟翼

在采用富勒襟翼或双开缝富勒襟翼的大型运输机上,越来越多的飞机采用了动力驱动系统。在该系统中,液压马达通过齿轮箱和轴系统驱动螺旋丝杆,图6-20表示出了驾驶舱和动力驱动组件之间的老式机械连接。

在该系统中,当操纵襟翼工作时,两个液压马达都驱动动力驱动组件,通过齿轮传动降低输出转速,增大输出扭矩。由于螺旋丝杆在同一根轴上,所以后缘襟翼的收放是同步的,防止了非对称收放襟翼的情况。当襟翼到达预定位置时,动力驱动组件当中的液压选择器就切断液压马达的油液供应并实施制动,将襟翼锁定在正确的位置。

一个液压马达失效或液压系统失效会导致襟翼放下速度降低,但仍能将襟翼放到全放出位。传动钢索断裂或严重失去钢索张力将导致襟翼操纵失效,驾驶舱中的一个警戒灯会亮。在此情况下,有些系统设计允许飞行员接近动力驱动组件进行人工操纵。

为了防止在过高速度下放出襟翼导致其结构或操纵机构应力过大,在此情况下放出襟翼所产生的抵抗力将通过驱动轴反馈回动力驱动组件。收回机构可使襟翼收回。由于这将抵抗飞行员的输入,因此弹性杆受压缩并吸收所有的输入信号。襟翼上作用的气动力减小后,动力驱动组件才驱动襟翼放出到指令位。

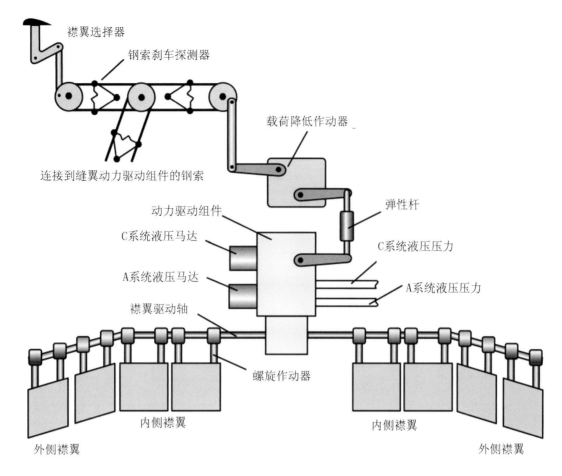

图 6-20　由机械互联机构驱动的襟翼

电传操纵的襟翼和缝翼系统

图 6-21 为电传操纵飞机的襟翼和缝翼操纵系统示意图。两个相同的缝翼和襟翼控制计算机 SFCC1 和 SFCC2 是该系统的核心。飞行员通过一个襟翼/缝翼手柄输入操纵指令,由传感组件探测手柄位置。

传感组件将位置信号同时传给两个计算机。这两个计算机是交联的,可对输入指令和从反馈位置探测组件(FPPU)获得的反馈位置信息进行比较。两个 SFCC 都把信号传给襟翼和缝翼动力驱动组件(PDU),PDU 由液压马达、动力关断刹车和活门组件组成。活门组件的作用是控制动力关断刹车(POB)、速度以及马达的运转方向。每个 PDU 都由各自独立的液压系统供压,以保证系统的安全余度。襟翼和缝翼的 PDU 通过差动齿轮箱连接到驱动轴上。两个齿轮箱都与反馈位置探测组件和仪表位置探测组件相连。FPPU 将信号传送到每个 SFCC,由 SFCC 对信号进行比较并按需调整活门组件的活门工作位置。仪表位置探测组件(IPPU)将位置信号传给飞行员的飞机电子集中监控系统(ECAM)。

每个驱动轴的外端都有一个翼尖刹车装置和不对称位置传感组件(APPU)。APPU 将实际的襟翼和缝翼位置信号传给两个 SFCC。如果这些信号在整个翼展方向上是不同的,SFCC 就实施翼尖刹车(WTB),锁住驱动轴并关闭活门组件中的活门。该过程应用了动力关断刹车(POB)。

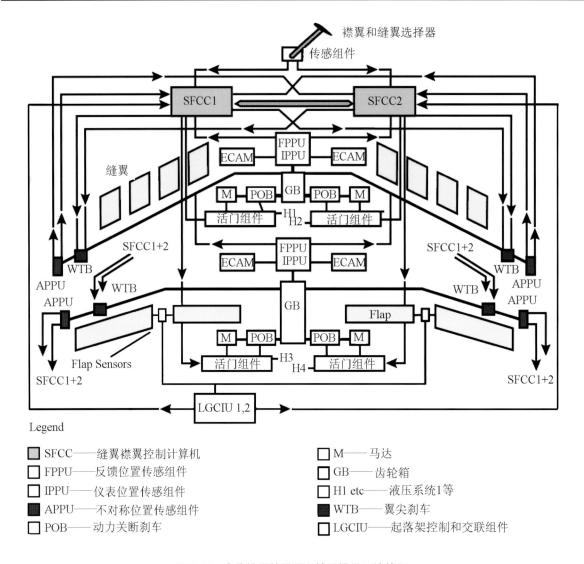

图6-21　电传操纵的襟翼和缝翼操纵系统简图

襟翼位置传感器安装在襟翼驱动轴上。这些传感器都与起落架控制和交联组件内联,起落架控制和交联组件也反过来将信号传给SFCC。这是起飞形态警告系统(TOCWS)的一部分。在电传操纵飞机上,这个系统的作用就是在飞机未进行正确的设置(如扰流板升起、襟翼放在着陆位)而试图起飞时给机组人员提供警告。如果在松刹车前飞机形态不正常,系统将限制发动机获得起飞功率。

襟翼和缝翼的位置指示

对于简单轻型飞机,襟翼操纵手柄可供飞行员判断襟翼的实际位置。在大飞机上使用的是襟翼位置指示器。老式的和更简单的轻型双发飞机使用了直流自动同步传感器和模拟仪表,并需要对襟翼从全部收上位到着陆位的各个位置进行校准。对于电传操纵的飞机,襟翼位置信息显示在ECAM的飞行操纵系统页面上,如图6-22所示。该页面指示出了各操纵面的位置以及给它们提供动力的液压系统的情况。

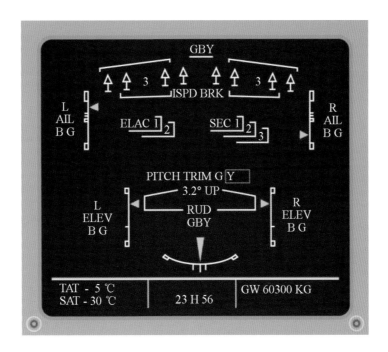

图6-22 飞行操纵系统页面上的ECAM指示

第七章

起落架

概述

莱特兄弟的"雏鹰"号飞机在第一次飞行时,采用了手推车在轨道上起飞的方式,并利用两个滑橇着陆。显然,飞机着陆需要机轮。在早期,使用的是自行车车轮。随着莱特兄弟发动机的改进,这些机轮允许飞机起飞不再需要固定的轨道,从而减轻了飞机重量。另一个优点是便于着陆。陆地上起飞和着陆的飞机称为陆上飞机,海上飞机能够浮于水上并在水上起飞和着陆。水陆两用飞机可以从水上或陆地上着陆和起飞。这部分我们仅讨论陆上飞机。

陆上飞机可以从整理过的平面和没有整理过的平面(包括雪地和冰面)起飞。通常,陆上飞机安装有轮式起落架。在雪地和冰面上运动时,可采用滑橇或爪子代替机轮。在某些情况下,滑橇和爪子也可以收放,允许飞机既可以在雪地上又可以在硬的地面上运动。

对现代飞机起落架的要求

在整个20世纪,起落架设计的发展导致下列对运输机起落架的专门要求,所有的设计必须满足:

> ➤ 吸收着陆载荷和减震;
> ➤ 在着陆和滑行时能承受侧向载荷;
> ➤ 在地面操纵时支撑飞机;
> ➤ 飞机在地面的摩擦力最小;
> ➤ 具备最小的阻力系数;
> ➤ 能承受飞行中的气动载荷。

阻力和起落架

随着飞机速度的增加,它的型阻会增加。为了减小阻力和节省燃油,飞机尽可能流线光滑。对固定式起落架,使起落架流线光滑的方法是在支柱上安装翼型剖面的整流罩,以及在机轮周围安装较多的球形罩。这样可使细度比达到4:1。

将起落架收进轮舱并用舱门使其保持平整,这样可以减小起落架产生的型阻。图7-1代表了相同飞机的几种情况:第一是安装了固定式起落架而没有任何整流罩的情况,第二是具有完整整流罩的固定式起落架的情况,第三是可收放式起落架收起时的情况。

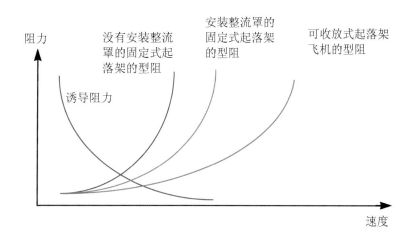

图 7-1　起落架的阻力

着陆

当飞机着陆时,有三个影响因素,它们是质量、接地时的垂直速度(下降率)、接地时向前的速度。

因为质量乘以速度等于接地时的动量,飞机产生的向下的力通过其起落架传给地面。显然,着陆质量越大,或者下降率越大,产生的力越大。地面将力反作用于飞机,因此力的大小相同,方向相反。除非进行控制,否则将会引起飞机反弹到空中。因此,一次着陆会引起飞机在跑道上进行连续的跳跃,或者飞机被抛向空中但因其速度低于其失速速度而坠毁。

这主要是由于下面的原因:在最初接地时,着陆撞击力的垂直分量被吸收,只剩下重量。由于反作用力大于重量,飞机跳起到空中重新开始下一个过程。

轻型飞机的悬架/减震器系统

在最初的莱特飞机上没有减震器系统,因为起落架采用的是木制的雪橇形式。安装充气的自行车轮子到后来使用很小的悬架的飞机,像所有充气轮胎,飞机的重量通过轮胎里的气压来支撑。

为了改进悬架,采用了下列系统:

> 弹力绳/弹力块;
> 板簧式支柱;
> 扭力杆。

弹力绳/弹力块

图 7-2 描述了弹力绳/弹力块系统,它用于早期的飞机,并且现在许多飞机还在使用。它由一系列弹力环或橡胶块(弹力块)安装在一个圆筒内组成,圆筒连接到飞机结构上。支柱下部安装机轮,向上压缩弹性块。

当飞机着陆时,支柱上部和下部压缩弹性块。这个压缩动作吸收接地能量和减小下降率。它也可以减小早期刚性系统中飞行员遭受的脊柱冲击,因为部分着陆载荷在传到机身结构之前,已经被弹性块吸收。由于这个系统是非阻尼的,接地的反作用力和压缩弹性块的反作用力推动飞机向上。但是,在正常条件下,飞机上下弹跳而不会离地。在滑行期间,每次碰撞都会引起飞机摇摆和弹跳。

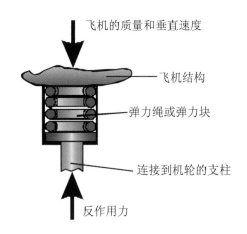

图7-2 弹力绳/弹力块

板簧式支柱

这个系统通常用于很小的通用飞机。它由几根弹性钢条夹在一起形成支柱。一端连接到机身结构上,另一端与轮轴相连,如图7-3所示。着陆时,跑道对飞机的反作用力引起支柱弯曲并吸收着陆能量。与弹力块系统一样,由弹簧钢吸收的能量可以以可控的速率传递给机身结构,并且飞机的摇摆和弹跳与它在不平地面滑行时一样。

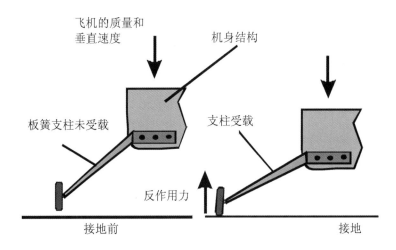

图7-3 板簧式支柱的工作

扭力杆

扭力杆由弹性材料制成,能承受扭转载荷,一端连接到机身结构。在穿过机身蒙皮的地方有一个轴承支撑扭力杆。它连接到一个半径杆,其命名正如它的动作一样,它划了个圆弧,如图7-4所示。

在飞行时,扭力杆没有承受载荷。在接地时,半径杆向后向上运动,施加一个扭转载荷给扭力杆。与弹力块系统和板簧支柱系统一样,由扭力杆吸收的能量可以以可控的速率传递给机身结构,并且飞机的摇摆和弹跳与它在不平地面滑行时一样。

从图7-4中可以看出,这些系统只能控制载荷传递到机身结构的速率,而不能吸收着陆载荷。为了控制着陆载荷,吸收振动,以及控制反弹速率,采用了油气式减震器。

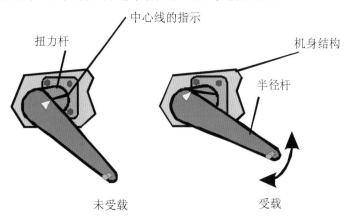

图7-4　扭力杆

油气式减震器的基本原理

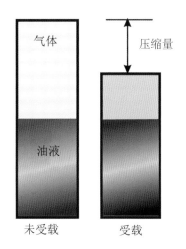

图7-5　油气式减震器的基本原理

油气式减震器,其原理是基于液体被认为是不可压缩的,而气体是可压缩的。气体压力的升高等于压缩时施加的力。

由于气体被压缩,压力升高,能量被吸收并转化成热能。热能通过传导传递给封闭的容器,然后通过对流和辐射传给大气。控制气体压缩和膨胀速率可以控制着陆载荷和反作用力。油气式减震器只能吸收垂直载荷。

气体的灌充

灌充的气体通常是氮气,因为它是惰性气体(对轻型通用飞机,能够被压缩的气体),可以支撑飞机的重量。使用惰性气体的原因是防止自燃。如果使用空气代替惰性气体,由于矿物油是煤油基的,当温度和压力达到一个足够高的值时,在支柱内挥发的油液就存在可能爆炸的危险。运输类飞机必须使用氮气或其他合适的惰性气体进行灌充。

油液灌充

油液的灌充可以使其作为一个阻尼器,它可以控制飞机刚接地期间的压缩速率,也可以控制支柱的反冲作用。由于气体压力升高,油室内的压力也升高。油气式减震器主要有两种设计:分离式和非分离式。非分离式减震器是指油液和气体是直接结合的,分离式减震器是它们之间的一个物理的分离器。非分离式油气式减震器制造成本更低一些,并且通常用于轻型飞机的固定式和可收放式起落架。这个系统的缺点之一是灌充的气体/油液能混合,导致阻尼性变差(工作松软)。

油气式减震支柱的伸张

一种气体压力对支柱伸张的图,如图7-6所示。工程师可以根据压力/伸张图检查油气式减震支柱是否正确灌充。增加飞机质量使支柱缩短,气体灌充压力升高。

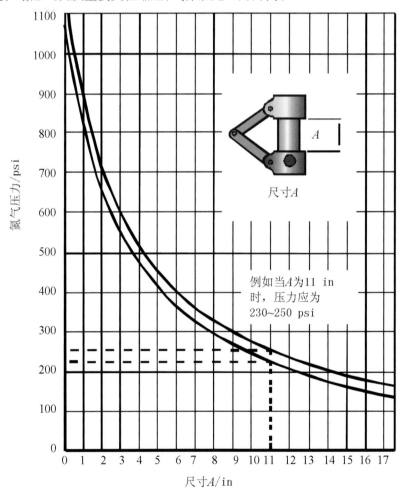

图7-6　压力/伸张图

油液灌充——泄漏或损失

油气式减震支柱中油液最可能泄漏的地方是上支柱底部的密封。当油液泄漏时,就会失去支柱的阻尼作用。飞机在着陆滑跑和地面操作时会变得松软。飞机在地面也会出现不平衡(比如机头下垂、机翼下偏等）。如果一架飞机的油气式减震支柱出现缩短的情况,在没有查明油液灌充是否正确的情况下,通过采取加氮气的方式进行修正(比如"加一英寸氮气"),这会导致飞机失去阻尼功能并使减震支柱降到最低点。

重着陆

如果飞机的着陆载荷超过了减震支柱的设计载荷,油气式减震支柱将会降到最低点。支柱的行程将会超过可用的行程,并且上支柱会接触到下支柱。

显然,在这种情况下支柱不能正确地发挥其功能,并且震动将由飞机结构来吸收。在这种情况下,飞机必须进行重着陆检查,以确保没有遭受结构损伤。

非分离式油气式减震器

图7-7显示了一个基本的轻型飞机的非分离式油气式减震器支柱。气体的压力支撑飞机的重量,并直接作用在油液上,增加其压力。当飞机在空中时,气体压力、下支柱的重量以及机轮组件使支柱伸出到最大长度。当机轮接地时,下支柱被推向上,上支柱向下运动,这样使筒内的体积下降。

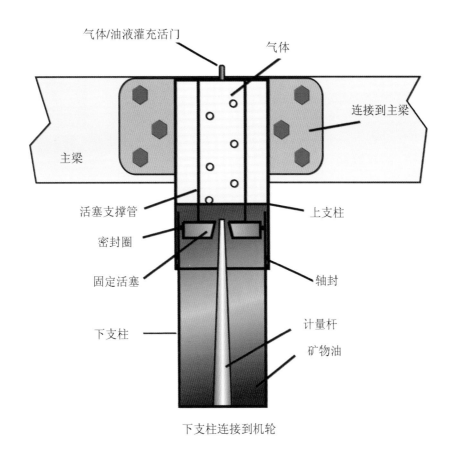

图7-7　非分离式油气式减震支柱

由于固定活塞连接在上支柱,压缩迫使活塞进入油液,油液的压力增加。但是,油液能够通过固定活塞上的孔从下支柱的腔往上流动。油液的流动速率可以通过计量杆来控制。当支柱被压缩时,计量杆通过孔向上运动。它的作用相当于一个可变的限流器,因为它可以逐渐减小孔的尺寸。

这个作用允许油气式减震器吸收着陆载荷的能量并转化成压力。在气体里积累的压力使飞机反跳。这个可以通过限制减震器伸张的速度来进行控制。当气体压力推动飞机向上运动时,油液通过小孔的流动速率提供了限制作用。整个工作过程中,能量以热的形式扩散到支柱上。在地面操作中,减震器可以吸收道面上的任何不平坦震动。

注意:在一些设计中,计量杆安装在上筒而活塞安装在下筒,但是其功能是一样的。

防扭臂

油气式减震支柱被制造成两根管,一个在另一个中滑动。如图7-8所示,安装有一个防扭臂以确保它们保持直线对齐(因此机轮与机身中心线保持对齐)。整个防扭臂有三个转动点,上防扭臂的转动点在其与上支柱的连接点上,下防扭臂的转动点在其与下支柱的连接点上,中间转动点在两个防扭臂连在一起的连接点上。

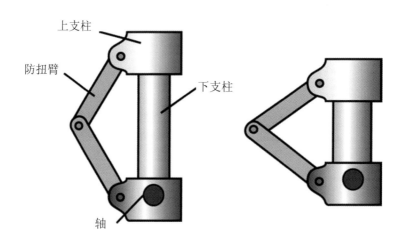

上支柱

防扭臂

下支柱

轴

图7-8 防扭臂

在支柱缩短和伸长时,防扭臂随之运动。当飞机的转弯半径小于规定的最小转弯半径时,将会在防扭臂上产生过大的侧向载荷,防扭臂的设计不能承受过大的侧向载荷。这会导致连接点的磨损,从而导致机轮的摆振。

分离式油气式减震器

中型和大型飞机采用分离式油气式减震器系统,不仅仅是为了防止产生自燃的危险,也是因为该系统可以更好地防止飞机产生更大的反冲。图7-9显示了这种设计的基本部件。在这个系统中,上支柱和下支柱形成一个筒,该筒被一个自由浮动的活塞或分离器分成上下两个腔。分离器的上面是油液腔,分离器的下面是气体腔。在油液腔中,连接在下支柱上的是一个活塞。它有一个简单的单向活门,单向活门可以打开和关闭一系列口子。一个固定的计量孔允许油液以两种不同的控制速率从一侧流向另一侧。减震器在四种情形下的内部工作显示在图7-10中,并在下面的段落中进行了解释。

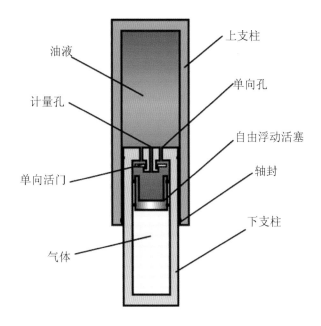

图7-9　分离式油气式减震支柱的部件

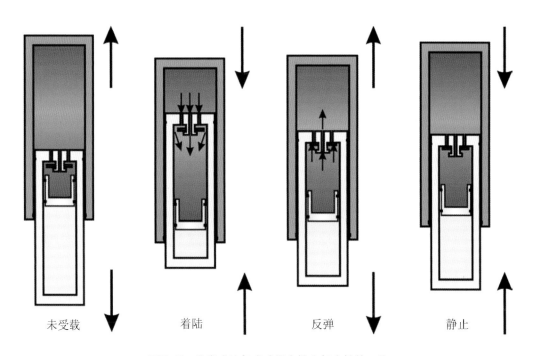

未受载　　　　　　着陆　　　　　　反弹　　　　　　静止

图7-10　分离式油气式减震支柱充气支柱的工作

未受载

空中起落架放下时,减震器未受载并伸出到最大长度,内部体积达到最大。但是,在给定压力下,油液的体积是固定的,气体膨胀并推动活塞向上,使内部压力达到平衡。

着陆

在着陆时,减震器缩短,强迫活塞向上进入油液,由于油液在这种压力下被认为是不可压缩的,活塞向上的运动迫使油液通过单向活门和计量孔进入下支柱腔的下部。这里直径更小,因此油液推动活塞向下,压缩气体使其压力升高。

反弹

当最初的接地载荷被吸收后反弹开始,气体压力推动活塞向上,试图排出油液并使减震器伸长。反弹速率小于最初的压缩速率,因为单向活门关闭了除计量孔外的所有孔,计量孔有固定的流动速率。由于油液通过活塞,所以气体压力下降。在着陆滑跑时,减震器经过几次逐渐减小的压缩/反弹循环。

静止

当飞机静止(例如在地面固定并且没有任何质量增加或减少)时,在气体压力下,气体和油液保持在它们自己的水平,因此油液的压力等于飞机的重力。操作者必须要知道,任何添加到飞机上的质量都会引起减震器的缩短,因为气体压缩到等于施加的受载。

尾轮

在这种设计中,一个小直径的机轮安装在机身后部,两个主轮安装在机翼最大/最强部分的下方。这样可以简化与机翼结构的连接,也可以使主轮的轮距增加,从而增加地面的稳定性。为了帮助飞机地面操纵和允许飞机用方向舵转弯,尾轮采取了摇臂式的结构,轮轴位于偏转轴线的后方(见图7-11和图7-12)。

图7-11　后三点式起落架

全摇臂式尾轮

早期的尾轮允许自由地偏转,称为全摇臂式,与购物手推车的轮子相似。图7-12表示一个全摇臂式机轮。它可以允许飞行员利用螺旋桨的气流来偏转方向舵使飞机滑行转弯。可是,除非飞机逆风起飞,否则飞机顺风起飞或着陆都是很危险的。对于使用混凝土跑道代替草地跑道的飞机来说,这是一个问题。以后将介绍可锁定尾轮。

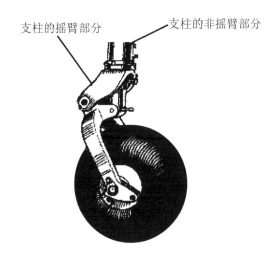

支柱的摇臂部分　　　支柱的非摇臂部分

图7-12　全摇臂式机轮

尾轮——打地转

全摇臂式尾轮的另一个问题是任何机身后部的侧向运动都会导致尾轮的偏转并跟随其运动。如果机身尾部的转弯力矩足够大,飞机能够做180°的原地打转,称作打地转。重心越靠后,机尾侧向运动产生的转动力矩越大,如图7-13所示。

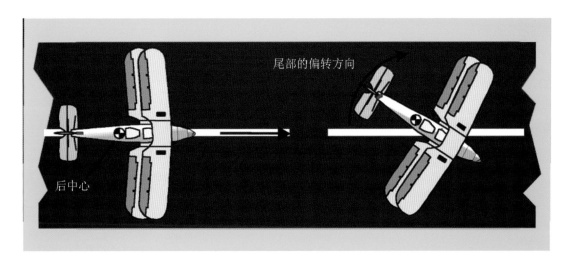

尾部的偏转方向

后中心

图7-13　打地转

可锁定尾轮——飞行员操纵

可锁定尾轮有两种形式——飞行员操纵和载荷操纵。飞行员操纵系统用于较大的飞机,当飞机和尾轮与跑道纵向对齐时,飞行员松开一个弹簧加载销来前后锁定尾轮。由于尾轮不能偏转,飞机尾部侧向摆动的趋势将在尾轮上产生一个侧向载荷。机轮和地面的摩擦力阻止这个侧向转动力矩,因此阻止机轮摆动。

可锁定尾轮——载荷操纵

如图7-14所示，载荷操纵设计用于轻型飞机，尾轮被弹簧加载来保持其纵向，直到作用在尾轮上的侧向载荷超过弹簧力。这通常发生在飞行员操纵飞机地面转弯而使用机轮单刹车时，否则机轮保持纵向锁定。弹簧力的减小会引起意想不到的打地转。

定中弹簧

图7-14　载荷操纵的尾轮

尾轮和前翻

除了打地转，具有尾轮的飞机存在的另外一个问题是在着陆刹车时可能向前翻倒。对尾轮飞机操纵所具有的挑战性导致了运输飞机采用前轮的形式。

前轮

当飞机停放或地面操纵时，前轮（或JAA定义的辅助轮）可使飞机几乎处于水平状态，如图7-15所示。这可以给飞行员提供良好的前向视野。它也可以使机身跟随前轮进行转弯，而不是尾部向转弯的相反方向摆动。三点式的安排使前轮形成了起落架三角形的顶点。

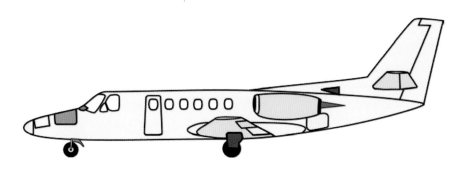

图7-15　前三点式起落架

全摇臂式前轮

对于一些轻型飞机,前轮轴线位于垂直支柱的后面,以简化转弯。这样的安排允许前轮像购物手推车的前轮一样偏转。为了操纵飞机转弯,飞行员使用差动刹车,也就是一边主轮的刹车压力大于另一边主轮。由于前轮在支柱后面,它随着机身转动,这将导致飞机绕着刹车的轮子转动。

尽管这个系统简单,但也有遭受摆振的缺点。为了克服这个缺点,使用了一种特殊的轮胎,该种轮胎叫马斯特兰德轮胎(Marstrand tyre)。马斯特兰德轮胎和摆振将在以后的章节介绍。由于这种形式的转弯不是很精确,大部分现代前三点式起落架的轻型飞机使用了直接转弯系统。

可偏转前轮——固定式起落架的轻型飞机

可偏转前轮直接连接到飞行员脚蹬,对大部分轻型飞机,飞行员可以操纵前轮沿纵向中心线左右两边偏转37°。一根松紧弹簧与两边的转弯拉杆相连,这可以防止飞机在地面时,突然大幅度蹬方向舵脚蹬,并将其传给转弯系统而引起的过大的力。

可偏转前轮——可收放式起落架的轻型飞机

在所有可收放式起落架的飞机上,前起落架舱相对于前轮都是非常窄的。这要求前轮在收起之前保持在中立位。否则,前轮会压迫起落架舱结构,使其遭受损坏,并可能引起卡阻,阻止起落架完全收上和放下。在飞行中,前轮转弯必须与方向舵脚蹬断开,以防止在收起的过程中有任何的前轮偏转输入。

参见图7-16,可收放式起落架的转弯头与一个偏转联结(黑色部分)相耦合,偏转连接与转弯连杆相连。在收上起落架时,转弯头与偏转联结脱开,并跟随一个使前轮定中的导向器。

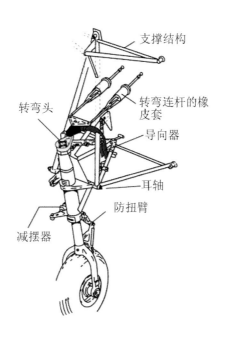

图7-16　可收放式前轮的转弯

减摆器

由于前轮是可以偏转的,可能使轮胎在飞机运动轨迹两边摆动。为了克服这个问题,安装了减摆器。在轻型飞机上,减摆器由一个连接到上支柱的筒和一个连接到可偏转前轮的杆组成,筒内装有一个活塞和两根压缩弹簧,如图7-17所示。活塞连接在可转动的下支柱上。当前轮中立时,弹簧的压缩量是相同的。如果前轮开始偏转,它增加了压缩量,阻止其运动,起到使前轮返回中立位的作用。减摆器和防扭臂的磨损是引起前轮摆振的最常见的原因。

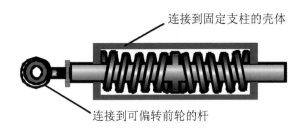

连接到固定支柱的壳体

连接到可偏转前轮的杆

图7-17 轻型飞机的减摆器

液压减摆器

对大型飞机,液压阻尼撑杆的使用与图7-18所示的示意非常相似。这个系统使用了一个平衡作动筒,在作动筒的活塞上钻有计量孔。当下支柱开始摆动时,活塞通过油液移动。由于计量孔限制了油液从活塞一侧流向另一侧的流动速率,产生了阻尼,产生的压力作用在活塞上,抵抗摆动时的转动力。连接减摆器到转弯环允许前轮转弯并且保持摆振的阻尼。

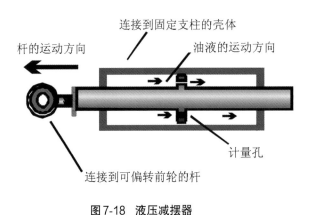

杆的运动方向

连接到固定支柱的壳体

油液的运动方向

计量孔

连接到可偏转前轮的杆

图7-18 液压减摆器

中型和大型飞机的可偏转前轮

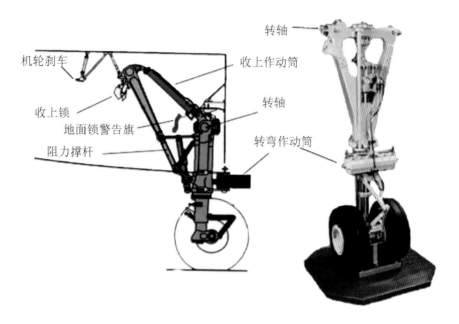

机轮刹车
收上锁
地面锁警告旗
阻力撑杆

转轴
收上作动筒
转轴
转弯作动筒

图7-19 前起落架

偏转这些飞机的前轮需要很大的力,因此在飞机上采用了液压动力系统。飞行员有两种转弯控制。为了在起飞着陆期间让飞机对正跑道,飞行员可以使用脚蹬让前轮沿中心线左右偏转7°。

当飞机速度降低到60 kt以下时,飞行员的操纵手轮或舵柄起作用。在一些老式飞机上,有一个小的手轮安装在驾驶杆上,当前轮中立时有一个参考基准显示。现代飞机将操纵手轮安装在侧操纵台上,它们被加载到中立位,并且机长和副驾驶都有该装置。在图7-20中的转弯马达是一个矩形盒,安装在上支柱上,防扭臂的上方。根据设计,下支柱可以使用两个液压直线作动器或旋转作动器转动。

在使用直线作动器时,当飞行员执行一个右转的输入时,油液从飞机液压动力系统进入右边作动器的第一个腔和左边作动器的第二个腔,如图7-20所示。这样转动了转弯环,下支柱通过防扭臂转动。

当机轮处于中立位时,液压油通过一个中央供油组件进入对角连接的四个腔,机轮任何方向的偏转都可以引起油液从一个作动器的第一个腔挤入到另一个作动器的第二个腔,这个压力阻止其运动并对振动产生阻尼。

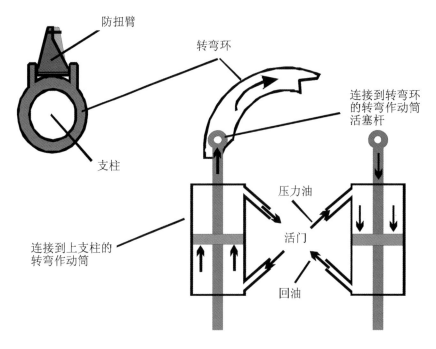

图7-20 转弯作动筒

当飞行员操纵飞机转弯并且前起落架支柱处于伸长的状态时,一个操纵输入传到转弯系统,使其前轮定中在中立位,如图7-21所示。当操纵起落架收上时,一个输入将前轮液压锁定在中立位。

所有的腔都相互连接

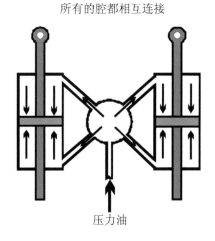

图7-21 前轮定中

前轮的隆隆声

由于前轮没有安装刹车装置,在前轮收起后可能会继续旋转一段时间,这将产生一个"隆隆"声和一个陀螺质量。为了防止其旋转,在前起落架舱内安装一根弹性钢条与轮胎接触,并阻止机轮转动。

机身起落架转弯

一些大型运输飞机,如空客的A340、波音747、洛克希德的Tri Star以及麦道DC-10,这些飞机由机翼起落架和机身起落架支撑。在这些飞机上,机身起落架与飞行员的操纵手轮相连以允许飞机转弯。当飞机速度降低到60 kt以下时,到前轮的转弯输入产生一个成比例的信号给机身起落架,使其往相反方向偏转,这样可以减小飞机的转弯半径。在图7-23中,可以看见机翼起落架之间的机身起落架。

图7-22　机身起落架

转弯圆

图7-23显示了一个中型飞机的转弯圆。前轮可以在中心线左右偏转75°,但有效的转弯角度是70°,飞机生产商的手册总是规定飞机的最小转弯半径。操作中不允许减小,因为这将导致支柱内产生过大的应力。这个最小的转弯圆是通过使用前轮转弯、内轮的刹车和机身起落架转弯共同实现的。

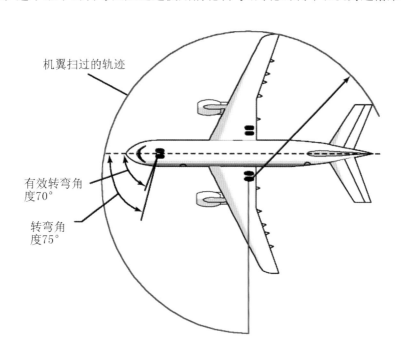

机翼扫过的轨迹

有效转弯角度70°

转弯角度75°

图7-23　转弯圆

飞机在转弯时,总是使用可行的最大转弯半径,以降低主起落架的应力。

前轮转弯的断开

安装动力转弯系统的飞机在被牵引或推动时,为了允许前轮可以偏转,安装了一个转弯断开机构。在很多设计中,在转弯断开盖帽被移除并且转弯断开前,不可能连接上牵引杆。

作为一个安全保护,在没有重新接通转弯系统前,不可能重新装上盖帽。如果转弯系统失效,也可以通过一个警戒提示使飞行员被告知。所有这些措施都可以保证飞行员在起飞滑跑前能控制前轮转弯。

主起落架舱——下单翼飞机

在绝大多数中型和大型运输机上,主起落架都安装在机翼的主梁和后梁或辅梁上。这些起落架向内收至起落架舱内。起初,起落架舱是机翼结构的一部分,靠近翼根。但是,随着飞机越来越大和越来越重,主起落架也变得更大。现在通常的做法是将起落架舱变成机身结构的一部分,轮舱门形成机身/机翼周围整流罩的一部分。起落架向横侧收起对飞机纵向重心没有影响。

上单翼涡轮螺旋桨飞机

对于上单翼涡轮螺旋桨飞机,像图7-24中显示的一样,通常的做法是将发动机短舱的一部分用作起落架舱。这些飞机的起落架向前或向后收起,并且放下后收起将引起飞机纵向重心的变化。

图7-24 上单翼飞机的起落架

上单翼涡轮飞机

对上单翼涡轮动力的飞机,如BAe146,主起落架安装在机身上并收至机身内。这就要求整个起落架采用铰接并能折叠,以占用最小的空间。由于这些特性,上单翼涡轮飞机的主起落架的这些设计是很复杂的,并且安装在机身上减小了轮距。

机轮的布局

一些机轮安装系统如图7-25所示:

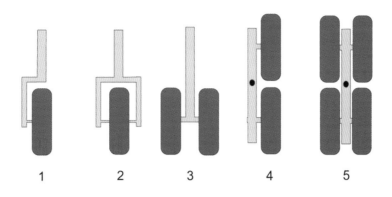

图7-25　机轮安装系统

1——半轮叉式；

2——轮叉式；

3——双轮式，安装在同一轮轴上；

4——串联式机轮；

5——用于大型运输机的四轮或六轮小车式。

随着飞机的发展和重量的增加，如果轮胎尺寸和起落架舱没有相应增加过多的话（见第八章中的轮胎），轮胎压力必须增加。由于现代飞机使用高压轮胎（最大315 psi），需要更多的机轮安装在起落架上以支撑更大飞机的重量。

小车式起落架

小车式起落架轮架的梁通过一根枢轴连接到油气式减震支柱的底部，如图7-26所示。下支柱通过防扭臂保持纵向对齐。轮架梁的功用是定位和支撑轮轴。

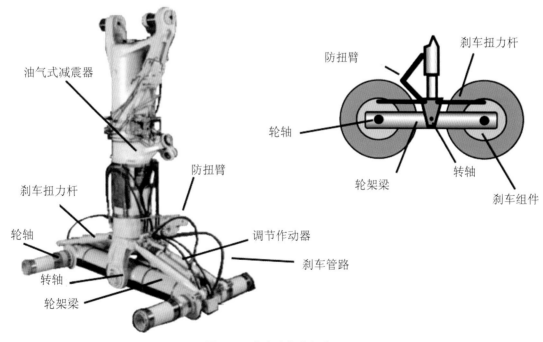

图7-26　小车式起落架布局

在小车式起落架机轮接地时，为了减小摩擦力，标准的做法是让一对机轮先接触跑道。这样允许它们加速并为飞机提供方向控制。如果轮架上所有的机轮同时接地，产生的摩擦力将会使前起落架撞击跑道，撞击力可能引起结构损坏。

至于前轮先接地（空客飞机）还是后轮先接地（波音飞机）取决于飞机设计者。采用前轮先接地的其中一个原因是减小接地点与前轮之间的距离（力臂）。

轮架调节，轮架定位

为了保证轮架在于着陆和收进起落架舱时正确定位，使用了一个液压调节作动筒，如图7-27所示。它也可以起到俯仰振动阻尼器的作用。

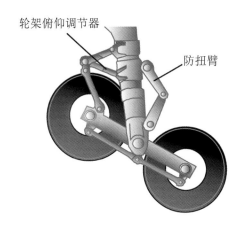

轮架俯仰调节器

防扭臂

图7-27　轮架俯仰调节器

俯仰振动阻尼器

为了防止轮架上的机轮在不平跑道上跳起，并确保机轮和跑道保持接触，一个俯仰振动阻尼器被增压并形成一个作动筒迫使前轮向下。

运输飞机的可收放式主起落架

为了支持下支柱抵抗摩擦力，在起落架上安装了阻力撑杆，如图7-28中左图所示。安装一个侧撑杆以防止起落架向侧边收起。由于起落架必须向侧方收进起落架舱，侧撑杆必须是可折叠的。在图7-28中的左边起落架上，侧撑杆由挂钩锁保持在收上和放下位。这不是常见的情况。在图中右边的起落架上，侧撑杆上使用了几何锁机构。

一个更小的横向撑杆几何锁，由一个小液压作动筒作动，也能够锁定侧撑杆。当液压解除后，使用过中锁保证起落架在放下位。为了收起起落架，液压油在进入收放作动筒收起起落架之前，必须首先进入开锁作动筒。

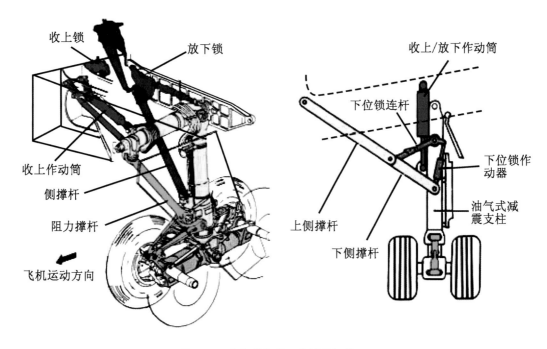

图7-28　主起落架放下位置锁机构

过中或几何锁

当起落架放下时,为了保证侧撑杆的所有部件形成一根固定的杆,它被制造成一个过中或几何锁,如图7-29所示。这个锁的两部分在铰接点靠在一起(如图7-29中的1所示)时,铰接点低于两端中心的连线。任何从箭头A方向施加力,都会使杆的锁定牢固,这是因为压缩力作用于两端。

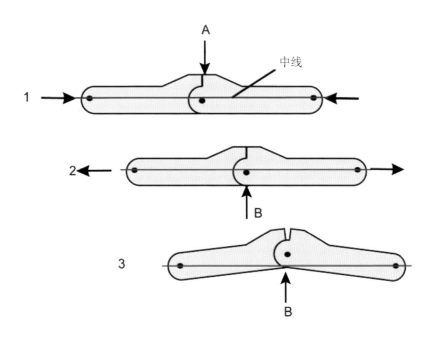

图7-29　过中或几何锁

为了使连接开锁,从箭头 B 方向作用的力必须克服施加在杆两端的压缩力,并且推动铰接点向上通过中心线(如图7-29中的2所示)。压缩力与飞机质量成比例。当机轮已经离开地面时,压缩载荷消失。一个小的液压作动筒能够施加足够的力在图 B 方向,以推动或拉动侧撑杆通过中心线,对其开锁(如图7-29中的3所示)。

注意: 过中锁不能用于收上锁,仅用于放下锁。

收上锁

在运输机上,起落架用机械挂钩锁将起落架保持在收上位。这可以保证在飞行中,即使在液压失效的情况下,仍然能将起落架保持在收上位,因为凸面与滚轮形成一个物理锁,可以防止挂钩旋转打开,如图7-30的左图所示。

挂钩锁可以采取单个挂钩(如图7-30所示)或钳子的形式。挂钩锁有一个转动点和一个剖面示意图。一个小的液压作动筒操纵一个带滚轮的控制杆,滚轮沿着挂钩上的凸面运动。当飞行员选择放下起落架时,液压压力顺序进入开锁作动筒,推动活塞杆伸出。滚轮被迫在挂钩的凸面上滚动,并移动到凸面的底部,在这里它推动挂钩并在弹簧的作用下使挂钩转动打开。

当选择收上起落架时,起落架的滚轮撞击挂钩,并强迫其转动回关闭位。因为收上作动筒产生的力大于开锁作动筒产生的力。

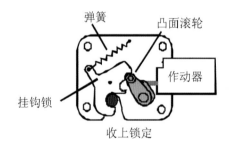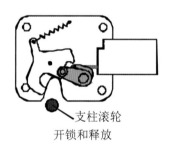

图7-30 挂钩锁

应急放下

JAA 要求,在液压失效的情况下,必须有独立的方式放下起落架。在一些飞机上,采取压缩氮气或空气的方式。这是一个一次性系统。如果飞行员没有获得满意的起落架放下锁好的指示,将起落架选择器保持在放下位,操纵一个保护盖盖住的应急选择器,操纵这个选择器允许压缩气体进入起落架放下管路。为了使操纵更容易,液压油从收上管路排出机外。这样可以保证油液产生的回油压力最小,并使起落架放下锁好。

为了满足 JAA 的要求,利用过载产生的力也是一种可接受的方法。飞行员操纵飞机做一系列的机动,首先产生一个负过载,然后是正过载(飞行手册中有具体操作)。正过载有效增加起落架的重力,重力向下作用在收上锁挂钩上。由于挂钩的转动点从起落架滚轮的中心点进行了补偿,产生了巨大的转动力矩,迫使挂钩转动,同时,由于起落架手柄仍然在放下位,凸面上的滚轮被迫滚动。当挂钩开始转动时,弹簧保证挂钩顺利脱开,允许起落架放下。对于主起落架,其重力可以使起落架迅速放下锁好。气流可以帮助向前收起的前起落架放下。

主起落架舱门

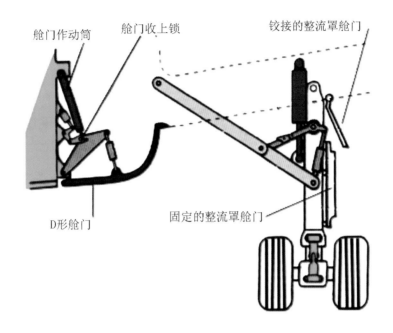

图7-31　主起落架舱门

　　起落架舱门,通常指图中的D形舱门,有其独立的锁。D形舱门在主起落架收上锁打开之前打开,并当机轮开始放出时平滑运动。连接在主起落架支柱上的是固定整流门。当起落架做一个圆弧运动时,D形舱门顺序打开并锁上。这样可以减小飞机型阻,并防止外来物(例如脏物、水、冰、雪等)进入起落架舱。在应急放下起落架的情况下,这些舱门保持打开。

大型飞机的起落架位置指示
具有舱门和小车式轮架的大型飞机有:
　　➤　三个绿灯表示起落架已经放下并锁好在安全位置;
　　➤　一个红色不安全灯表示部分起落架没有锁好;
　　➤　一个红色舱门灯表示舱门没有在锁好位;
　　➤　一个琥珀色轮架灯表示在收起落架时轮架没有在正确的位置。

　　当所有的起落架收上并且舱门正确锁好后,所有的灯熄灭。在选择放下起落架时,起落架不安全灯亮,并且红色的舱门灯也亮。当舱门关闭后,红色的舱门灯熄灭。当起落架放下锁好后,红色的起落架不安全灯熄灭并且三个绿灯亮。

　　如果舱门故障不能锁上,红色的舱门和起落架灯保持亮。如果飞机在起飞后琥珀色的轮架灯亮,因为轮架在错误的位置,起落架选择手柄被阻止移动到收上位。如果飞行员试图收上起落架,这可能导致损坏。

机械指示

一些飞机有机械位置指示器。它们仅用于在紧急情况下飞行机组检查起落架的状态,通常位于配平面板的后面。

大型飞机起落架选择器

起落架选择器的末端必须是机轮形状,并且选择器必须要有卡位,以防止意外作动。在一些设计中,卡位采取水平开槽的形式(如图7-32所示)。手柄从侧面移动进槽中并保持。在大型飞机上,第三个位置叫"off"位。在巡航期间,选择器放在这个位置。起落架选择器必须位于油门杆或推力手柄之前。

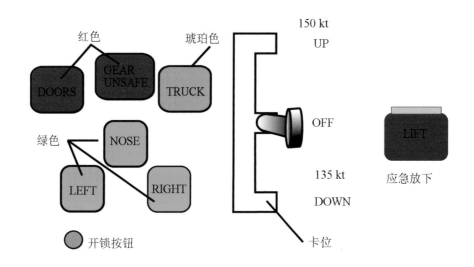

图7-32 大型飞机起落架选择器和指示

空/地逻辑

空/地逻辑由一系列的电门的接通或关断来定义,电门的接通或关断取决于起落架在地面受压缩或空中伸长。在轻型飞机上,它可以采取微动电门的形式(测量小的运动),微动电门由主起落架防扭臂作动。

对于大型飞机,空/地逻辑可以采取下面的形式:

> ➢ 微动电门;
> ➢ 接近电门;
> ➢ 压力电门。

微动电门

对于轻型飞机,这些电门记录柱塞的运动,由于柱塞和它的撞击器会磨损,现代飞机采用了接近电门,因此没有运动部件。

接近电门

接近电门由两个小盘组成,每个小盘安装在单独的平面上。一个盘由带磁性的不锈钢制成,另一个盘上有一个小线圈,当这两个盘相互接近时,在线圈上产生一个小的电动势,这个电动势被一个探测组件探测到,探测组件将此信号传递给逻辑系统。

压力电门

一些飞机在油气式减震器里安装了压力传感电门。这些电门感受接地时的压力升高并启动地面逻辑。

大型飞机的地面逻辑控制下列系统的工作:

> 与动力设置相适应的反推;
> 刹车(反跳保护);
> 与地面速度相适应的前轮转弯;
> 当扰流板设置在预位时,扰流板的自动放出;
> 起落架选择器的锁定;
> 机翼热防冰选择在关位。

起落架放下安全锁

为了防止将运输机起落架选择器无意中收上,当逻辑系统探测到飞机在地面时,一个安全锁采用通过一个电磁线圈作动一个机械销的形式,将起落架选择器锁定在放下卡位。正常情况下,只有当起落架伸长并且系统探测在空中逻辑时,这个销子才收回。在地面时,一个安全超控电门允许飞行员拔出销子并将起落架收上(仅用于紧急情况)。

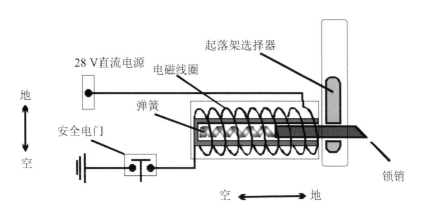

图7-33　起落架放下安全锁

地面锁

当飞机在没有液压情况下被牵引或勤务时,需要安装地面锁。它们可以采取套筒和销子的形式。为了显示它们被安装,每个锁定装置上都有红色或红白相间的警告旗连在上面。当装上时,这些锁阻止起落架和舱门的运动。每架飞机带有它自己的一套锁。对运输飞机,它们必须安装在前开式或前部透明的储藏柜里,以便机长在进入驾驶舱时能检查它们。

图7-34显示了套筒和销子,这是两种主要使用的地面锁。套筒是管状的,沿长度方向安装,并在作动筒完全伸出时夹住活塞杆。对活塞杆的缩回,套筒形成了一个物理锁。销子常常用于几何锁,当撑杆在过中条件下时,销子插入对齐的孔中,并有锁标记以防止其掉出。

当心不要丢失地面锁的警告旗。

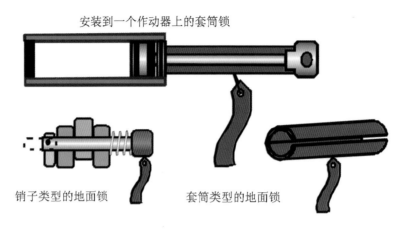

图7-34　地面锁

轻型飞机的可收放式起落架

图7-35显示了一个轻型飞机的可收放式主起落架。放下锁/侧杆形成过中锁,弹簧保证侧杆的锁定,另外还有收放作动筒。由于飞机较轻,油气式减震支柱不需要安装另外的阻力撑杆。用于起落架收放的液压动力源将在下面进行介绍。

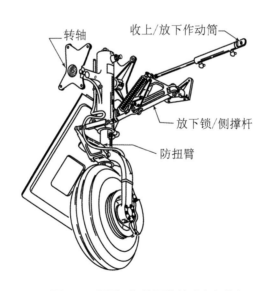

图7-35　轻型飞机的可收放式主起落架

许多轻型飞机可收放式起落架使用自带的液压动力组件,参见7-36的系统简图。在这个系统中,一个正齿轮泵由一个可逆的电动马达驱动,为起落架收放提供动力。为了在动力失效的情况下能有安全保护,安装了一个重力放下起落架系统。在这个系统中,起落架靠液锁将起落架保持在收上位,机械锁将其保持在放下位。

　　飞机着陆时,当襟翼在着陆位或者油门收回到空中慢车位时,如果起落架没有选择放下,警告喇叭响起,以防止起落架在收上的情况下着陆。选择将起落架放下,或者收起襟翼,或者前推油门将解除警告。

动力组件的工作

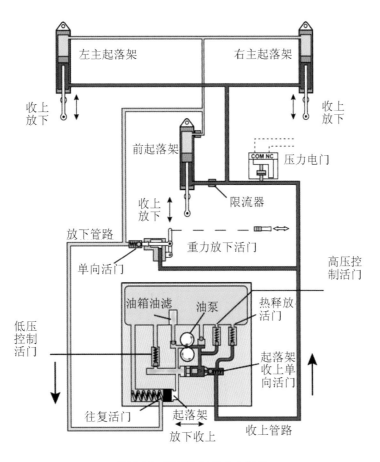

图7-36　轻型飞机的动力组件

　　选择将起落架放下将引起油泵逆时针旋转。从油箱抽取未过滤的油液并将其增压供向左侧组件。液压油压力关闭了回油管路(回油通过油滤回油箱),并且推动起落架单向活门向右。这样移动了单向活门,解除了使起落架保持收上的液锁,允许收上管路的液压油进入油泵,并传输到放下管路。压力推动往复活门往左,阻止液压油返回油箱并供向放下管路。

　　由于起落架靠重力落下,因此没有机械锁打开,放下管路的功能是保持400~800 psi的低压。为了控制这个压力,一个释压活门,称为低压控制活门,允许超出的压力返回油箱。

　　在前起落架收上和放下管路上的限流器控制油液供向三个起落架作动筒。这些限流器允许主起落架在前起落架之前先动,这样保证在主起落架放下锁好时,其产生的阻力可控。同样,通过限流器可以阻止前起落架放下时向后运动太快。当所有三个起落架放下锁好,红色的起落架不安全指示灯熄灭,并且油泵电源被断开。由于放下管路的压力降低,往复活门在弹簧力的作用下向右移动。

在选择收上起落架时,油泵顺时针转动,通过油滤从油箱中抽油,压力关断油液流回油箱,并且推动起落架收上单向活门的活塞向左。油液压力打开单向活门,并且油液进入收上管路。由于起落架必须克服重力收起,活塞的面积由于活塞杆而减小,前起落架收上时必须克服气流的阻力,因此高压控制活门的工作压力设置到1 800 psi。

收上作动筒首先要打开放下锁/侧撑杆的机械挂钩,然后在开始收起落架之前将放下锁拉出过中状态。由于限流器的作用,主起落架先运动。当起落架收上并且没有更进一步的动作时,收上管路的压力会升高到1800±100 psi。在这个压力下,电门会切断油泵的电路并取消红灯。当油泵停止工作,起落架单向活门复位,形成液锁保持起落架在收上位。如果压力下降到一个预定值,压力电门重新给油泵马达通电,增加系统压力。油液从放下管路返回油箱。

在油泵失效的情况下,飞行员将选择器置于放下位,拔出电路的跳开关以隔离油泵电源,并操纵有保护装置的应急选择器。这样可以打开重力放下活门以解除液锁,允许重力和气流放下起落架。放下锁弹簧可以确保起落架放下锁定。

轻型飞机起落架选择器和指示器

JAR条例要求起落架选择器必须位于油门杆之前,油门杆安装在扇形盘上。起落架选择器也制成机轮形状以区别于其他控制手柄。为了防止误操纵,选择器必须有卡位以将其锁定在收放或放下位。这要求飞行员在执行选择操纵之前必须拉出或推进选择器。

轻型飞机通常有三个绿灯形成一个三角形(如图7-37所示),只有在起落架放下锁好时亮。一个红灯(这可能是主警告面板的一部分)在起落架转换并且没锁好时亮,这与起落架不安全灯的含义是一样的。

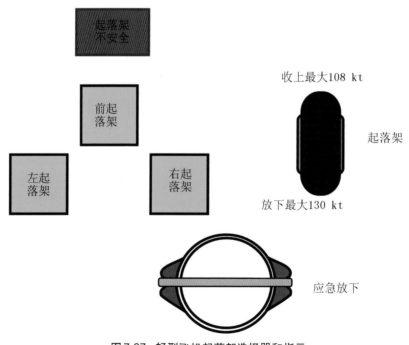

图7-37 轻型飞机起落架选择器和指示

当起落架收上锁好时,所有红灯和绿灯都熄灭。绿灯通常采用灯泡组件的形式,在指示器失效的情况下,飞行员可以更换组件并查看是灯泡失效还是其他情况。

如果飞行员通过应急的方法放下起落架,当起落架放下锁好时,三个绿灯亮,并且红色的起落架不安全指示灯也亮,以警告起落架通过应急方式放下。

如果飞机在油门关闭并且通电的情况下停放,不管什么原因将起落架选择器移至收上位,起落架不安全灯将点亮,并且警告喇叭响起。地面逻辑系统(微动电门)隔离动力组件,以防止意外收起起落架。

第八章

起落架——机轮、轮胎和刹车装置

概述

所有飞机的机轮刹车系统都通过将飞机的向前运动(动能)通过摩擦转化为热能来实现。刹车系统的效率取决于动能转化为热能和热能消散到其他结构或大气中的速度。

机轮刹车的类型

➢ 单圆盘式刹车——轻型通用飞机上使用;

➢ 多圆盘式刹车——大型运输机上使用。

基本刹车主作动筒

如图8-1所示,当刹车未施加时,主弹簧使主作动筒伸长。上部弹簧顶在下作动筒的止动位上,以阻止活门关闭。这样使活门保持打开,从而允许油室中的油补充作动筒。

当踩下脚踏时,作动筒缩短,压缩主弹簧。由于上部弹簧推动活门关闭,油液进入机轮刹车系统,在机轮刹车系统里,油液作用在刹车作动筒上。

油液进入刹车管路中增加了压力,它作用在活塞面积较大的一面,产生了靠紧圆盘的力。在刹车材料和圆盘逐渐磨损后,回到油室中的油液也会减少,在不使用刹车时,油室中的油对作动筒进行补充。

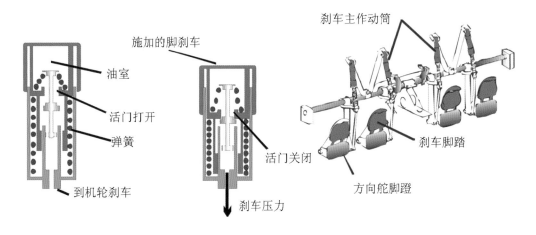

图8-1 基本刹车主作动筒

简单液压刹车系统

为了实现差动刹车，每一个机轮有自己独立的液压油路。图8-2所示的是一个机轮的油路。定盘和动盘的功用和工作在下面的内容介绍。

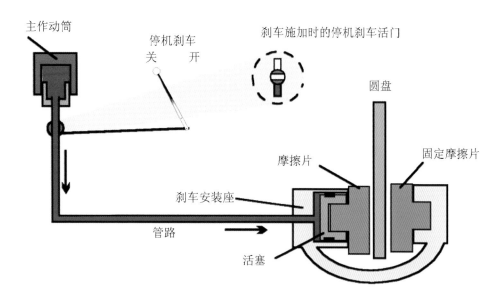

图8-2　基本刹车油路

轻型飞机的固定盘

对于机轮上安装刹车盘的轻型飞机来说，使用了一个滑动的卡钳(与汽车上的类似)，如图8-3所示。液压在各个方向产生的力是相同的，在这种情况下，液压作用于活塞和安装座。

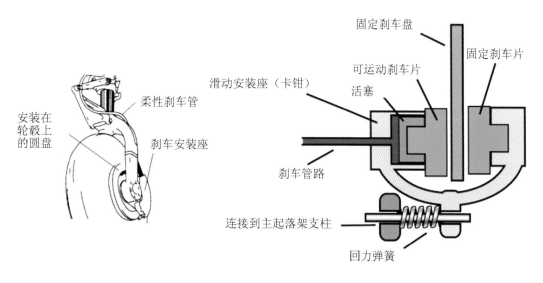

图8-3　轻型飞机固定盘

进入的油液推动活塞,推动刹车片作用于刹车盘。安装座滑动以拉动固定刹车片靠紧刹车圆盘的另一边,因此产生了摩擦和热量。当松开刹车后,安装在卡钳和它的安装点之间的弹簧推动刹车安装座脱开,从而使油液回油箱。

为了施加停机刹车,两个脚踏都要踩下,将停机刹车手柄拉起并锁定(如图8-2所示)。在两个系统中同时产生液锁并将压力保持在机轮刹车上。注意,随着时间的推移,所有的机轮刹车系统的油液/压力都会泄漏回油箱,因此,必须定期施加刹车。

固定刹车安装座和动盘

对于更高速度的轻型飞机来说,其外缘带卡口的单圆盘(如图8-4所示)可安装在机轮内部。当机轮旋转时,圆盘也旋转。在这个系统中,卡钳是固定的,活塞运动将迫使圆盘靠紧固定刹车片。

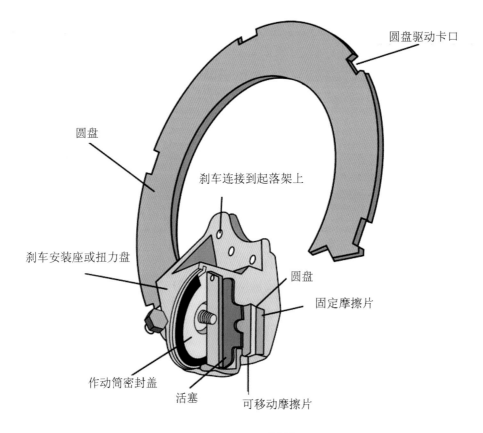

图8-4 可滑动圆盘

当刹车脚踏松开后,安装在活塞运动腔内的弹簧使活塞离开圆盘。在图8-5中,回力弹簧是一个压缩弹簧。当刹车脚踏松开并且活塞返回时,圆盘旋转而不接触固定刹车片。

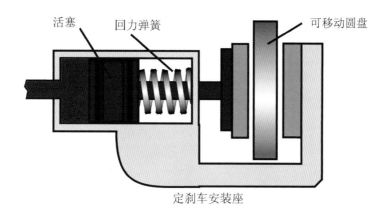

活塞　回力弹簧　可移动圆盘

定刹车安装座

图8-5　一个可移动圆盘组件刹车松开的情况

重型刹车圆盘

对于取得JAR23认证的轻型单发或双发活塞动力发动机的飞机,可以安装重型刹车圆盘来减小着陆滑跑距离。这些圆盘比标准圆盘厚,并且可以吸收更多的热量,允许飞行员进行更重的刹车并使飞机在短距离内停下。飞机的性能图表如CAP 698中的MEP1所示,给出了着陆要求距离的缩短量。

增压刹车

增压刹车系统用于取得JAR 23认证的飞机,这种飞机着陆速度高,因此需要增加刹车片靠在刹车盘上的力。在动力刹车系统中,当飞行员踩下刹车脚踏时,与脚踏偏转量成比例的液压压力进入主刹车作动筒。这就类似于汽车上的伺服辅助刹车,并增加了作用在主作动筒活塞上的压力。主作动筒活塞将油液压入到刹车管路中。该系统不允许飞机液压系统的压力或是油液进入到机轮刹车组件。

动力刹车

取得JAR 25认证的飞机质量更大,在着陆时,采用经计量的飞机液压系统压力来驱动刹车,以增加刹车力。

图8-6显示了老式运输机上使用的基本组件,飞机的着陆重量超过了5 700 kg,但是着陆的速度很低。系统压力经过一个单向活门到达刹车控制活门,并给机轮刹车蓄压器充压。一个直读表指示可用的供压压力。

由飞行员脚踏产生的伺服压力控制刹车控制活门的工作。刹车控制活门控制液压压力为合适的机轮刹车压力,机轮刹车压力与脚踏偏转量成比例。伺服管路中充满油液,但是这些油液不与系统的油液混合,因此在驾驶舱中伺服管路泄漏的情况下,飞行员的身上不会被溅上高压油液。

每个机轮的传感管路可以让飞行员看到作用在每个机轮上的刹车压力。在起飞前,飞行员将两边刹车踩到底以确保每个刹车组件都有相等的压力。如果压力不平衡,必须取消起飞并检查系统。

由于有供压压力表,在安装了直读压力表的地方,使用了压力继电器。这就保证了任何压力表的失效都不会导致高压油液喷洒在驾驶舱内。

对于动力刹车系统,飞行员可通过脚踏来接收人工感觉力以指示刹车量。它可以通过作用于主作动筒或是压力弹簧的伺服管路的反压来实现。

在一些老式低压的刹车系统中,飞机液压系统压力必须降低,称作减压。通常在主起落架支柱上安装一个减压活门,减少压力并且增加到刹车的流量。

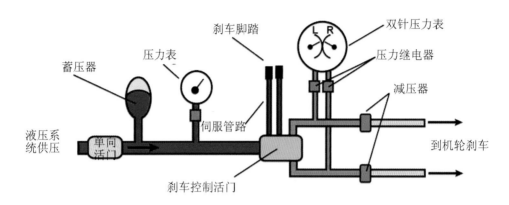

图8-6 动力刹车系统的基本部件

刹车余度

JAA条例要求任何单一的失效都不能引起刹车系统的失效,飞机必须在1.5倍的正常刹车距离内完全停下。为了实现这个目标,运输机有正常的液压供压和单独的液压供压或一个应急压缩气体的供压。

它可以采取以下形式:

➢ 一个必须满足6次满行程刹车能力的蓄压器;

➢ 一个独立的液压动力源;

➢ 一个增压气源供压。

由于飞行员用脚控制着刹车压力,当施加的刹车压力足够大时,可以使刹车锁死并阻止机轮转动,引起机轮打滑。这样会使轮胎局部损坏并引起爆胎(见轮胎一节),降低刹车效率,并失去方向稳定性。为了克服这个问题,现代飞机上使用了防滑刹车系统。

防滑系统

有两种主要类型的防滑系统:

➢ 开/关系统——它们是机械系统。

➢ 全调节系统——它们是安装在运输机上的现代电子系统。

JAR条例要求:

➢ 安装了防滑系统的飞机只有在防滑系统可用的情况下才能起飞。

➢ 对电子防滑系统,在电源失效的情况下,飞行员必须被告知。通常情况下,一个"fail"灯亮。

➢ 当飞机在适航的跑道条件下着陆时,防滑刹车即将工作之前,在供给刹车的正常压力失效的情况下,需要有备用的动力供给刹车,以保证有足够的刹车压力,从而使飞机停下。

➢ 如果飞机安装了防滑装置,装置和相关的系统设计必须保证:单个可能故障或失效,不会导致危险的刹车能力丧失,或者失去对飞机方向的控制。

开/关系统是两种防滑系统中最简单的系统。如图8-7所示,一个叫作马克塞里特(Maxaret)的机械组件提供开/关防滑保护。

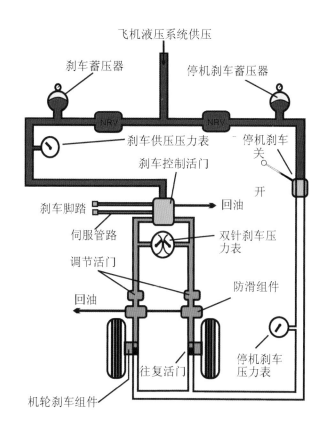

图8-7　机械式防滑系统

正常压力为3 000 psi的油液供给机轮刹车蓄压器。在液压损失的情况下,蓄压器被用作一个紧急的储备,在它耗尽前允许飞行员进行6次满行程刹车。

刹车控制活门调节系统的压力,系统压力与飞行员脚踏的踩下量成比例,通过调节活门(见以下的调节活门)将压力传送到机轮刹车组件和马克塞里特(maxaret)组件。控制活门调节刹车压力最大值大约为1 750 psi。

对于这些系统,飞行员施加控制的全计量的刹车压力,直到探测到机轮锁死。由于一直施加刹车压力,马克塞里特(Maxaret)组件通过释放压力允许机轮转动。当系统感应到机轮加速到同步转速(例如地速)时,全计量压力再次被施加。在整个着陆过程中,全压力施加、全压力释放交替循环,这种循环直到施加刹车压力而机轮没有打滑时为止。

在这个系统中,当机轮刹车被松开后,停机刹车被施加。刹车作动筒内多余油液由回力弹簧通过刹车控制活门排放。操纵停机刹车手柄可使系统油压推动往复活门并施加刹车。在紧急情况下,如果供压失效并且刹车蓄压器耗尽,可以使用停机刹车手柄进行无差动、无防滑的刹车。

调节活门

如图 8-8 所示,调节活门安装在刹车控制活门和防滑组件置之间。由于刹车管路和刹车组件充满油液但是没有加压,当飞行员施加刹车时,压力油(流量)直接进入调节活门。它通过推动活塞压缩弹簧,向所有的刹车作动筒供油。一旦作动筒充满(刹车装置之间没有间隙),调节活门活塞停止运动。任何刹车压力的增加都会使油液通过计量孔流动。

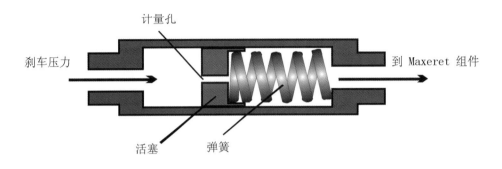

图 8-8 调节活门

如果防滑装置探测有打滑条件,它按比例降低一定的压力来减小刹车摩擦力,允许机轮加速滚转。它发生在调节器的下游。由于计量孔限制了流量,活塞防止了刹车压力(流量)过多地降低。当机轮加速时,防滑释压停止,进入的油液重新建立刹车压力。一旦松开刹车,调节器弹簧伸长,推动活塞使刹车回到关位。

由于电子系统反应更快,机轮允许减速到接近打滑点。这就增加了刹车效果,以飞机轮胎、刹车盘和刹车片更大的磨损为代价来减小着陆滑跑距离。防滑系统另外的优点是防止机轮滑水,在主起落架弹离跑道时防止机轮锁死,这被称作弹跳保护。

电子式防滑系统

如图 8-9 所示,一个小电子测速电机安装在每个轮轴上并由机轮驱动。当机轮滚转加快时,由测速电机产生的信号增加;反之亦然。信号传输到防滑控制器组件。当防滑控制器探测到打滑的条件时,受影响的刹车组件的压力被释放回油。详见以下全调节防滑系统的功能和工作。

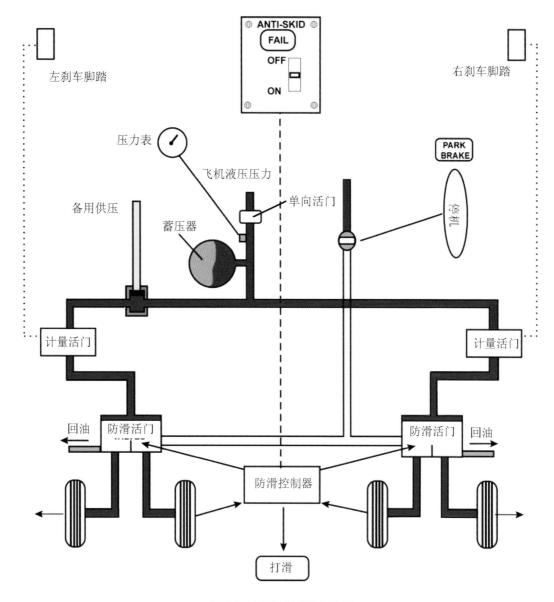

图 8-9 电子防滑系统示意图

全调节系统

全调节系统基于对机轮速度信号的感应,压力减小量和重新施加量是基于机轮即将打滑的速率,或者是机轮从打滑中恢复的速率。同时,使用高精度的传感器和升级的控制系统,使它们反应更加灵敏。

接地保护和刹车效率

无论使用哪一种电子系统,在接地时都不会施加刹车,直到机轮速度达到15~21 mile/h为止。如果飞行员在着陆时完全踩下脚踏并打开防滑系统,在达到这个速度前,刹车不会起作用。为了防止前起落架撞击到跑道,大型飞机刹车系统也防止使用全部压力,直到空中/地面逻辑系统感应到前轮与地面接触。

为了达到最大的刹车效率,飞行员需要尽早地使用刹车,并且增加轮胎与跑道之间的摩擦力,这需要通过前轮一旦接地就立即起动刹车来实现。伸出减速板和扰流板破坏机翼上的气流以破坏升力,使飞机的重量压到主轮上,增加了轮胎与跑道的摩擦力。

自动刹车系统

安装了自动着陆系统的现代飞机也安装了自动刹车系统。在自动刹车系统中,飞行员在着陆滑跑过程中不用踩脚踏。在高速下的正常刹车效率更高,之后随着速度的降低和刹车温度的升高刹车效率将降低。飞机刹车性能如图8-10所示。防滑系统同时增加了刹车效率,也会与人工刹车经历同样的效率下降。自动刹车系统通过电子程序来维持恒定的减速率。为了达到这一目标并防止机轮锁死,防滑系统必须设定在开位。

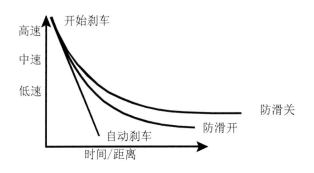

图8-10 自动刹车效果图

飞行员在驾驶舱有一个控制面板可以选择减速率,如图8-11所示。在整个着陆滑跑过程中,减速率可以被改变以增加或减小刹车等级。自动刹车系统使用飞机液压系统压力并将其直接传输到防滑活门,然后传输到机轮刹车系统。刹车压力增加了刹车圆盘上摩擦片的力,并且保持机轮比正常防滑系统更接近打滑的一个点。自动刹车系统的工作在一定程度上增加了轮胎表面和刹车组件的磨损。

在自动刹车失效的情况下,系统切换到人工且带有防滑的刹车。如果防滑系统失效,自动刹车系统断开并返回到人工刹车。失效灯亮以提醒飞行员任何不可用的情况。

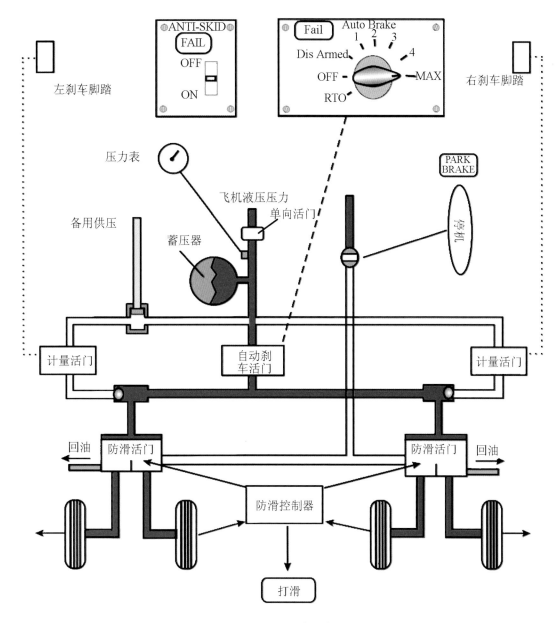

图8-11　自动刹车示意图

自动刹车的选择

表 8-1 给定自动刹车选择下的减速率和液压压力

减速率和机轮刹车压力		
选择位	减速率	施加的液压压力
1	2 ft/s	1 100 psi
2	4.5 ft/s	1 350 psi
3	7 ft/s	1 600 psi
4	9.5 ft/s	1 800 psi
Max_1	12 ft/s	2 100 psi
Max_2	14.7 ft/s	2 100 psi
RTO	没有控制减速率	3 000 psi

注意：表 8-1 提供了给定自动刹车选择挡位下的减速率和液压压力指示。当选择最大时，随着飞机地速减小，减速率增加，因此有 Max_1 和 Max_2。

当选择“off”位时，系统解除预位，刹车由飞行员刹车脚踏并通过计量活门进行操作。

中断起飞（RTO）

使用自动刹车系统着陆不是法规要求的。然而，如果安装了自动刹车系统，在每次起飞时需要将自动刹车设定为中断起飞（RTO）位。选择中断起飞位使刹车系统预位。在起飞滑跑时，如果飞行员接触刹车脚踏并且施加的刹车压力大于设定值，系统将解除预位。

在中断起飞的情况下，不管任何原因，当飞行员收回油门杆时，刹车被施加全部压力一直到飞机停下。并非所有的中断起飞都需要拆卸主轮胎，起决定性的因素有：

- 速度；
- 载荷；
- 距离。

当速度小于正常着陆速度，会产生正常刹车能量。轮胎仍可使用，建议在重新开始正常工作前轮胎冷却大约 30 min。如果超过正常的着陆速度，就会产生比正常刹车能量高的能量。在这种情况下，轮胎需要更换。

多圆盘刹车装置

为了吸收大型飞机的动能，可使用多圆盘刹车装置。这些装置安装在轮毂内部（如图 8-12 所示）。轮毂榫块驱动旋转盘，旋转盘也称为动盘。

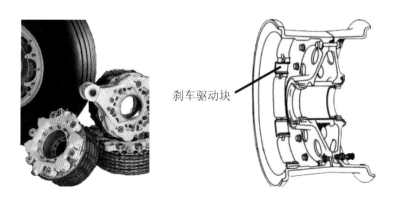

刹车驱动块

图8-12　多圆盘刹车和轮毂

图8-13显示的是一个多圆盘刹车组件,它包含一个连接在起落架上的扭力盘,一系列单向作动筒,动盘和静盘组成的圆盘组件,一个压盘,一个扭力管,一个推力盘和一个推力环。动盘是圆盘组件的重要组成部分,外缘有卡口并与机轮驱动榫块相耦合。为了允许圆盘膨胀和阻止其翘曲,圆盘由相互连接的扇形块制成。

静盘通常是圆盘组件的摩擦部分,被制成环状并在内环上有卡口。静盘由扭力管通过卡口相互连接,能够轴向滑动但不能转动。扭力管通过螺栓连接在扭力盘和推力环上,推力环支撑推力盘。刹车引起单向作动筒推动压力盘紧靠圆盘组件,迫使圆盘组件紧靠推力盘。这增加了摩擦片的接触面积,并使盘产生更大的扭力。

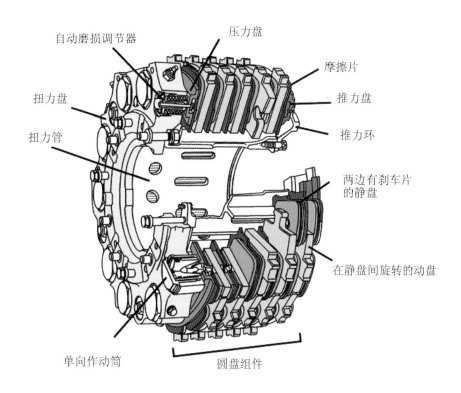

自动磨损调节器
压力盘
扭力盘
摩擦片
扭力管
推力盘
推力环
两边有刹车片的静盘
在静盘间旋转的动盘
单向作动筒
圆盘组件

图8-13　多盘刹车组合零件

对于有小车式起落架的大型运输机,扭转载荷从扭力盘通过扭力杆传到主起落架支柱,如图8-14所示。

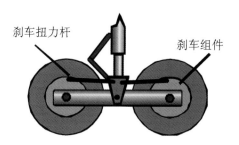

图8-14 小车式起落架的扭力杆

缩进销/自动磨损调节器

由于刹车作动筒单向作用,当飞行员的脚从脚踏上离开时,需要一个机械力来松开刹车。这个动作可以通过安装自动磨损调节器来完成,调节器可以保证刹车完全松开。通过缩进销和摩擦衬套的工作,圆盘与摩擦片之间的间隙可保持在一个恒定的最小值(如图8-15所示)。当使用刹车时,压力盘拉出缩进销。当刹车释放时,压缩的弹簧伸长并往回拉动压力盘,从而允许机轮的转动并使盘分离。

当刹车盘和摩擦片磨损时,导向器底部靠紧扭力盘并且压力盘将销子从摩擦衬套中拉出,从而补偿了刹车的磨损。每次松开刹车,刹车盘保持相同的间距,因此保证了刹车动作是平顺的,并且没有任何无效运动(在施加刹车前刹车脚踏移动了一段距离)。

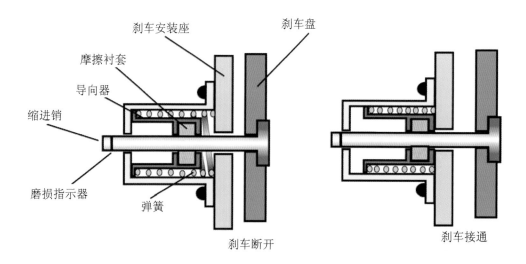

图8-15 自动刹车磨损调节器和缩进销

熔焊和拖滞刹车

如果停机时刹车温度很高,将会导致动盘与定盘黏合在一起,致使飞机始终处于刹车状态。如果刹车盘和刹车片在刹车后不能完全分离,则相关机轮滚转得更慢,称作拖滞。

刹车磨损

只有施加全刹车时才能测量刹车磨损。根据刹车组件的不同,可以使用直尺、仪器或专用工具,或通过目视指示器进行测量。

施加刹车的测量如图8-16所示。无论使用哪种方法,都用刹车安装座(扭力盘)和盘之间的距离(图中B所示)进行磨损检查。在有目视指示器的情况下,实际的测量是测量指示器沟槽和突出于刹车安装座的指示销之间的距离。刹车安装座上突出的销的长度表明了在刹车磨损完之前还有多少剩余材料。飞行员有责任来保证在飞行前给起飞和着陆留有充足的刹车磨损余量。

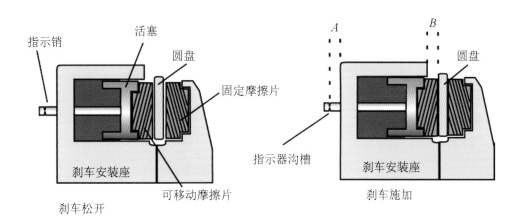

图8-16 刹车磨损的测量

刹车松软

如果空气或是其他气体进入液压刹车系统,当施加刹车时气体压缩,导致刹车效率降低,称作刹车松软。对刹车系统排气可改善这种情况。

刹车吱吱声/刹车效率衰减

由于在工作中刹车热量聚集,当盘的热能力降低时其效率降低。这会导致产生刹车吱吱声和振鸣噪声,连续的刹车会导致刹车效率衰减。当踩下刹车时,刹车作用很小或没有刹车作用。温度传感器会警告运输机飞行员刹车状态。

刹车温度

一个带伸缩销(如图8-17所示)的传感组件与压力盘相接触,传感器组件将信号传到驾驶舱(在老式飞机上有个模拟仪表显示温度)。它没有最高机轮刹车温度设定。每个刹车组件有一个琥珀色的OVHT(过热)警告灯。通过按下相应的警告灯,飞行员可以读出刹车组件的温度。按下测试按钮,过热指示灯亮,仪表指针偏转,通过这种方式来检查系统的连续性。

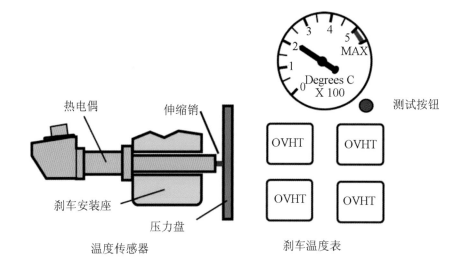

温度传感器　　　　　　刹车温度表

图8-17　刹车温度指示

对于安装有CRT屏幕的现代飞机(如图8-18所示),刹车温度以数字形式显示在一个方框里。随着温度升高,数字会增加,数字和方框的轮廓线的颜色也会变化。起飞前,飞行员必须保证刹车可以吸收在此质量下中断起飞的能量。如果不能吸收,则选择减少质量或等待刹车冷却。

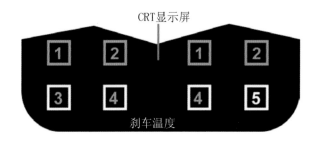

图8-18　玻璃驾驶舱温度指示

表8-2　刹车温度指示

刹车温度指示			
0~2	初始范围	蓝绿色方框	蓝绿色数字
3和4	正常范围	白色方框	蓝绿色数字
5~9	高温范围	白色方框	白色数字

刹车冷却

由于机轮挡住了现代多圆盘刹车组件,由刹车产生的热量只能通过传导和辐射进入到周围的结构,并与经过刹车组件的气流来消散。经过刹车组件的气流受机轮减重孔的限制。为了增加气流并使刹车冷却更快,一些大型飞机在机轮组件上安装冷却风扇。当达到一个温度门槛值时,这些冷却风扇会自动工作。

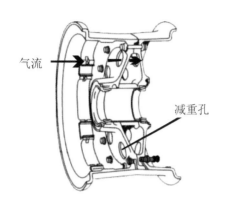

图8-19　经过刹车装置的气流

如果飞机刹车过热,必须通知机场的消防部门,在得到消防部门的许可之前飞机不能加油。对着陆遭受刹车过热的飞机采取的标准做法是:脱离跑道后,滑行到停机位之前,飞机必须停下并允许进行火情检查和冷却。

热熔塞

作为安全预防,防止由于过热引起的超压,在无内胎轮胎的轮毂组件中安装了热熔塞(如图8-20所示)。这些塞子里有一个带螺纹的低熔点合金。如果机轮的温度达到了热熔塞内合金的熔点,轮胎以一定的控制速率放气(氮气)。这就防止了轮胎在高温下爆破(相当于手榴弹释放的力)。运输机热熔塞通常值是150 ℃,为了表示热熔塞设定此温度值,它被标注为红色。拖滞刹车会导致轮胎缓慢放气。其工作原理是拖滞刹车产生过多的热量,并使热熔塞熔化。

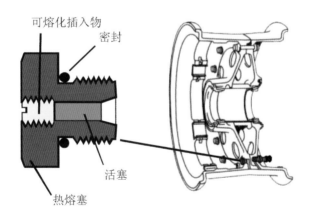

图8-20　热熔塞

JAA建议:当滑行或转弯产生的热量比正常预期多时,飞机以小于或等于21 mile/h的速度滑行。20世纪60年代末的刹车组件中刹车盘由钢合金加工而成,摩擦片由陶瓷加工而成。现代的刹车组件由碳纤维复合材料制成。在高速、大重量着陆产生高温时,这些刹车组件比老式组件的工作更有效,但低速和低温刹车时其耐磨性较差。

机轮和轮胎

轮毂类型
在航空上主要有以下几种轮毂设计:

➤ 整体式轮毂;

➤ 可卸轮缘式轮毂;

➤ 分离式轮毂。

整体式轮毂

整体轮毂(如图8-21所示)与汽车轮毂相似,它们是一个整体。这就要求轮胎内径要强迫通过轮缘,它只适用于轻型通用类飞机的低压轮胎。

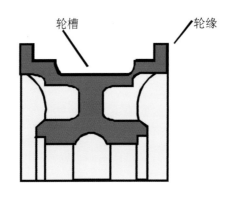

图8-21 整体轮毂

可卸轮缘式轮毂

可卸轮缘式轮毂(如图8-22所示)允许将轮缘拆掉,并且轮胎可以从上机轮取下。轮胎的压力挡住轮缘,将其压在一个锁定环上。对于无内胎的轮胎,一个气封安装在轮缘和轮毂之间。

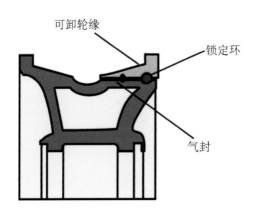

图8-22 可拆卸法兰轮毂

这些轮毂由两部分组成,也称为半轮毂,它们由螺栓连接。由于这使得轮胎更容易安装,所以它成为许多轻型通用类和运输机最常用的轮胎类型。为了保证使用无内胎轮胎时轮毂的气密性,在两个半轮毂间安装O形密封圈。

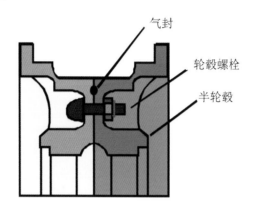

图8-23　分离式轮毂

轮胎的分区

如图8-24所示,轮胎可分为4个区域:

胎冠

这个区域有轮胎的胎面,它设计用来承受正常工作的磨损。

胎肩

从胎冠到肩部轮胎剖面厚度改变,它的设计不是用来承受磨损。

侧壁

侧壁是轮胎最薄的部分,因此也是轮胎最弱的部分,它是用来在受载时可以产生变形。

胎缘

它是用来靠紧机轮的边缘,也称为胎缘基座。

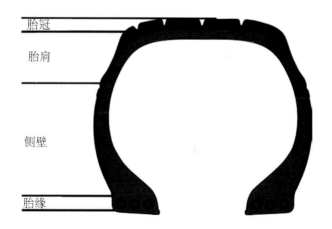

图8-24　轮胎的分区

轮胎结构

图8-25所示为一个斜交线轮胎结构,位于胎缘的钢丝圈形成了轮胎的中枢。这些钢丝圈由高强

度钢的钢丝制成,外部有橡胶涂层并形成一个核心。轮胎的其他所有部分连接在钢丝圈上。胎体的帘线层提供了轮胎的强度。

每层帘线层都是由一系列高模量的帘线组成,每根帘线都有橡胶涂层,并排排列形成薄片。然后每层薄片连接到钢丝圈上,这样一层层堆积形成了帘线层。

这样就产生了两种基本类型的轮胎帘线层,它们是子午线轮胎和斜交线轮胎。在斜交线轮胎上,每层帘线层的帘线以相反斜角排列。帘线层的层数和角度表明了轮胎的强度和承载能力。轮胎在受载滚转期间,斜交线轮胎产生变形,里面帘线层的摩擦能使轮胎结构变热。附加加强层限制了变形但是增加了轮胎的质量。

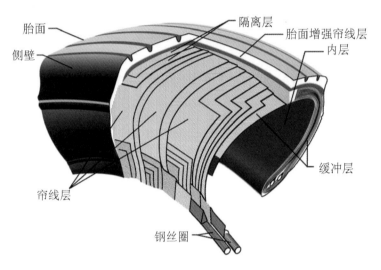

图8-25 斜交线轮胎结构

子午线轮胎

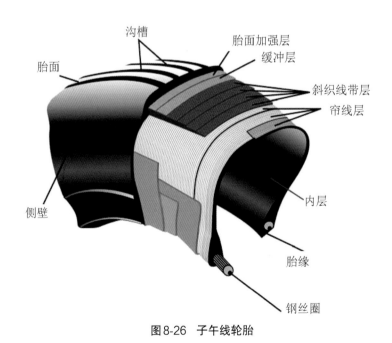

图8-26 子午线轮胎

子午线轮胎帘线层的方向在轮胎横截面的平面上。它们通常由钢丝制成,有橡胶涂层并排列成一层薄片。斜织线带层在帘线层上方,在斜织线带层的上方是一个钢的保护层。

当轮胎受载时,带束保持胎面的稳定。由于胎面抵抗跑道的摩擦,因此减小了轮胎的磨损。而且由于层数的减小,所以层内摩擦也减小,在轮胎帘线层产生的热量也会减少。比较这两种轮胎,一个是斜交线轮胎,另一个子午线轮胎,子午线轮胎可减小近20%的质量。

有内胎轮胎

起初,所有轮胎都安装有内胎并包围轮毂形成充气气囊。这样增加了轮胎的重量,并且轮胎变形时,由于额外增加一层内胎从而导致产生更多的热量。更大的缺点是,当一个新轮胎安装在机轮上时,由于轮胎与机轮接触面积小,轮胎与跑道之间产生的摩擦导致轮胎沿机轮周向滑动。 轮胎需要多达5次着陆才能与机轮配合好。

如果轮胎和机轮之间的相对滑动大,充气嘴会从内胎处折断。为了解决这个问题,在轮胎和轮毂上涂上一个滑动标记,如图8-27所示。对于直径为24 in以下的轮胎,滑动标记的宽度为1 in。对于直径大于24 in的轮胎,滑动标记的宽度为1.5 in。在滑动标记相反边缘上的点对齐之前,轮胎可继续使用(如图8-27中的B所示)。超过这个点,机轮需要更换(如图8-27中的C所示)。

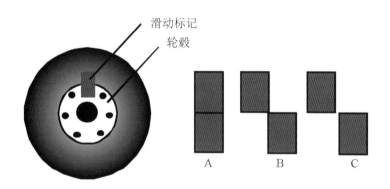

图8-27　有内胎轮胎上的滑动标记

无内胎轮胎

在无内胎的轮胎中,气体密封合成橡胶被制造成轮胎结构的一部分。它节省了重量,并且轮胎滚转时温度更低。无内胎轮胎的充气嘴安装在轮毂中。轮胎的胎缘紧靠机轮的轮缘形成了一个气体密封。尽管这些轮胎也需要时间来配合,相对于有内胎轮胎,其不存在轮胎滑动的问题。

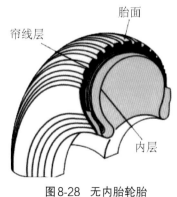

图8-28　无内胎轮胎

排气孔——无内胎轮胎

排气孔或锥孔是很小的针孔(工具称为锥子),它被制造在轮胎侧壁底部、机轮轮缘区域上方。在无内胎轮胎上,排气孔用绿色印刷墨水或油漆来标记。它们只穿透到中间帘线层。排气孔为所有气体提供排出路径,这些气体是通过内层渗漏的,渗漏的气体会在轮胎帘线层内积聚并使帘线层与胎面分离。

排气孔——有内胎轮胎

有内胎轮胎排气孔是以灰色或银色油漆或者印刷墨水来标记。它们能完全穿透轮胎帘线层。它们的目的是使任何可能在内胎与胎壁之间积聚的气体排出。

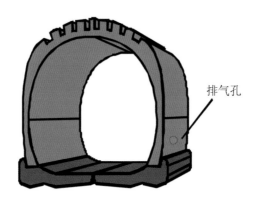

图8-29 锥孔或排气孔

轮胎标志

模印在轮胎外侧壁的是一组标志,如图8-30所示。它们包括:

轮胎型号

在这个例子中,轮胎是H形无内胎轮胎。

帘线层级别

在这个例子中,该轮胎相当于具有22层棉线层的强度。

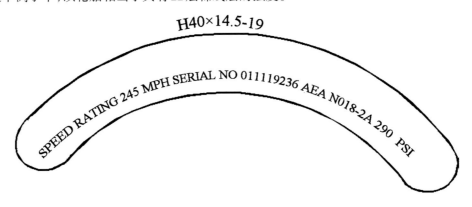

图8-30 轮胎标志

注意:帘线层等级数字不代表帘线层的物理数。它和载荷等级一起来表明强度和相应的充气压力,见以下内容:

载荷等级

在这个例子中,轮胎的最大静载荷为 30 100 lb。

件号

这是轮胎生产公司的一个特殊编号。

速度等级

在这个例子中,245 mile/h 是轮胎测试和许可的最大地速。

轮胎压力

它表示轮胎安装到飞机上之前的充气压力。

如果轮胎被翻新,还有一个翻新日期和阶段的标志符。

平衡标记

轮胎外胎上最轻的点由一个红点或三角形喷涂在轮胎的侧壁上。为了保持机轮组件的静态平衡,轮胎上最轻的点位于轮毂上最重的点的相反位置。对于无内胎的轮胎,除非有其他标注,轮毂上最重的点一般都是充气嘴的位置。对于有内胎轮胎,最重的点位于内胎充气嘴的地方。

轮胎压力分类

飞机轮胎承受高的冲击载荷、高的滚转速度以及高温。因此,它们的制造要满足很高的质量指标。轮胎按压力可分为高压轮胎和低压轮胎。过高的压力或地速可以导致轮胎爆破。轮胎的分类如表8-2所示。

表8-2 轮胎的分类

轮胎类型	最大轮胎压力/psi	最大地速/(mile/h)
高压轮胎	315	250
低压轮胎	200	120

周向沟槽胎面

轮胎胎面提供抓地力,排水能力和提供方向性稳定性。在铺装道面上着陆的运输飞机所使用的标准轮胎是周向沟槽轮胎。在图8-31中,左边的机轮组件用于运输飞机,右边的机轮组件用于通用飞机。

图8-31 周向沟槽轮胎

轮胎磨损

着陆和刹车引起胎面磨损,这会导致轮胎排水能力的降低。JAA规定:当指示器沟槽只有2 mm深时,周向沟槽轮胎需要更换。采取这些强制限制措施是因为气候和工作条件会导致滑水。

周向沟槽轮胎磨损指示

对于有奇数沟槽的周向沟槽轮胎,中间的沟槽作为指示器。对于有偶数沟槽的周向沟槽轮胎,可通过中间的棱来测量胎面的深度。

增强型胎面

一些周向沟槽轮胎在胎面的棱里有增强帘线层。当轮胎磨损时帘线层会露出。为了防止轮胎的误更换,大于2 mm的磨损指示器块,也称为标记条,以规则的间距安装在沟槽内,如图8-32所示。

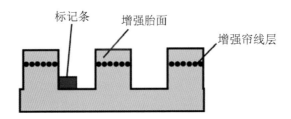

图8-32 增强型胎面的磨损指示

块状胎面

块状轮胎用在铺装和非铺装的道面上,采用块状轮胎可以抓紧松软的材料,如图8-33所示。块状轮胎应在块状轮廓可以辨别前使用。

图8-33 块状胎面

Marstrand轮胎

图8-34中显示的是用于完全可偏转的前轮/尾轮的两个接触轮胎。由于有两个独立的接地区域，因此可以防止机轮摆振。一个接地区域阻止另一接地区域的偏转，因此，轮胎纵向保持稳定。当中央沟槽出现滚动接触磨损标记时，更换Marstrand轮胎。

图8-34 Marstrand轮胎

带挡水器的轮胎

带挡水器的轮胎的设计是为了防止轮胎胎面将水向外喷溅，阻止喷溅的水被吸入飞机后部发动机的进气道。为了说明发动机吸入水的问题，如图8-35中右图所示的一架A340在污染道面试验时从前轮喷溅水的情形。

该轮胎采取的形式是将一个挡水器连接在轮胎肩部。图8-35中的左图是一个双轮起落架，可以看到挡水器在机轮的外侧壁。单轮式前轮起落架也可在轮胎每一边上有挡水器。一般的轮胎磨损限制也适用于有挡水器轮胎的胎面。任何挡水器的损坏都会致使轮胎的报废。

图8-35 带挡水器的轮胎和从前轮喷溅的水

轮胎充气介质

氮气是一般的运输机的充气介质。JAR规定最大起飞重量超过75 000 lb(34 090.91 kg)的飞机轮胎充干燥的氮气或是其他的惰性气体，轮胎的混合气体含氧量不超过总体积的5%。

当干燥的氮气和其他惰性气体都不可用的时候，使用的气体需满足以下条件:

➤ 在调整后氧气的含量在总体积的5%以下;或

➤ 在随后的15个小时的飞行时间内,将轮胎内的气体排出并充干燥氮气来使氧含量在总体积的5%以下。

BEM载荷下轮胎的充气

轮胎充气压力在包装上有详细的规定,安装到飞机上后,由于轮胎的变形,它的压力增加大约4%,这个变形减小了轮胎充气腔的体积。

如果轮胎在受载时充气,充气压力必须比轮胎包装上的充气压力大4%,这才是飞机的基本空机重量(Basic Empty Mass,BEM)静载荷下轮胎的正确压力。

轮胎伸展

在新轮胎安装到机轮上并充气到轮胎包装规定的压力之后,轮胎伸展导致了气体压力的下降,在使用之前需要校正。

压力损耗

对于有内胎和无内胎的轮胎来说,在24 h之后轮胎充气压力的损耗率在5%及以下是可以接受的。这是由于氮气(或空气)分子可以通过内胎或外胎材料泄露。

大气温度的影响

轮胎压力变化

根据相关资料,大气温度增加3 ℃(或是5 ℉)能使轮胎压力升高1%,反之亦然。如果飞机飞向的目的地有25 ℃的温差,需要调节轮胎压力以适应气候的变化。

冷轮胎压力检查

表8-3 冷轮胎压力检查

操纵压力的压力读数以%表示	轮胎状态	需采取的措施
超过105%	充气过多	重新调整压力到正常工作范围的最大值
105%~100%	正常工作范围	不需要调整轮胎压力
100%~95%	可接受的日常压力损失	重新调整压力到正常工作范围的最大值
95%~90%	意外的压力损失	重新调整压力到正常工作范围的最大值 在记录本上做好记录 24 h后重新检查压力 如果压力损失超过5%,更换轮胎
90%~80%	压力损失	从飞机上拆除部件
80%~0%	严重压力损失	当轮胎在滚动时压力损失,如果安装双轮或是小车式起落架,更换受影响的轮胎与它配对的轮胎,并报废 如果轮胎是静止的,在压力损失期间轮胎经检查后可以继续使用。压力损失很可能是热熔塞吹掉引起的

在着陆后,由于动能转化成热能,可使轮胎压力最大增加10%。如果单个轮胎的压力超过这个极限,可能是由于刹车和轴承出现问题而需要检查机轮。不要对热轮胎放气。

如表8-4所示,需根据轮胎压力采取相应的处理措施。

表8-4　热轮胎压力检查

轮轴种类	轮胎压力的超出量(以%表示)	轮胎状态	需要采取的措施
单轮	10%以下	正常	不需要采取措施
双轮	10%以下	正常	如果一个轮胎压力下降,将其加压。做好记录并记录周围环境温度 如果在下一次的热轮胎压力检查中压力下降,更换轮胎组件
小车式起落架轮	10%以下	正常	一个轮架上所有起落架的轮胎压力的超出量都应在5%之内 低于正常工作压力5%的轮胎应该充压到高于正常工作压力5%的范围内。做好记录并记录周围环境温度 如果在下一次热压力检查时有一个类似压力下降,轮胎报废

JAA没有规定但建议,飞机应该有系统来警告飞行员在飞行中有轮胎漏气,从而使飞行员可以调整着陆或转弯等。现代飞机的玻璃座舱内,信息可在ECAM系统的页面上显示。这些系统还进一步显示了当前轮胎压力和温度。这可以使飞行员更精确地计算刹车效率。

一个传感器安装在机轮轮胎的里面,用以探测温度和压力,温度和压力信号再传给安装在轮轴内的转换器。

滑水

飞机轮胎在水膜上滑行而且不直接与道面接触,这样的现象被称为滑水。产生的影响是:

> 由于刹车锁住机轮,机轮打滑,相关受影响的轮胎损坏或是爆破;

> 由于刹车效率的降低,增加了着陆滑跑距离;

> 方向失去控制。

主要有三种主要形式的滑水:

橡胶还原滑水

它可能发生在接地时。

动态滑水

它可能发生在着陆滑跑或是起飞滑跑期间。

黏性滑水

它可能发生在滑行道上或停机坪上滑行期间。

防滑系统通过调节机轮刹车和确保刹车不会锁住机轮以帮助控制滑水状态,从而使机轮能旋转并清除机轮下面的水。

橡胶还原滑水

橡胶还原滑水不如动态滑水为人们所了解。它是由摩擦产生的热量引起的,摩擦热在轮胎接地点产生高压和超高热的蒸汽。高温使橡胶胎恢复到未硫化状态并在接地点周围形成密封,包围高压蒸汽。

这种情况发生在湿跑道上,或者接地点是在干跑道上一个独立的湿点。其结果是机轮不能起转,从而产生橡胶还原打滑。参考引起轮胎损坏类型中的湿刹车磨损点。

动态滑水

动态滑水发生在湿跑道上水的深度大于轮胎胎面深度时。在这种情况下,轮胎胎面不能将轮胎下面的水快速地排出,使轮胎接地面不能与道面有充分的接触。如果飞机轮胎胎面深度比跑道上水的深度深,动态滑水则不会发生。

由于胎面不能清除积水,水在轮胎前面形成楔形。当发生动态滑水时,轮胎在楔形水面上滑跑,如图8-36所示。当轮胎不与跑道表面接触时,轮胎完全滑水。在这种情况下,轮胎接地面积压力中心向前移动,机轮会停止旋转,刹车效率减低,方向稳定性也降低。

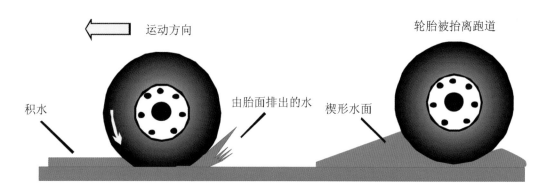

图8-36 轮胎滑水

斜交线轮胎和子午线轮胎

由于斜交线轮胎和子午线轮胎有不同的接地面积并且能产生不同的地面压力,它们不能混合安装在轮轴上。两种轮胎的任何一种都可以单独在所有的机轮上使用,或者一种用在前轮上,另一种用在主轮上。

有棱纹的轮胎滑水速度

滑水速度与轮胎压力有关。对于同种轮胎,压力越高,与跑道相接触的接地面积越小,则单位面积(平方英寸或是平方厘米)跑道上通过的积水对轮胎的撞击压力越大。

$$v_{\text{slide}} = 9 \times \sqrt{\frac{p_1}{SG}}$$

$$v_{slide} = 34 \times \sqrt{\frac{p_2}{SG}}$$

式中:v_{slide}为滑水速度;p_1为轮胎压力,单位为psi;p_2为轮胎压力,单位为kg/cm^2;SG为污染物比重。

上述对动态滑水的描述指的是积水。然而,当跑道被冰、雨凇、半融雪或雪污染时也会发生这种情况。由于它们比水轻,滑水的公式应做调整,以考虑它们比重较低的情况,可以通过用轮胎压力除以给定污染物的比重来对公式进行调节。

用以上公式可以计算出轮胎开始滑水的速度。水的比重是1,当计算湿道面或是有水污染道面时,公式中可省去比重的值。大多数人都是这样记住并论述这个公式的。

大多数有关滑水的问题指的是积水。然而,如果污染物是上述所提到的任何一种并且也给定了比重值,那么,在实际生活中就要使用全公式计算。

飞机的性能章节包含了允许污染物的不同深度的相关内容。

黏性滑水是一种低速滑水现象,如果在湿的跑道、滑行道或停机坪上存在以下污染物,滑行时会导致刹车操纵完全失效,这些污染物有:

➢ 油膜或是油脂;
➢ 一层灰;
➢ 先前飞机接地或打滑时留下的橡胶;
➢ 光滑的跑道表面。

这些污染物和水一起会产生黏性更大的混合物。注意:比动态滑水时的水深更浅时也会发生黏性滑水。滑水也会在低速下发生,比如在小雨里将飞机滑进机库大门,若踩刹车,机轮在一块泼溅的油上滚动,这时可能发生黏性滑水。

➢ 避免在大雨中着陆,留一定时间让跑道干燥;
➢ 掌握主轮和前轮的滑水速度;
➢ 在最低可行的速度下使用襟翼着陆;
➢ 不要执行长的拉平操作,或者不要允许飞机在拉平中侧滑;
➢ 使飞机牢固接地来撞击轮胎以排除水分,不允许飞机弹跳,因为弹跳损失了着陆距离,和弹跳保护系统会减小刹车可用距离;
➢ 使飞机中心线与跑道中心线对齐;
➢ 当地面自动扰流板升起,主轮滚转时,运用防滑刹车并稳定地将脚踏踩到底;
➢ 如果扰流板不能自动升起,人工升起地面扰流板;
➢ 在主轮接地之后立即使用最大的反推,这是最有效的时刻;
➢ 迅速使前轮接地,不要试图通过保持机头上仰来进行气动减速;
➢ 前轮一接地就向前推杆,以增加前轮的重量来提高转弯效率;
➢ 如果飞机有打滑,应使飞机的中心线与跑道中线对齐。

轮胎损伤

起飞前对飞机的检查包括轮胎的检查。如果运行方和当局允许,有机型资质的飞行员能够检查轮胎压力并对轮胎加压。

轮胎损伤的类型和可能发生的条件是:

➤ 干刹车磨损点;

➤ 污染;

➤ 肩部磨损;

➤ 轮冠磨损;

➤ 尼龙产生的轮胎扁平点。

轮胎损伤的发生还包括其他的一些条件,因为在当前的学习目标下它们可能被考到,并且告知飞行员可能发生的损伤类型。

干刹车轮胎磨损点

如图8-37所示,在干跑道上机轮锁死或不旋转会产生机轮磨损点。打滑会使轮胎磨损并在表面留下明显的像洋葱一样的环。

图8-37 干刹车轮胎磨损点

湿刹车轮胎磨损点

在湿/潮的道面上,当机轮出现动态滑水或橡胶还原滑水时,会产生湿刹车轮胎磨损点。图8-38所示的是一个湿刹车结果。轮胎受影响的区域有橡胶熔化的现象。

图8-38 湿刹车轮胎磨损点

鼓包和脱层

轮胎胎面或侧壁鼓包通常表明轮胎内部零件分离或是脱层,这可能导致严重的轮胎失效。不要刺破鼓包,因为它们会引起人员受伤。正确的做法是将轮胎取下做进一步的检查。

引起轮胎产生脱层的原因可能是轮胎在充气不足的情况下滑跑或是长距离超速滑行。图8-39所示的是一个鼓包的轮胎和两个已脱层的区域。

图8-39 轮胎鼓包和脱层

外来物损坏(FOD)

外来物损坏是指本来不应该出现损伤的地方却出现了损伤,并且随后也损坏飞机或其设备。外来物损坏也指由于其存在而给飞机带来危险的东西。

图8-40所示是插入轮胎中间棱条的螺丝钉。没有方法知道螺丝钉(外来物)有多长,是否穿透了气体腔。

千万不要试图拔出插入轮胎的外来物,否则可能是致命性的。正确方法是报告它的存在,以使飞机机务人员减小轮胎压力并更换机轮。螺丝钉由于有螺纹,因而具有比钉子更大的抓紧力和密封性能。

图8-40 外来物损坏

图8-41 爆破的轮胎

轮胎爆胎是由于几处外来物损伤,或者在充气压力不足的情况下,过快及长距离的滑行导致轮胎胎体的加速疲劳,从而引起爆胎。

法航协和飞机失事的例子说明,在高速下爆破的轮胎可将橡胶块以很高动能射穿机翼下表面。机翼结构必须有足够强度来承受轮胎爆破的力。这样设计的飞机才能适航。

当爆破轮胎安装在双轮式轮轴上或者小车式轮架上时,如果机轮在旋转时轮胎爆破,必须更换配对的轮胎。

划伤

外来物经常引起轮胎胎面和侧壁的划伤,如图8-42所示。

图8-42 重的划伤

如果有以下情况发生需更换轮胎:

➤ 任何穿透了帘线层的划伤;

➤ 划伤的长度超过35 mm,或是长度超过胎面棱体宽度的50%,而且深度超过一个棱体深度50%,或者多个棱体受到这样的损伤;

➤ 任何划伤暴露出了帘线。

胎面切块

胎面切块是在胎面棱边缘产生的损伤,如图8-43所示,在棱边缘撕扯掉一块。这种损伤是在相对高速的情况下小半径转弯或在粗糙未铺设的跑道上造成的。如果任何棱上的切块不超过35 mm² 并且深度没有超过棱的深度,则轮胎仍可以继续使用。

图8-43　面块切伤

V形损伤

当飞机在干的有横向切槽的跑道上着陆时,机轮旋转会导致V形损伤。如果损伤面比轮胎接地面积小并且深度没有超过胎面,损伤的轮胎可以继续使用。

图8-44　V形损伤

强侧风着陆

在强侧风条件下着陆时,轮胎胎面有径向的痕迹(如图8-45所示)。如果一个轮胎在肩部有这些痕迹,表明飞机转弯半径很小。遭受到这种应力的轮胎在后续的使用中可能发生脱层。

图8-45　径向划痕

轮冠磨损

轮冠被设计用来承受磨损,即使在正常工作条件下,如果轮胎充气过多,轮冠中心棱比外侧棱磨损得快。

肩部磨损

轮胎两肩的过度磨损表明轮胎充气严重不足,充气的严重不足会导致胎体过度变形并引起大量的热量积聚在轮胎肩部区域,这也可能导致轮胎在这个区域的脱层。

一边轮胎肩部的磨损表明当起落架放下锁好时,起落架支柱没有正确调整好。

图8-46 肩部磨损

侧壁裂纹

轮胎在服役期间轮胎侧壁可能会产生裂纹。可能的原因是:

➤ 老化以及臭氧与橡胶发生反应;

➤ 轮胎过度变形。

只要裂纹局限在侧壁并且没有见到帘线,轮胎可继续使用。

过度的刹车热

如果轮胎遭受了过度的刹车热(刹车热浸透),热量通过轮毂传递,在轮胎缘和壁墙周围会产生热损伤。如果有以下情况发生需更换轮胎:

➤ 在轮胎缘区域有凸泡;

➤ 如果轮缘有严重的变蓝和轮缘橡胶变脆;

➤ 在轮缘区域有橡胶熔化现象。

轮胎污染

液压油、燃油、滑油和油脂对轮胎橡胶有害。如果允许其继续与轮胎相接触,它们能使橡胶肿胀,变软而多孔,最终导致了强度的损失。如果轮胎接触到这些污染物,必须用工业酒精或清洁剂和水来清洁。

尼龙产生的轮胎扁平点

如果飞机停放很长一段时间,在胎体层内的尼龙会使轮胎产生扁平点。这些轮胎扁平点是暂时的,并在飞机滑行期间消失。这种现象在冷的气候条件下较显著。

第九章
液压系统

概述

正如前面几章所讲到的一样,液压能可以使飞行员远距离操纵设备,如飞行控制系统、襟翼、起落架和大型飞机(如图9-1所示)的扰流板。

图9-1 Electra 飞机起飞

这种操纵是通过在管路中将不可压缩的液压油传送到作动筒来实现的,而作动筒将液压能转变为机械力和机械运动输出。本章将描述如何获得液压能,几种不同类型的液压系统和实现系统功能的阀门以及其他部件。

液压系统的基础物理知识

在详细了解液压能是如何产生、传输和使用之前,需要回顾一下基本的液压原理。

液体
认为所有的液体是不可压缩的。

能量

势能
如图9-2所示,蓄水池中的水通过静压反映出它具有势能。

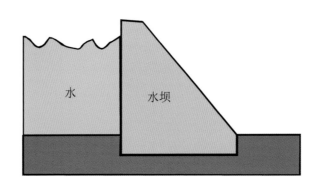

图9-2 势能

动能

从蓄水池中流出的水通过动压表现出其具有动能。

静压

液体的深度产生了静压。在图9-3中,在四个不同形状的容器中,装有相同深度的液体,在容器底部的压强表上显示了相同的静压值,这是由于液体静压是以垂直圆柱的方式产生的。

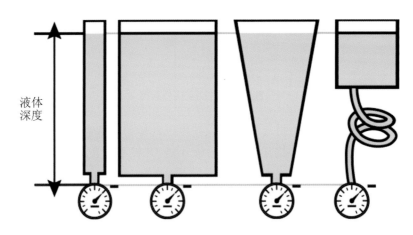

图9-3 静压作用在垂直容器里

帕斯卡定律

在一个封闭的容器内,液体内每处的压强都相等,并且在垂直于容器壁的所有方向上压强也相等,这就是帕斯卡定律。图9-4显示了帕斯卡定律的原理,所有的压强表显示了相同的读数。

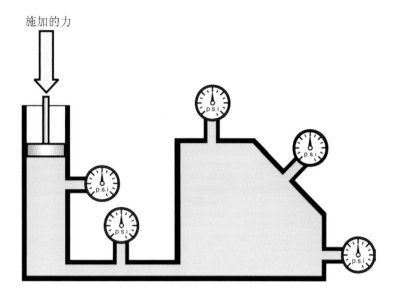

图9-4　帕斯卡定律

力、面积和压强之间的关系

在液压系统中,力可以是用于施加到液体上的能量,也可以是当液体作用于活塞上时输出的能量。因此,力被认为不是输入就是输出。

面积是指活塞的表面积,活塞用来将输入力转变液压能,或将液压能转变为力输出。

压强是液体内产生的力除以面积。这种关系通常可以表示为:

$$F=A \times P$$

改变一下这个方程　　　　　　　$A=F/P$

再变换一下可得　　　　　　　　$P=F/A$

图9-5中的三角形可以帮助记住这些关系。

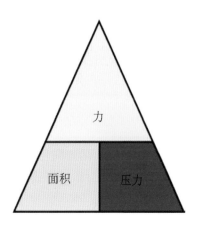

图9-5　力、面积和压强之间的关系

当对一个容器中的液体施加一个外作用力时,液体的静压就开始增加,这是由于单个的分子间通过相互作用来抵抗其所受到的压缩。由于认为液体是不可压缩的,因此所有的液压系统都是通过将一定体积的液体送入到一个直径缩小的管道内,并对其施加外力来提高液体压强的。没有抵抗力就不能提高液压系统的压强。

国际单位制

力的单位是牛顿	N
面积的单位是平方米	m^2
压强的单位是牛顿每平方米	N/m^2,也称为帕(Pa)

国际民间航空组织对牛顿的定义是:施加到1 kg物体上,使其具有1 m/s² 加速度的力。

在国际单位制中,加速度被设定为重力常数,9.81 m/s²。

在国际单位制中,质量的单位是kg。

由于力等于质量乘以加速度,1 kg×9.81 m/s² = 9.81 N。因此,100 kg的质量对应981 N的力。

英制单位

欧洲在多数情况下使用国际单位制,而美国和英国仍使用英制单位。

如下所示,在英制单位中,力和质量的单位都是磅,面积的单位是平方英寸,压强的单位是磅每平方英寸:

力的单位是磅	lb
面积的单位是平方英寸	in^2
压强的单位是磅每平方英寸	lb/in^2(psi)

将100 lb的力施加到10 in²面积的活塞上,在液体就可产生10 lb/in²的压强。为表示大的压强,常使用单位巴(bar),1 bar = 14.5 lb/in²。

单位换算表(精确到3位小数)

压强		
英制	国际单位制	公制
psi	Pa	kg/cm²
1 lb/in²(psi)	6 894.757 Pa	0.070 kg/cm²
1 bar(14.504psi)	100.0 kPa	1.020 kg/cm²

力的传递

如图9-6所示,如果用一根管道将具有相同尺寸活塞的作动筒连接起来,当在一个活塞上施加一个输入力的时候,在另外的一个活塞上就能得到一个相当的输出力。这个系统仅仅实现了输入力的传递,因此作用有限。

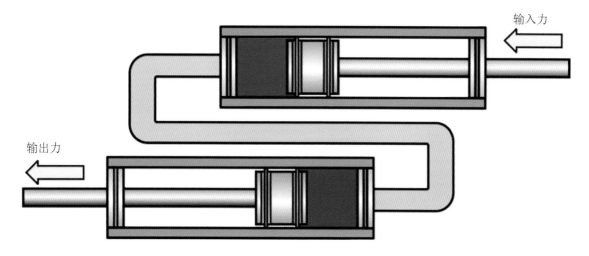

图9-6 通过液体对功的传递

力的放大

工程师布拉马(1749—1814年)计算出:如果将输入力施加到一个小活塞上,提高的压强将作用到大活塞的表面上,从而输出力增加。这个计算启发他发明了布拉马压力机(如图9-7所示)。

为了使液压系统应用于航空器中,输出的力必须比需要的输入力大,可通过将一个小活塞(输入力施加到上面)和大活塞(产生输出力)连接起来实现这个要求。在图9-7中,将20 lb的力施加到2 in²的输入活塞上,结果在20 in²的输出活塞上得到了200 lb的输出力,从而实现了力的放大。

虽然$F=A\times P$,但输出活塞的运动需要液压油流量。

输入活塞的运动挤出了一定体积的液压油,这部分的液压油被送到了输出活塞的下腔中,由于输出活塞下腔的横截面积比输入活塞腔的横截面积大,结果输出活塞仅仅运动了一个小的距离。

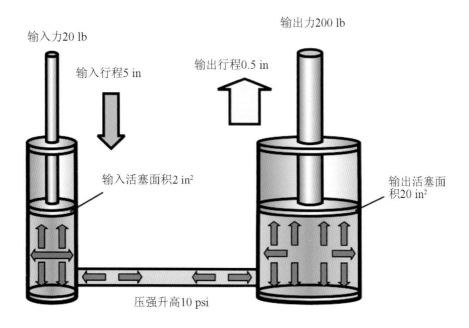

图9-7 利用布拉马压力机对力的多种应用

1.有两个公式可用来计算与给定输入活塞相对应的输出活塞的运动。

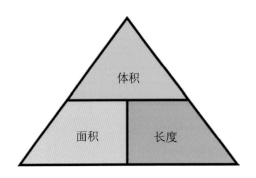

图9-8 体积、面积和长度之间的关系

体积 = 长度×面积　　　$V=L×A$

$A=V/L$

$L=V/A$

先计算被输入活塞推动所挤出的液压油的体积（$V=L×A$），然后计算输出活塞的运动长度（$L=V/A$）。

从图9-7布拉马压力机可知，输入活塞运动挤出的液压油体积是10 in²（10 in² = 5 in×2 in），输出活塞运动了0.5 in（0.5 in=10 in²÷20 in）。

2. 输入力×输入距离 = 输出力×输出距离

　　在这个公式中，使用了一个交叉乘法。

　　（使用图9-7中的数据）

输入力 20 lb		输出力 200 lb
×	=	×
5 in		输出距离
100 lb·in		?
100 lb·in	=	输出距离
输出力 200 lb		
100 lb·in/200 lb	=	0.5 in 输出距离

注意：在某些情况下，在应用上述公式前，学生不得不计算出输入力或输出力。

被动的液压系统

布拉马压力机（如图9-7所示）就是被动的液压系统的一个例子，在被动的液压系统中，只有当施加的力推动输入活塞运动时，液压才会产生。被动液压系统的另外一个例子就是汽车和轻型飞机的刹车系统，在这个刹车系统中，只有踩下刹车踏板，才会得到刹车压力。

液体压力转换为机械力和机械运动

为了转换液压油压力和流量，常使用线性作动器和旋转作动器。后面会讨论到，线性作动器或作动筒也被称为千斤顶，旋转作动器也被称为液压马达。

线性作动筒

有三种线性作动筒需要考虑：

➤　单作用式作动筒；

➤　双作用非平衡式作动筒；

➤　双作用平衡式作动筒；

单作用式作动筒

这些作动筒只能在液压工作下向一个方向运动,输出作用力,它们需要一个机械力来将它们恢复到起始位置。在图9-9中,单作用式作动筒依靠弹簧力来恢复到起始位置。

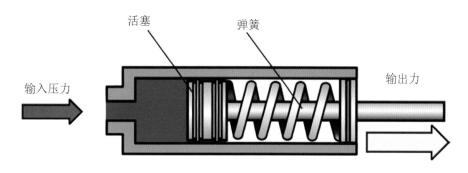

活塞　　　弹簧

输入压力　　　　　　　　　　　　　　　　　　　　输出力

图9-9　单作用式作动筒

双作用非平衡式作动筒

双作用非平衡式作动筒或无补偿作动筒可以在液压工作下向两个方向运动,在两个方向上输出作用力。由于这些作动筒的活塞上只有一个活塞杆,所以活塞两边的面积不相同,两面的面积差等于活塞杆的面积。对一个相同的压强,由于活塞两边面积不同,在活塞杆伸出时,作动筒能输出一个比活塞杆缩入时更大的作用力,如图9-10所示。

由于活塞两边面积不同, 对于相同的输入压力, 输出力会不同

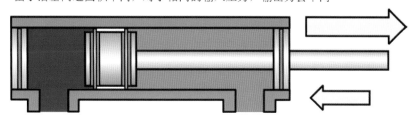

图9-10　双作用非平衡式作动筒

双作用平衡式作动筒

在双作用平衡式作动筒或补偿式作动筒活塞的两边分别有相同截面积的活塞杆,如图9-11所示。输入相同压强的液压油,在活塞杆伸出和缩入时,作动筒都能产生相同的输出力。这种类型的作

动筒可用来操纵一个钢索回路,或同时作用在两个方向相反的对象上,也可以仅仅只有一个活塞杆参与工作。

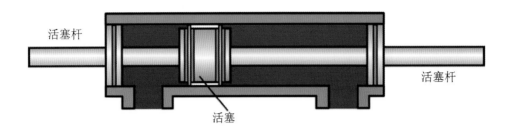

图9-11 双作用平衡式作动筒

通油口

液压元件的进油口和回油口都称为通油口。因此,单作用式作动筒有一个通油口,而双作用式作动筒有两个通油口,如图9-12所示。

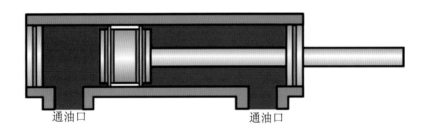

图9-12 双作用式作动筒上的通油口

选择活门

选择活门控制液压油从作动筒的流入和流出,从而控制液压作动筒的运动。飞机上到处装有选择活门,可以通过机械的或电传的方式对其进行远距离控制。有两种基本形式的选择活门:旋转运动式和直线运动式。

旋转式选择活门有三种类型:

➢ 两口旋转选择活门;

➢ 四口旋转选择活门;

➢ 中位开口旋转选择活门。

在中位开口系统的解释中,包含了这几种选择活门。

两口旋转选择活门

如图9-13所示,一个两口旋转选择活门只有一条油路并且只用于一个单作用式作动筒。

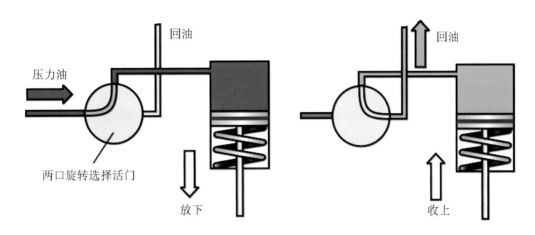

图9-13 一个两口旋转选择活门的工作

四口旋转选择活门

四口旋转选择活门有两条供一个双作用作动筒使用的液压油路,液压油从一条油路流入作动筒,而从另外一条油路流回油箱。图9-14显示了活塞杆伸出时,四口选择活门的油路连通情况。旋转选择活门旋转到另外一个挡位,作动筒的下腔通液压油,上腔通回油,活塞杆缩入。选择活门上阴影线显示了这种油路连接情况。

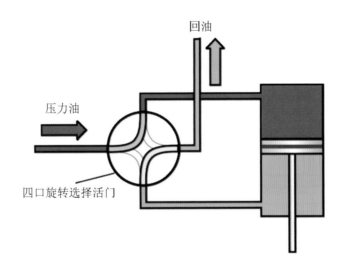

图9-14 四口旋转选择活门

直线式或滑阀式选择活门

选择活门的另外一种形式就是直线式或滑阀式选择活门。图9-15是一种滑阀式选择活门的示意图。滑阀式选择活门通过滑阀的往复直线运动来改变油液的流向。当液压油通到两个相等面积的活塞之间时,液压油不能推动滑阀运动。通过传动杆或传动钢索机械的方式,在滑阀上施加一个外力,推动滑阀向一边或相反的方向运动,从而实现对选择活门的操作。

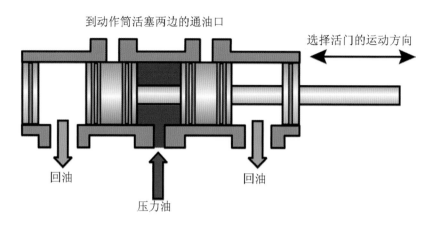

到动作筒活塞两边的通油口

选择活门的运动方向

回油　　　　　　　回油

压力油

图9-15　用在双作用作动筒上的直线式选择活门

对于不能通过机械方式操纵选择活门的系统,可使用电磁铁来操纵滑阀的运动。在与滑阀相连接的软铁芯上缠上线圈,并与滑阀相连,活门就变成了一个电磁阀,电磁阀可以通过一个电门来控制。当电磁铁断电时,由两边的弹簧将滑阀保持在中间位置。

通过电磁阀控制从供压管路流到选择活门两端活塞的液压油,是操纵这些活门最普遍的方法。图9-16显示了一个移动到左边的直线式选择活门。在图9-16中,左边的电磁铁通电,使活门向右移动堵住流向左腔的液压油,并使左腔打开回油。右边的电磁铁断电,在弹簧力作用下活门打开,使液压油作用到滑阀的右端,推动滑阀向左移动。滑阀向左移动后,系统液压油就被送到作动筒去完成某项工作。当作动筒完成操作后,左电磁铁断电,液压油可以重新流回左腔。

由于作用于两边活塞上的压强相同,并且两端的活塞也相同,所以位于两端的定中弹簧可以将滑阀推到中间位置,并堵上通向作动筒的通油口。

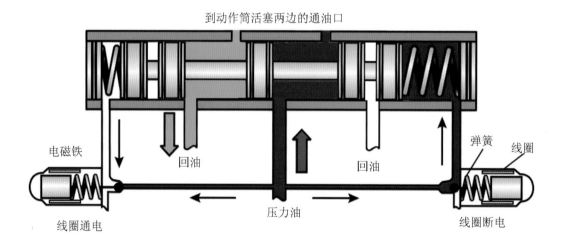

到动作筒活塞两边的通油口

电磁铁　　　　　　　　　　　　　　　　　　　　　　　弹簧　　线圈

回油　　　　　　　　　　　回油

线圈通电　　　　　　　　压力油　　　　　　　　　线圈断电

图9-16　电磁铁作动的直线式选择活门

液压锁

如果一个选择活门,无论是旋转式还是滑阀式,当被操作到某个位置,液压油既不能流入作动筒,也不能流出作动筒时,作动筒就被认为处于液锁状态,活塞杆不能向任何一个方向移动。这样作动筒和活塞杆变成了一个整体,可以将某个装置固定在一个特定位置上。

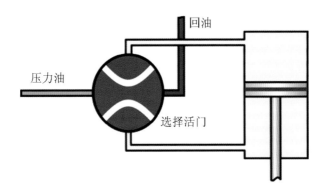

图9-17　液压锁

单向活门

单向活门属于流动方向控制活门。在系统中装入单向活门的目的是防止液压油的倒流和液压油的连续泄漏。图9-18显示了一个典型的单向活门。在这个单向活门中,通过弹簧力将一个钢球保持在活门座上。流动的液压油能将钢球从活门座上推开,使液压油流过单向活门。当液压油停止流动时,钢球重新回到活门座上,并限制活门下游的液压油回流。为了保证正确安装单向活门,在活门体上打上了一个指示液压油的流动方向的箭头。

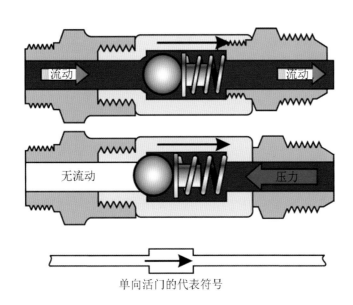

图9-18　典型球类单向活门的工作

手摇泵

在机务维护工作中,为打开货舱门,或在没有起动发动机时得到刹车压力,经常使用手摇泵。在飞行中,手摇泵也可以用来提供紧急液压源。手摇泵通常从液压油箱底部抽吸液压油。

常用的手摇泵有两种:单作用式和双作用式。单作用式手摇泵只是在手柄的一个行程上压出液压油,而双作用式手摇泵在手柄的两个行程上都可以压出液压油。

图9-19是一个典型的双作用式手摇泵。当向下压手柄时,活塞向上运动,液压油从进口单向活门流入。当向上抬手柄时,活塞向下运动挤压液压油,液压油打开转输活门,液压油经过转输活门从手摇泵的下腔流到手摇泵的上腔。

由于活塞向上运动,所以有一部分液压油经输出单向活门流出。在下一个循环中,又重复这个过程,活塞向上运动,将上腔油液压出。如果手摇泵输出的压力过高,多余的液压油可以从释压活门流回到进口处。

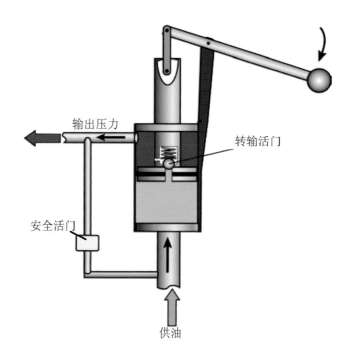

图9-19 双作用式手摇泵

主动液压系统

在下一节中,将讨论通过使用机械驱动泵,如何使液压油的压力升高。由于这些系统有一个操纵子系统工作的液压源,所以这些系统被称为主动液压系统。

压力的产生

通过把液压油从系统油箱中抽吸出来,然后将它压入一个直径缩小的管道内。在管道里,油液的黏性阻止油液流过管道,这样,液压系统的压力就产生了。用压力来命名和度量液压油这种阻止油液流过管道的性质。

抽吸挤压液压油的元件称为泵。由于是通过将液压油压入一个直径缩小的管道内来产生压力的,所以通往泵的供油管总是比泵出口的压力分配管大。

驱动液压泵的最有效和最可靠的动力源是飞机上的发动机,这些连接到发动机或齿轮箱上的泵被称为发动机驱动泵或EDP。

电动泵

在一些轻型飞机上,电动泵常被用来作为主要的液压系统功率源。而在运输机上,电动泵常被用来作为备用泵,而不是作为液压能的主要来源,飞机上发电机的失效也会导致液压系统的失效。

液压系统可以分为两类:

> 低压系统(≤2 000 psi);
> 高压系统(2 000~4 500 psi)。

用来对这些系统增压的液压泵也可分为两类:

> 定量泵(流量一定);
> 定压泵(流量可变)。

定量泵又可进一步分为:

> 低压泵;
> 高压泵。

低压泵

在飞机液压系统中,两种常使用的低压泵为:

> 直齿轮泵;
> 叶片泵(离心式)。

在这些泵中,结构最简单、重量最轻的是直齿轮泵。航空发动机的滑油系统常常使用这种泵。这里关于直齿轮泵的描述在发动机课程中也是有效的。

直齿轮泵

直齿轮泵属于定量泵,它的优点是流量大,直齿轮泵是通过把液压油压入到空间有限的出口管道中来提高液压油压力的。根据帕斯卡定律,液压油的压力也反作用到齿轮上,正是这个原因,直齿轮泵常常被限制使用于不超过2 000 psi的低压系统。

由图9-20可知,齿轮泵由位于同一个腔中相互啮合的一对齿轮组成。飞机发动机或电动机驱动主动齿轮旋转,主动齿轮再带动从动齿轮旋转。液压油从输入口传送到输出口,输入口和输出口位于齿轮和壳体两边。每转一圈,齿轮泵输出相同量的液压油。

堵在两个相互啮合的齿之间的液压油将会形成一个液锁,并导致泵的停转。液锁将造成驱动装置损坏和系统失效,在齿轮相互啮合处的壳体上,有一个安装释压活门的通油口。释压活门可以让液压油流回泵的进油口处,防止液锁的形成。

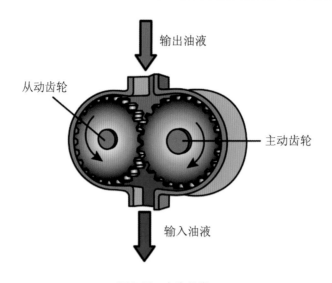

图9-20 直齿轮泵

叶片泵

叶片泵属于定量泵,也具有流量大的优点,叶片泵也是通过把液压油压入到空间有限的出口管道中来提高液压油压力的。根据帕斯卡定律,液压油的压力也会反作用到叶片上,正是这个原因,叶片泵常常被限制使用于低压系统。

如图9-21所示,叶片泵由一个圆形的壳体,以及壳体内一个偏心的圆柱形轴组成,轴上有用于安装叶片的槽。当轴旋转时,这些叶片被弹簧加载,沿着壳体的轮廓快速移动,从而泵在进油侧将液压油吸入,在出油口将液压油排出。泵每转一圈,泵输出相同的油量。安装释压活门可以将出口侧多余的油液送回进油侧,防止泵损坏。

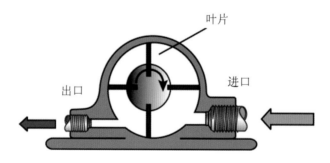

图9-21 叶片类低压泵

发动机作为动力源

图9-22所示,早期简单的液压系统需要机长或副驾驶花大力气操纵手摇泵来收放起落架和襟翼。通过使用机械驱动泵来代替简单的手摇泵,可以大大减轻飞行员们的劳动强度。这些早期的系统反映了一战和二战期间的技术发展水平,后来得到进一步的发展。但是,这些系统采用的基本的原理仍然适用于今天的航空器。

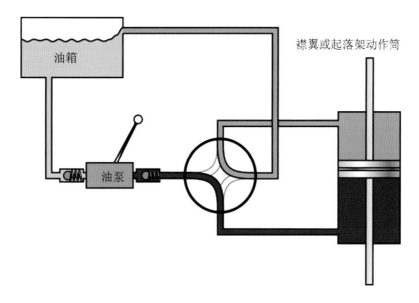

襟翼或起落架动作筒

图9-22　人工操作系统

由于发动机驱动泵由发动机直接驱动,所以只要发动机被它的起动机起动后,发动机驱动泵就开始向外输出液压油,直到发动机停止为止。当然,如果离合器失效,也不会输出液压能。

这将导致下列情况的发生:

➤　系统内的压力持续升高;

➤　由于油液压力的升高,油液的温度也将增加;

➤　消耗发动机功率,螺旋桨也需要这些功率;

➤　泵将产生不必要的磨损。

为了克服这些缺点,设计了中位开口系统。

使用中位开口选择活门的中位开口系统

中位开口系统是用于早期轻型飞机的低压系统,用来操纵襟翼、起落架和减速板。任何时候,系统只能操纵一个作动筒,并且不能用于操纵飞行操纵系统。当系统不工作时,中位开口选择活门有一个油液流过其中心的通道,图9-23中右手边的选择活门就是这种情况。

这种系统使用低压泵,泵将油液压出,通过中位开口选择活门的中心通道,再回到油箱,从而使油液在整个系统连续循环起来,系统保持低压状态直到选择活门重新旋转到工作位置。当不需要使用液压系统时,液压泵和发动机就处于卸荷状态。如图9-23中左手边的选择活门所示,当选择活门旋转到某个工作位置时,选择活门将泵输出的全部液压油送到相应的作动筒。

只有回油流过选择活门下游。当系统压力达到设定值时,选择活门自动旋转到中立位置,作动筒处于液锁状态。在泵的下游管路上装有释压活门,在选择活门发生故障不能旋转到打开位置时,该释压活门可用来防止系统超压。

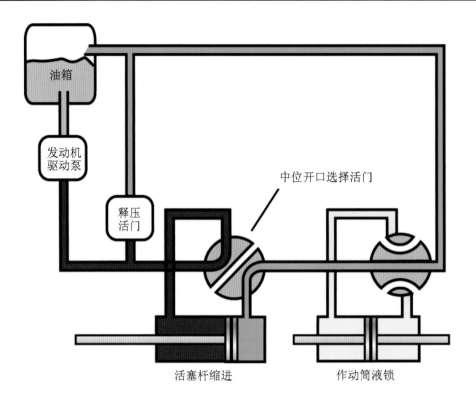

图9-23　工作中的中位开口系统

使用卸荷活门的中位开口系统

图9-24所示为一套更为新式的中位开口系统,Cessna Citation飞机安装的就是这一套系统。在这个系统中,液压油由低压发动机驱动泵从油箱中抽吸出来,然后经过旁通活门(卸荷活门)再流回油箱。

当飞行员操纵选择活门时,旁通活门关闭,全部的油液都供向相应的用户。但是,从图中可以看出,用压系统之间是并联的,所以可以同时操纵多个用压系统。

万一系统旁通活门在打开位失效,系统内则不能产生液压。如果旁通活门在关闭位失效,系统释压活门将保护系统,但系统将保持在一个更高的压力状态。在发动机驱动泵的下游安装了一个油滤,用来过滤掉由于泵的磨损可能产生的杂质。在本章的后面部分,将对油滤进行讨论。

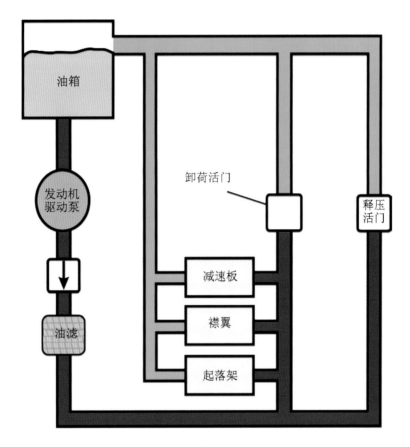

图9-24　卸荷活门油路

安全活门（释压活门）

　　安全活门可用来防止液压系统超压,经常见到的类型是球形安全活门(如图9-25所示),球形安全活门有一个用弹簧力保持在阀门座上的钢球。由于钢球仅仅有一个非常小的面积受液压油作用,所以当系统处于正常工作压力时,一个相对较小的弹簧力就能把钢球很好地保持在阀门座上。

　　当液压油的压力超过工作压力时,液压油作用到钢球上的力也会相应增加,到达一个设定值时,液压油将钢球顶开,这时的压力称为打开压力,一些液压油通过回油路流回油箱。如果压力进一步升高,钢球则会被顶得更远。如果安全活门能把泵压出的所有流量释放掉,这种安全活门称为全流量安全活门。安全活门打开时,液压系统工作处于一个更高的压力。

　　高压力也将导致液压油的温度升高。当液压油压力下降到低于活门打开压力时,弹簧把钢球压回活门座,这时的压力被称为活门重新关闭压力。调整弹簧的张力可调整活门的打开压力、全流量回油压力和活门的重新关闭压力。

　　当安全活门打开时,通常认为正常的压力调节系统已失效,液压指示系统上高压力指示和高温度读数都反映了这点。

　　与安全活门相关的压力,从高到低依次是:

　　　　➤　全流量压力;

　　　　➤　打开压力;

　　　　➤　重新关闭压力;

➤ 正常压力。

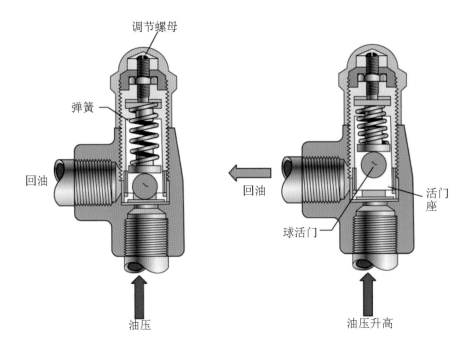

图9-25 安全活门的工作

中位闭口系统

在大型运输机上,飞行员需要外力的帮助来操纵各种舵面。如图9-26所示,这些液压系统需要恒定的液压源,并且被称为封闭系统。这些液压系统可以保证在同一时间内操纵多个用压系统,对操纵输入能做出及时的响应。因为液压系统压力更高,所以可以产生更大的输出力。对大型飞机上的液压系统的进一步要求是:能提供紧急状态下使用的液压能储存;即使主泵失效,也能保证正常供压;优先保证主要的用压系统用压,如飞行主操纵和机轮刹车。

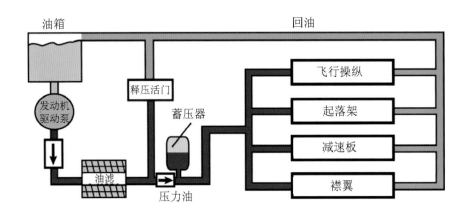

图9-26 一个中位闭口系统简图

供油和供压

各种飞机液压系统的压力变化范围较大,有1 000 psi的低压系统,也有4 500 psi的高压系统,常用的平均定额压力是3 000 psi。使用高压液压系统的好处有:

➤ 对于一个给定的输出力,可以减小作动筒的尺寸,从而减轻重量和操纵作动筒时需要的液压油量;

➤ 小作动筒工作需要的液压油更少;

➤ 可以使用更小直径的管道,在穿过飞机内部结构时,小直径管道更容易安装;

➤ 小直径管道的内表面积更小,从而液压油的作用力更小,管道破裂的可能性更小;

➤ 液压油油量的减少,作动筒和管道尺寸的减少,都可以减轻飞机重量。

回油管的直径比供油管的直径大,大直径回油管可以减少回油阻力和随之产生的反压,也被称为抽吸管。

闭合系统

封闭系统(主动系统)需要一种措施来调节压力,常用下面两种方法中的一种:

➤ 早期的系统使用高压定量泵,使用自动卸荷活门来调节压力;

➤ 新型的系统使用可自身调节压力的变流量泵,所以不再使用自动卸荷活门。

高压发动机驱动泵

所有由发动机直接驱动或通过附件齿轮箱驱动的泵都称为发动机驱动泵。在封闭液压系统中使用的高压泵是柱塞泵,这些泵的正常转速是4 500 r/min。由于设计不同,柱塞泵输出的流量比直齿轮泵和叶片泵小,但输出的压力更大。

定量柱塞泵

不论出口压力如何,定量泵每转一圈,就向系统输入一定量的液压油。当达到系统工作压力后,定量泵需要用压力调节装置来卸荷。

由图9-27可知,泵利用往复运动的活塞将液压油从输入口送到了压力侧。在这种类型的泵中,通过将泵主体与驱动轴成一定角度连接,实现了活塞的往复运动。泵通过一根空心轴从发动机附件齿轮箱获得驱动力。空心轴必须设计成动力传递路径上的薄弱环节,如果泵被堵死,空心轴受力破坏,可以防止对齿轮箱造成大的损坏。驱动轴的末端连接到一个平板。

缸体用一个万向接头与平板中心相连,缸体和驱动轴以相同的速度旋转。在缸体上,有7个或9个活塞腔。活塞由相同长度的活塞杆带动,活塞杆的另一端连接在安装座里。当驱动轴和缸体旋转时,壳体的弯曲角度引起活塞的往复运动。每旋转一圈,每个活塞从下止点运动到上止点,然后再回到下止点。

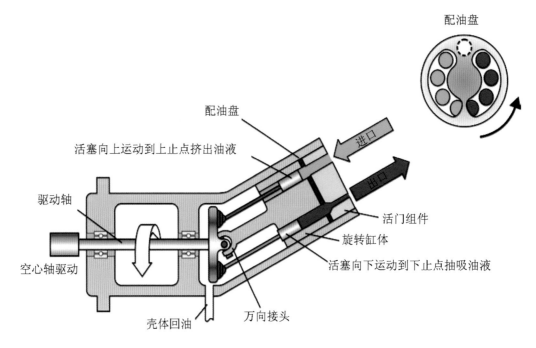

图9-27 一个定量发动机驱动泵的剖面图

由于液压油不能压缩,在缸体和活门组件之间装有一个配油盘(如图9-28所示),有时也被称为肾形盘,因为它有两个像肾形状的通油口。

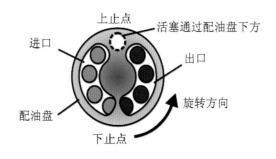

图9-28 配油盘

从油箱来的供油管连接到活塞向下移动侧的通油口,另一侧的通油口则与供压管相连。在这一侧,活塞向上运动将液压油压入小直径管道而产生压力。当泵旋转时,向下移动的活塞把油吸入,并依靠配油盘在下止点的封闭作用,把油转移到出油口。在出油口,向上移动的活塞将油压出。只要液压油经过下止点,液压油的压力就开始增加。

这些泵工作时产生大量的热量,需要连续的冷却和润滑。用一部分液压油向泵的运动部件喷射,完成泵的润滑和冷却,然后由壳体回油路流回油箱。在流回油箱前,这部分液压油要经过一个专门的油滤(壳体回油滤),或液压油箱上游的低压回油滤。

过滤

由于泵(不管是低压泵还是高压泵)是最大可能的颗粒污染物源,所以在紧挨泵的后面要装设一个过滤组件。但是一些系统只是在液压油流回油箱前,在回油管上装一个低压油滤;而有的系统既装有高压油滤,也装有低压油滤。

高压油滤

为防止对选择活门和密封装置造成损坏,在不影响液压油流量的情况下,必须除去即使直径只有25 μm的颗粒(普通人的头发直径是100 μm)。

压力油滤也常称为全流量微米级压力油滤(FFMPF),泵输出的全部流量在送往系统下游之前必须经过滤芯。如图9-29所示,泵输出的流量从油滤头部的进油口流入,然后向下充满微米级滤芯的四周,经过微米级滤芯过滤,流到滤芯的中心,最后被送往用压系统。

由于滤芯上留有杂质,限制了油液的流动,所以会在滤芯两边造成一个压力差。这也造成油滤上游压力增加,下游压力减少。在油滤两边分别装上一个压力电门,这样油滤两边的压差信号可以接通座舱里的"油滤警告灯"。

当油滤警告灯亮时,表示油滤"堵塞",但还没有堵死,这时应根据飞行手册采取合适的措施。如果堵塞到一定程度,油滤将堵死,在一定的压差下,旁通活门打开。这个状态会一直持续,没有经过过滤的液压油将流向用压系统。

维护工程师能容易地接近到油滤的安装位置,当旁通活门打开时,一个红色警告指示器就会从油滤的头部弹出。通常依据飞行时数来更换滤芯,或者在主勤务时根据需要更换。

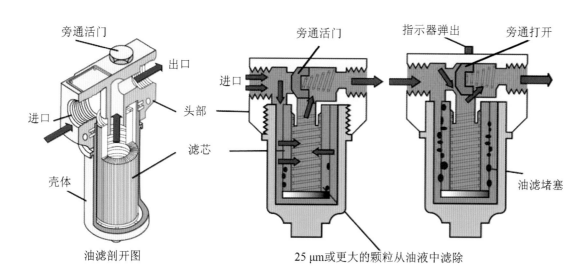

图9-29　微米级油滤的操作

压力调节

自动卸荷活门位于油滤的下游、单向活门之后。当系统的压力达到最高值时,自动卸荷活门将油泵来油接通至回油管路流回油箱。这种情况被称为卸荷状态,如图9-30所示。单向活门保持下游压力。当压力下降时,自动卸荷活门中的弹簧关闭提升阀,油泵来油进入系统,这种状态被称为充压状态。

如果自动卸荷活门失效,全流量安全活门(FFRV)将使系统保持在一个高于卸荷压力的状态,驾驶舱内可以看到更高的压力和温度指示。

作动筒需要液压来产生作用力,需要液压油流量来输出运动,因此使用自动卸荷活门的系统必须在下游安装蓄压器。

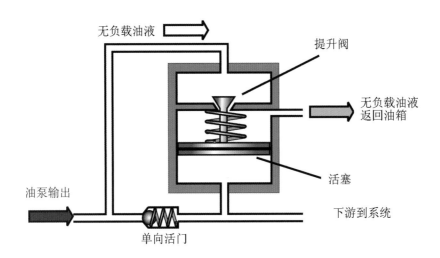

无负载油液

提升阀

无负载油液
返回油箱

活塞

油泵输出

单向活门

下游到系统

图9-30 自动卸荷活门处于卸荷状态

蓄压器

在使用定量泵和压力调节器的主动系统中,必须在与自动卸荷活门相关的单向活门的下游安装一个蓄压器。在那些使用流量可自身调节(恒压)液压泵的系统中,可以不需要蓄压器。

在机轮刹车、飞行操纵等这些液压子系统中,如果需要,也可安装有它们自己的蓄压器,这些蓄压器专门用于这些子系统。

所有蓄压器被设计用来:

➢ 储存能量(液压油);
➢ 在紧急情况下,提供有限次的供压;
➢ 减轻下游的压力波动;
➢ 吸收油液的热膨胀;
➢ 补偿内漏。

有两种不同形状的蓄压器,球形和圆筒形。图9-31分别列举了4个蓄压器,它们是:

➢ 没有隔板的圆筒形蓄压器;
➢ 带有一个自由运动活塞或隔板的圆筒形蓄压器;
➢ 内部装有一个气囊的球形蓄压器;
➢ 内部装有一个柔软隔膜的球形蓄压器。

在早期没有隔板的蓄压器中,油和气相互接触,结果气溶解到油中,导致出现气穴(作动筒运动迟缓等)。同时也发现,由于在使用中压力和温度增加,液压油(油)和压缩空气(氧气)混合汽化,将导致蓄压器爆炸。使用隔离活塞、气囊或膜片可以防止油和气混合,并使用惰性气体(常用氮气),从而解决了这两个问题。为防止在装有隔离活塞的圆筒形蓄压器里油流入气中或气渗入油中,活塞上必须安装密封装置。在球形蓄压器中,气囊和膜片的材料必须是可渗透材料,能让油气之间相互转输。

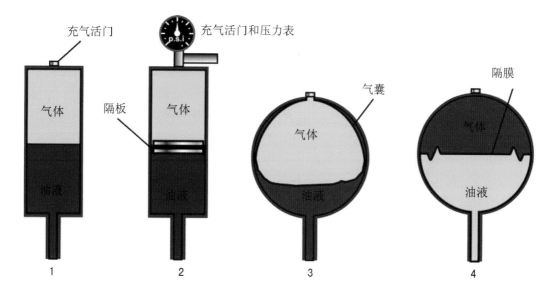

图9-31　蓄压器种类

如果增压泵失效,位于蓄压器上游的单向活门关闭,防止液压油流回泵而损失,蓄压器将提供有限次的紧急供压。在刹车系统中,通常可完成六次(脚踏踩到底再松开为一次)全程的人工刹车。

工作原理

蓄压器利用的是气体可压缩而液体不可压缩的原理。蓄压器连接到液压管路上,允许液压油流入和流出蓄压器。当系统停止工作时,液压油被挤出蓄压器流回油箱。预先充的气体充满圆筒,预充气体的压力通常为系统工作压力的三分之一。

当系统压力增加到某个值时,液压油的压力大于气体的预充压力,液压油流入蓄压器,进而气体被压缩,气体压力增加。由于液压油一直流入蓄压器,所以气体的压力一直等于液压油的压力。当系统达到工作压力时,液压油和气体的体积稳定下来,它们的压力也相等。这时,认为蓄压器已充满。

在装有定量泵的情况下,当自动卸荷活门处于卸荷状态时,只要选择活门一打开,液压油就流向用压系统,因为封闭容器的体积增大,所以系统压力降低。这种情况下由于缺少液压油流量,将导致用压部件工作停止,直到自动卸荷活门充压,液压油流量和压力增加。因此,在安装自动卸荷活门的地方,必须安装蓄压器来防止自动卸荷活门以这样的频率卸荷和充压。如果自动卸荷活门以这样的频率卸荷和充压,提升阀将上下移动产生撞击,从而被损坏。

在同样的但是安装有蓄压器的系统中,在自动卸荷活门卸荷时,蓄压器已充满油。使用用压系统,管路内压力降低。由于蓄压器内受到压缩的气体压力与管路内液压相等,所以蓄压器将把储存的液压油压出,提供需要的流量来输出运动,并且压力产生作用力。

当液压油被压出后,气体压力和液压油压力降低。由于蓄压器有一个初始充气压力或预充压力,所以当蓄压器把全部的油液压入管路时,气体压力仍能使输出的液压油保持这个压力。出于安全原因,初始充气压力或预充压力必须等于系统中作动筒的最低工作压力,通常为系统工作压力的三分之一。

对于液压助力操纵的飞机,在停车的情况下,飞行员满行程操纵操纵系统,直到液压油的压力消失,记下往返操纵次数,并与飞行手册中的数据相比较。

不正确的预充气

如果预充气压力比维护手册中的规定值高,蓄压器中的储油将减少。当蓄压器充满时,气体和油液压力都等于系统工作压力。这导致蓄压器供压时,缺少液压油来驱动用压系统,用压系统工作次数降低。

其他的影响是:

➤ 油箱中剩余液压油超过设计量,导致油液溢出;

➤ 由于油箱中油液过多,降低了油液温度;

➤ 存储的应急能量减少;

➤ 自动卸荷活门卸荷和充压频率增加到一定值时,压力波动引起损坏(撞击)。

蓄压器的预充

当系统停止工作时,对蓄压器进行预充。大多数蓄压器的充气嘴都安装了一个气压表。对于那些老式的没有专用气压表的蓄压器,用下面的方法可以得到气体的压力。

➤ 释放所有的系统压力油回油箱;

➤ 缓慢操纵手摇泵,同时观察系统压力表;

➤ 手摇泵每压一次,压力表指针读数都会增加;

➤ 当系统压力和充气压力相同时,指针抖动。

系统使用时产生的热量或从周围环境中吸收的热量,将导致油液膨胀,管路内压力升高。在装有蓄压器的系统中,蓄压器吸收了油液的膨胀。蓄压器也可以通过吸入和压出需要的液压油来消除下游的压力波动。

恒压泵

在另外一种形式的主动液压系统中,常使用恒压泵。

在这些泵壳体内部,包含了压力调节装置。图9-32是一个恒压泵的剖视图。这些泵也被称为变量泵或轴流泵。

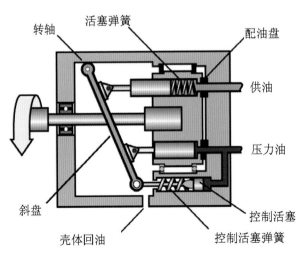

图9-32 恒压泵或变量泵

这种泵由1个泵体、1个圆筒组件、1个配油盘及7个或9个活塞组成。在这种结构中,活塞的行程受到斜盘倾角的控制。当泵旋转时,弹簧力把活塞杆端部的滑靴压在斜盘上,沿着斜盘表面滑动。

控制活塞的弹簧力和施加到控制活塞上的输出压力相互作用来控制斜盘,弹簧力使斜盘偏转到最大倾角,而输出压力使斜盘回到中立位,斜盘在这两个位置之间移动。当输出流量和需求量相等时,弹簧力和施加到控制活塞上的力相平衡,从而使斜盘保持在一个稳定位置。

当系统有需要时,斜盘偏转,增大泵的供油能力来保持压力。当系统不工作且发动机关闭时,弹簧力把斜盘推到最大倾角。在发动机起动的时候,发动机的起动机马达试图增压整个系统,这时需要使用泵释压或泵隔离系统。

在正常工作中,当系统达到工作压力且没有液压油需求时,系统压力作用到控制活塞上,将控制活塞推到中立位。此时,泵的输入行程和输出行程相等,泵处于卸荷状态。当系统的任何需求导致系统压力降低时,弹簧推动斜盘倾斜,泵向系统压出液压油,直到又重新达到系统工作压力。

卸荷或隔离

为了能使泵在发动机起动阶段卸荷,在发动机起动前,飞行员选择将泵释压。图9-33显示了发动机在起动过程中,一个恒压泵和相应回路在隔离活门和释压电磁铁工作时的工作情况。

连接到飞机汇流条(28 V直流)的电路,上面接有两个独立的断路器和两个独立的电门。在后面的章节将讨论防火电门。在正常情况下,防火电门位于如图9-33所示的正常位置。发动机驱动泵的控制电门有三个位置,分别是供压关断位、释压位和正常位。在图9-33中,发动机驱动泵的控制电门处于释压位。

供压关断位

当出现系统不工作、发动机火警或其他非正常情况时,电动关断活门来把油箱和泵隔离。当选择"供压关断位"时,联动电门下移,活门马达关断。如果防火电门工作,活门马达自动关断。

释压位

在发动机起动时,使用释压位。供油关断活门打开,释压电磁活门通电,励磁绕组产生磁力,打开活门,进而泵输出的液压油作用到隔离活门下腔,如图9-33所示。

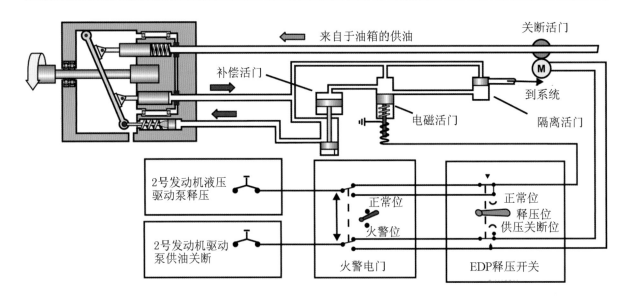

图9-33　隔离活门的工作

正常位

在正常位,释压活门的电磁铁断电,在弹簧力作用下活门回到关闭位。这就确保了如果所有的电力失效,液压系统仍然可用。

隔离活门

隔离活门在弹簧力的作用下保持在关闭位,从而将泵与液压系统分隔开。系统不工作时,在自身弹簧的作用下关闭。当发动机驱动泵的控制电门选择释压位时,隔离活门也保持关闭状态。当选择正常位时,活门被液压打开。

补偿活门

补偿活门用来提高泵在起动过程中产生的初始压力,从而保证将斜盘快速推到中立位置。

发动机起动状态

在发动机起动之前,选择释压位,下列状态已经存在:

➢　发动机驱动泵位于最大倾角;

➢　油箱关断活门打开;

➢　隔离活门关闭;

➢　释压活门通电并打开。

随着泵开始旋转,由于卸荷电磁活门处于打开状态,所以隔离活门的上、下腔压力开始增加。因此,隔离活门仍然保持关闭状态。

作用到控制活塞和补偿活门活塞上的压力开始增加,补偿活门活塞上的压力推动小活塞向下移动。控制活塞上增加的压力,把斜盘逐渐推到中立位置,从而使泵卸荷。当发动机完成起动,达到正常转速后飞行员将控制电门拨到"正常位",释压电磁铁断电,活门在下方弹簧力的作用下关闭,隔离活门下方的液压油逐渐排出。随着隔离活门下腔和补偿活门上腔压力的减小,在弹簧力的作用下,斜盘倾角加大,泵开始输出液压油。然后依次打开隔离活门,液压油进入飞机液压系统。

如果斜盘卡在最大倾角位置,飞行员能将泵释压和隔离,从而防止对系统造成可能的损坏。如果泵不能被释压或隔离,只用一个简单的安全活门来释放泵的输出流量,液压油将会达到一个非常高的温度,将会对系统造成损坏。如果飞行员操纵灭火手柄,防火关断活门和释压活门都将被操纵,从而将泵与供油管路隔离,并将泵与下游系统隔离。

液压油

虽然所有的液压油都被认为是不可压缩的(压力小于 32 t/in²),但对理想的飞机液压油的要求是多方面的。理想液压油需要具备以下特性:

> 低黏度;
> 耐热性;
> 化学稳定性;
> 防火性;
> 低气泡性;
> 良好的润滑性;
> 抗腐蚀性。

低黏度可以减少液压油的内摩擦阻力,使液压油顺利流过系统管道和部件。由于现代液压系统的工作压力较大,所以它们需要使用低黏度的液压油。由于液压系统工作压力升高,因此需要使用满足要求的液压油,现代液压油具有更好的抗高温性能。但是,不能以降低温度范围的下限为代价来提高温度范围的上限,从而提高液压油的化学稳定性。液压油必须在工作环境变化很大的情况下,保持性能的稳定。同时,应有一个低的凝点和高的沸点。理想情况下,液压油不能产生泡沫。

必须防止飞机液压油出现气泡。如果气泡或空气进入到液压泵的供油管路,将会在泵的进口处形成气穴,堵塞泵的进油,从而停止输出液压油。另外,如果气体进入到系统中,由于系统内压力变化,气体膨胀,将导致作动筒不按要求动作。

由于油箱内液压油的压力降低,回油里溶解的气体析出,所以通常在油箱内会产生气泡。在液压油中安装防起泡组件可以防止气泡的形成,如果气泡被吸入泵的进油口,将产生气穴。

在系统中,需要对很多运动表面进行清洁和润滑,液压自身可以被用来进行润滑。液压油的化学性能必须防止在两种不同材料之间形成电偶腐蚀,并具有防腐蚀能力。

有三种类型液压油:

> 植物基液压油——使用中不常见;
> 矿物基液压油——主要用于军机和轻型飞机的减震器中;
> 合成液压油——商用飞机常用的液压油。

植物基液压油

植物基液压油由蓖麻油和酒精组成,这种液压油几乎是无色的。由于含有酒精,植物基液压油只适用于低温环境,不能用于高压系统。在高空,酒精蒸发,将可能引发火灾,因此它是易燃的。根据它的化学成分,只有天然橡胶密封件适用这种液压油。

矿物基液压油

矿物基液压油是从石油中提炼出来的,被染成红色,以利识别。这种液压油适用于一个更大的温度范围,能用于高压系统(3 000 psi)。它能阻止泡沫的产生,有高沸点和高闪点。但是,它是易燃的。合成橡胶密封件适用于这种系统。

合成液压油——Skydrot

Skydrot是一家制造商的商标,因为不同的公司都是从磷酸酯中生产这种液压油,所以Skydrot成为这类液压油总的名称。常使用两个等级的Skydrot液压油:
  ➢ 4级:被染成紫色,是最常用的等级;
  ➢ 5级。

Skydrot液压油能满足各种需要。根据它们的化学成分,Skydrot能适用于非常高的温度和压力。这些液压油必须使用丁基合成橡胶、乙烯丙烯或聚四氟乙烯材料的密封件。Skydrot不能和其他液压油相混合。Monsanto(Skydrot的发明者)建议使用者采用健康安全的保护,防止皮肤、眼睛接触液压油,或吸入液压油。

液压油温度

在系统油箱中通常装有温度传感器来检测液压油的温度,并在座舱里显示。所用的液压油需要保持在液压油的工作温度范围内,这样液压系统才能有效工作,液压油才能保持化学性质稳定。如果油液温度过低,油液黏度增加,将导致用压系统运动迟缓。如果温度过高,油液的化学性质将受到破坏。用热交换器可将液压油保持在一个正常的工作温度,它们常装于系统回油管路或进油管路上。

热交换器

热交换器可以是一个冲压空气组件,利用外部冲压空气来带走液压油的热量,也可以安装在燃油箱里。对于后者,如图9-34所示,不可使用的燃油能一直淹没着热交换器。在使用涡轮动力装置的飞机上,常常使用液压油冷却器,用液压系统不需要的热量来加热航空煤油,这有助于防止燃油结冰以及冷却液压油。

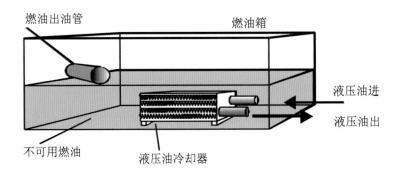

图9-34 热交换器

如果经过热交换器的回油路堵塞,一个由压差信号控制的旁通活门将热交换器旁通掉,让液压油直接流回油箱,这样必然导致液压油的温度升高。如果液压油过热,液压油将变稠(黏度加大,颜色变黑)。

假设燃油箱中的热交换器出现泄漏,飞机的燃油将可能流入液压系统,导致液压油受到污染,从而改变下列的液压油性质:

> 黏度;

> 耐热性;

> 化学稳定性;

> 防火性;

> 防起泡性;

> 润滑性。

另外可能的影响是损坏密封装置,导致系统内漏和发动机驱动泵的过度磨损。

密封装置和密封

虽然热交换器能防止液压油超温,但是液压油的热量也能加热液压元件。由于使用了不同的材料,并且这些材料的热膨胀率不同,所以在两个相互运动的表面之间,因热膨胀导致的缝隙将使液压油出现泄漏。在活塞和筒壁之间,安装密封装置,能防止液压油流过缝隙。

如图9-35所示,密封装置安装在活动表面(活塞)上,所以被称为动密封。

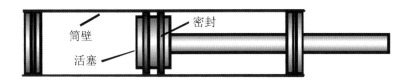

图9-35　动密封

在两个固定部分之间也安装密封装置,这种被称为静密封。如图9-36所示,通常根据密封装置的截面形状来定义一个密封装置。

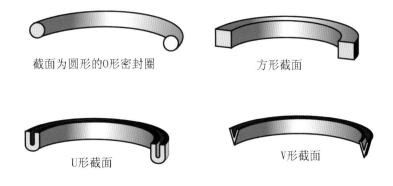

截面为圆形的O形密封圈　　方形截面

U形截面　　V形截面

图9-36　液压密封圈的横截面

静密封

可以在一个部件没有相互运动的表面之间,安装圆形截面和方形截面的密封装置,也可使用密封材料制成的薄片。在两个相互配合的表面之间的静密封装置常被称为垫圈。为了有效防止泄漏,密封装置必须紧紧贴在两个表面上。在静密封中,密封材料被两个相互配合的表面紧紧压着,从而形成液体密封连接。

动密封

对于动密封,筒壁和密封装置之间的摩擦力必须保持一个最小值。否则,当活塞运动时,密封装置可能保持不动,这将导致密封装置脱落。为防止这种情况发生,同时加强密封装置,可在密封装置和活塞之间安装衬环(如图9-37所示)。

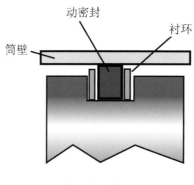

图9-37　衬环

动密封能使用图9-36中所示的所有的截面形状,圆形截面和矩形截面的密封装置可以实现两个方向密封,U形和V形截面只能在一个方向上实现密封。因此,要密封一个双作用作动筒,必须至少安装两个U形或V形截面密封装置,一个方向一个。

清洁环

为防止作动筒缩入时,附着在作动筒活塞杆上的污物和沙砾对动密封装置造成损坏,常安装清洁环。这些清洁环是U形或V形密封装置,当活塞杆缩入时,擦去杆上的污物,但它们不是液压密封装置。在图9-38中,使用O形或矩形截面密封装置来实现密封。

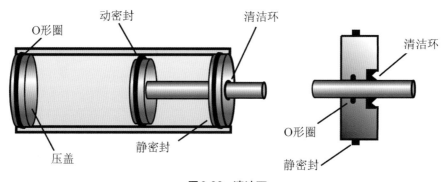

图9-38　清洁环

内漏

通常由于密封装置受到损坏或筒壁出现磨损,液压油从活塞的高压侧泄漏到回油侧,导致内漏发生。内漏将导致系统压力降低,液锁失效,以及因压力调节装置频繁卸荷,系统温度升高。

外漏

当液压油流过作动筒里活塞杆上的动密封装置时,外漏发生。外漏将导致系统液压油减少,剩余液压油温度升高,取决于液压油的类型,增加了失火的危险,以及增加了电气设备短路的可能性。

泄漏率

当液压系统没有加压时,施加到相互配合表面上的力和施加到两个表面之间的密封装置及垫圈上的力减少,这将导致静密封泄漏。在这种情况下,液压油从两个被影响的部件间流出或滴下。很多飞机针对这种情况设定了一个允许值,称为泄漏率。当液压系统重新加压时,密封装置又重新生效,泄漏停止。当液压系统保持压力时,部件泄漏,称为动态泄漏。在这种情况下,液压油从被影响的部件自由流出或喷出。静态泄漏是可以接受的,但动态泄漏是不允许的。

系统油箱

很多现代液压系统被认为是自排气系统,即系统能自动排出溶解于液压油中的气体。较早的设计没有这样的能力,进入到液压系统中的气体需要人工排出,以防止液压系统的不正常运行。

有多种不同设计的油箱,这里将讨论其中的两种。无论采用哪种设计,油箱必须满足下面某种技术要求,分别是:

> 存储足够的液压油,保证全部系统的使用;
> 存储额外的液压油,作为备用以补偿少量的外漏;
> 有足够的容积来容纳作动筒排出的液压油;
> 有足够的容积来容纳因为油液受热而产生的膨胀;
> 能排出空气和回油中溶解的气体;
> 储存应急液压油;
> 确保只有液压油流入到泵的供油管道;
> 当系统没有工作时,有一种物理的方法来测定液压油油面的位置;
> 能补充液压油。

图9-39是一个增压油箱的剖视图,这个增压油箱的容积比它所装液压油体积更大,这样就可以容纳液压油的热膨胀和当非平衡双作用作动筒缩入时液压油体积的变化。图中虚线显示的是系统没有工作时液压油的油位。当飞机满足一定条件时,这种情况才会出现。参见飞行手册,正常状态例如:

> 起落架放下锁好;
> 襟翼收回;
> 所有蓄压器释压并被正确地预充气体;
> 油箱释压。

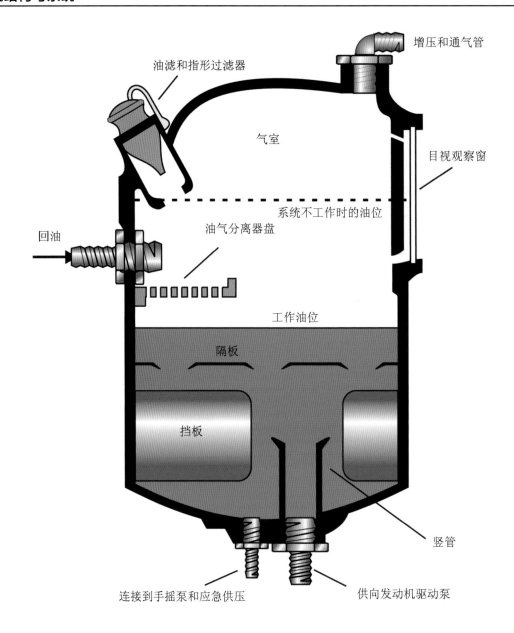

图9-39 增压油箱的标准示意图

下面一条线是液压油工作的油面位置。这是蓄压器完全充满油液时的油位,当系统工作时,液压油油位围绕这条线变化。

检查液压油油位常用的方法就是通过观察窗观察,这种方法采用了透明的外部管道或透明的圆盘。在这些管道外部上标志了油位的上下极限位置,液压油油位必须位于这些线之间。下位线表示系统温度较低时,油平面的位置。而上位线表示当系统使用后,温度较高时,油平面的位置。一些系统使用量油计来代替观察窗。

通过竖管向发动机驱动泵供油。假如主系统出现泄漏时,竖管可以在油箱中保存一部分液压油,而不是全部被泵抽走。存储的应急液压油从油箱底部供向手摇泵。为了确保在竖管管口一直有干净的液压油,常常安装挡板和导流片来消除液压油的旋涡和振荡。

排气装置

为了排出空气和回油中溶解的气体,液压油会通过一个油气分离盘。油气分离盘有几种形式,常用的两种是:

> 一个有边缘,并且打有小孔的扁平盘;
> 一系列梯状安装的小盘,这些小盘带有边缘且打有小孔。

油气分离盘让回油在上面平铺开,让溶解的气体和空气挥发出来,清洁的液压油流回到下面的油中,里面不含有空气。析出的气体进入到液压油上面的空间中,然后排入大气。

油箱必须与外界大气相通,从而保证当液压油平面降到工作位置时,在液压油上面不会形成局部真空。如果油箱内压力仅仅只有外界大气压力,在飞机爬升时,压力下降将导致下列问题:

> 液压油蒸发;
> 泵进口处供油压力相应降低;
> 因溶解在液压油中气体析出,形成气泡。

为了解决上面这些问题,在现代油箱中,会对液压油上方的空间进行加压,这被称为油箱增压。相反,当压力释放后,称为油箱释压。飞机发动机或压缩空气瓶可作为增压空气源。通气活门设定了一个上限值,在液压油平面上升时,防止油箱超压。油箱压力保持在5~15 psi。

采用增压油箱主要的优点是保证泵进口处供油稳定,防止在供油管路上形成气穴。这也允许油箱的安装位置比泵低,在气体压力作用下,液压油在供油管里向上流动,供向泵的进油口。如果油箱释压,液压油流回油箱,导致油箱内油面上升。

如果安装位置比泵低的油箱在使用中出现释压,泵能从油箱中抽吸液压油,向系统提供至少75%的正常液压能。

油箱有一个加油口用来补充液压油。在加油口的颈部装有一个网状油滤,以防止外面的杂物进入油箱。在加油口的附近,有使用液压油的类型的标志,这给维护人员提供了最后一次检查所加液压油是否正确的机会。

液压油污染

如果向油箱中加入了不正确的液压油,则系统不能使用,供油开关不能打开。液压油受到污染可能导致以下结果:

> 因密封装置损坏,导致系统失效;
> 内漏;
> 外漏;
> 系统温度升高;
> 当系统中的液压油沸腾时,污染液压油的化学损坏导致气穴出现;
> 当液压油过热时,污染液压油的化学损坏导致液压油黏度增加。

为了保证这种类型油箱中的液压油油位在一个确定位置,在活塞上连接了一个活塞杆,活塞杆伸出到油箱的末端。在活塞杆上标记了详细的系统使用对应的液压油量,使维护人员能依据活塞杆的伸出量来判断油箱中的液压油油位位置。压力表显示基础压力。一张对应表能帮助维护人员确定正确的液压油油位对应的正确基础压力。如果活塞杆缩入太多,低油量警告开关接通驾驶舱的红色警告灯。

液压系统

在前面的章节中,讨论了如何产生液压能和中位闭口系统的优点。在这一节中,将讨论一些使用液压能作为动力源的系统,以及确保这些系统能正常工作的部件。

运输机常使用液压能来操作下面这些系统:

➢ 动力飞行操纵系统;

➢ 人工感动装置(Q感动装置);

➢ 后缘襟翼;

➢ 前缘襟翼;

➢ 扰流板和减速板;

➢ 收放起落架;

➢ 机轮刹车。

为了顺利过渡到后面的内容,保持前后内容连贯,接下来的篇幅将讨论一个典型的双发飞机液压系统(如图9-40所示)。

在图9-40中,有三个液压系统:蓝系统、绿系统和黄系统,用颜色来区分它们是常用的方法。按照余度设计思想,一个用压系统上连接了多个液压系统,这样,当一个系统失效时,也不会导致飞机失控。

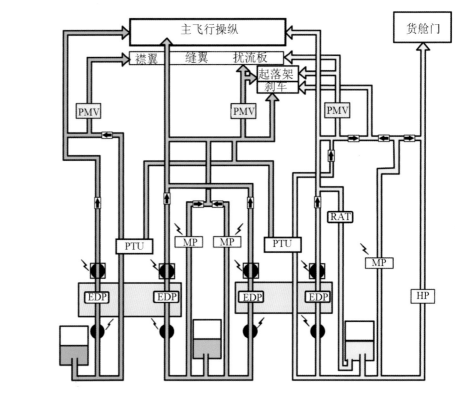

图9-40 一个典型的双发飞机液压系统

优先用压

运输机的主飞行操纵系统和刹车系统是优先级用压系统,必须向这些系统提供任何一种可用的液压能和液压油流量。为实现这一点,在系统中安装了压力保持活门(PMV),也被称为优先活门。在达到预先设定的压力之前,优先活门将其他用压系统隔离起来。

压力保持活门或优先活门

压力保持活门安装在压力管路上,位于向次要用户供油的连接点。图9-41显示了它们的位置。压力保持活门的作用是:当供压压力低于一个预设压力时,将次要用户与供压管路隔离开。

图9-41所示为活门的工作情况。活门由弹簧力保持在活门座上。当供压压力足够大时,油液压力将活门顶起,液压油供向次要用户。如果系统出现问题,优先活门关闭,将次要用户隔离,确保剩余压力供向主要用户。

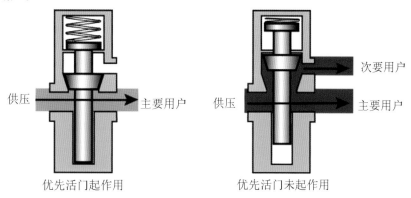

图9-41　压力保持活门

减压活门

减压活门常安装在从主系统向子系统供压的管路上,而子系统工作需要的压力较低(如一些飞机的刹车系统)。主系统通过进油口向减压活门提供液压油,液压油顺着阀芯向下流动然后进入子系统。随着子系统中压力的升高,液压油作用到活门上的力克服弹簧力,将活门向上推,从而减小进油口尺寸,直到获得子系统需要的液压油流量和压力。子系统压力继续升高将进一步推动活门向上,让油液流回回油管路,从而平衡子系统的压力。当子系统操作完成时,活门下方增加的压力将把活门向上推,完全关闭进油口。

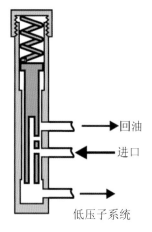

图9-42　减压活门

系统中安装热释压活门(如图9-43所示)是为了防止因油液温度升高而导致压力升高,油液温度升高是因为外界温度或使用系统而产生的。它们的工作原理和安全活门相同。热释压活门安装在两个部件之间,在两个部件间封闭有液压油,从而形成液压锁。

随着液压油温度升高,压力升高,直到活门打开,少量液压油流回回油管路。活门重新关闭,管路中的油液继续保持一个较高压力。虽然热释压活门尺寸比安全活门小,但热释压活门的打开压力更大。

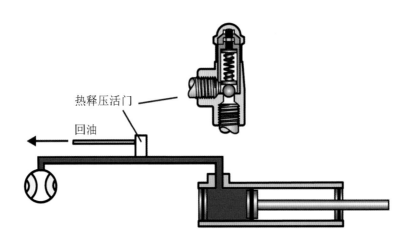

图9-43 热释压活门

液压马达

液压马达是一个高效逆向工作的柱塞泵。在液压马达里,液压油压力推动活塞向下运动,这个直线运动再转换成旋转运动。如图9-44所示,有两种类型的液压马达——曲柄式和斜盘式。

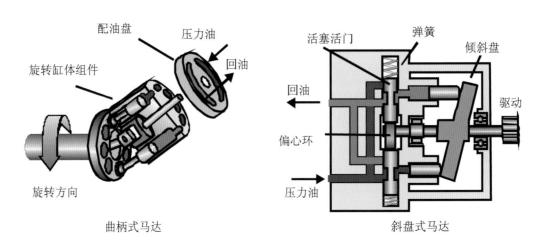

图9-44 液压马达

当在一个楔形块的斜面上施加一个作用力时,这个作用力将使楔形块向离开作用力的方向运动。这就是这两种马达的工作原理。对于液压马达来说,既可以由弯曲的马达壳体来形成楔形块,也可由固定的斜盘来形成楔形块。虽然液压油压力为马达旋转提供了动力,并使马达产生了输出扭矩,但液压油流入马达的流速决定了马达的转速。

液压马达可以与齿轮箱相连,用于收放襟翼;也可以直接与一个泵相连,形成一个动力转换组件。当操作其他用压系统时,会导致系统内液压油流速的波动,从而引起液压马达输出转速的变化,因此常常在马达的上游安装流量控制活门。

动力转换组件

现代液压系统使用动力转换组件,位于一个系统中的液压马达驱动另外一个系统中的液压泵。这样,当一个系统的发动机驱动泵失效时,该系统依然能输出液压油。

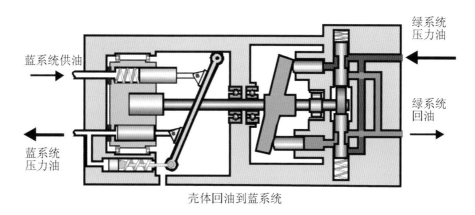

图9-45　动力转换组件

冲压空气涡轮

如果正常的供压系统失效,冲压空气涡轮(RAT)可以为主要的用压系统提供有限的液压能,如图9-46所示,冲压空气涡轮包含一个可变螺距螺旋桨,螺旋桨通过一个齿轮箱驱动一个小型液压泵。

当不使用冲压空气涡轮时,它被主液压系统压力收到一个舱里,这个舱常常位于飞机的下侧。当冲压空气涡轮收上时,冲压空气涡轮螺旋桨的叶片保持在顺桨状态。如果系统压力低于一个设定值,以及飞机空速小于一个设定值,冲压空气涡轮放出,叶片偏离顺桨状态,开始旋转,并驱动泵工作。

改变叶片的桨距可以控制冲压空气涡轮的转速,冲压空气涡轮首先让蓄压器充满油,然后向主系统供压。在主系统中,优先活门保证向主飞行操纵系统提供液压油。由于刹车系统也是优先级液压系统,所以如果冲压空气涡轮在空中放出,在着陆时将仍然保持在放出状态,尽管因飞机速度减小,它的效率降低了。

正常情况下,当飞机已经着陆,而且系统压力消失时,冲压空气涡轮通过联锁电门保持在它的舱内,联锁电门感受飞机已经着陆。

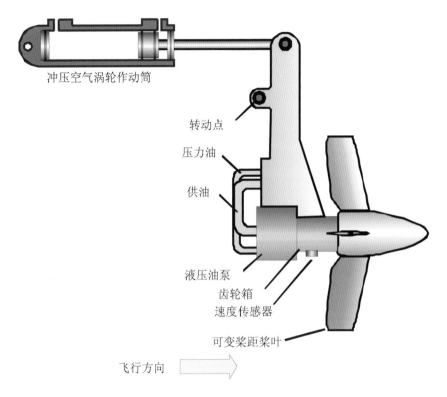

冲压空气涡轮作动筒

转动点

压力油

供油

液压油泵

齿轮箱

速度传感器

可变桨距桨叶

飞行方向

图9-46　冲压空气涡轮放出

流量控制活门

图9-47是一种流量控制活门,安装在液压马达这类元件的上游,用来保证恒定流速的液压油流入液压马达。

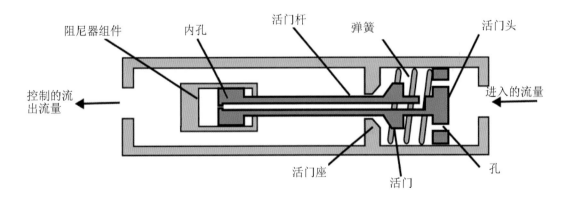

阻尼器组件　内孔　活门杆　弹簧　活门头

控制的流出流量

进入的流量

活门座　活门　孔

图9-47　流量控制活门

例如,一个马达需要的流速是 5 L/min,但流速能在 5~10 L/min 变化。当流入的流速与需要的流出流速相等时,弹簧力作用在活门的头部,使活门离开活门座,让液压油流过控制活门流向马达。

当流速增加时,作用在活门杆头部的力增加,压缩弹簧,直到弹簧力和头部的作用力相等。这样,活门杆头部和活门座之间的间隙减小,限制通过活门的流量至5 L/min。

当流速出现波动时,为防止活门杆被压入活门座中,通过活门杆中的小孔将液压压力引到了阻尼器组件。引到阻尼器组件的压力作用在了活门杆的端部,阻尼器组件作为一个阻尼器,能减慢活门杆的运动。

限流器

限流器用来控制液压油流量。在很多情况下,它们被用来作为速度控制装置。有两种基本类型的限流器:

➢ 双向限流器或节流器;

➢ 单向限流器。

双向限流器

缩小管道的内径就形成了双向限流器,它在两个方向上相同地限制液压油流量。也可以把它们作为一个节流器,常用于轻型飞机的可收放起落架上(见第七章起落架中动力单元这一节,图7-37)。

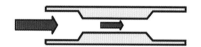

图9-48　双向限流器

单向限流器

单向限流器允许液压油在一个方向上可以大流量流过,但是在另一个方向上限制它的流量。图9-49是一个标准的单向限流器的剖视图。在左图中,活门打开,流量可以不受限制流过。右图中活门处于关闭位置,流量减少。在壳体上,用粗体的黑箭头标志了大流量方向,而用点组成的箭头表示了液压油流量受到限制的方向。

限流器的安装位置非常重要,也必须考虑作用在用压系统上的力(例如,在图9-50中,用来控制起落架和襟翼收放速度)。

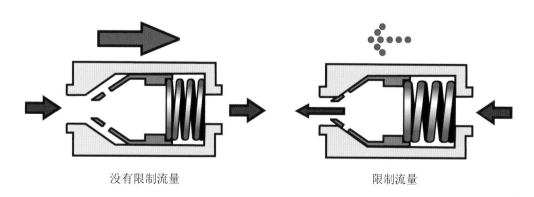

没有限制流量　　　　　　　　　限制流量

图9-49　单向限流器

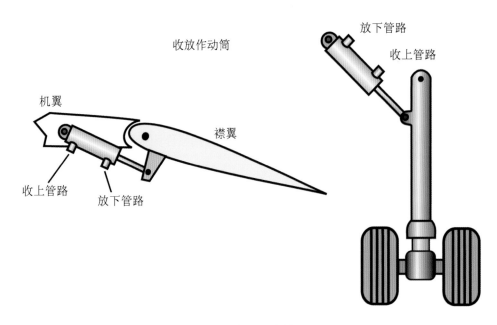

图9-50　襟翼和起落架

　　当放下起落架时,由于起落架的重力作用,将会使起落架加速放下,所以必须控制起落架的放出速率。起落架的重力将使放下速度加速,达到足够大时,在起落架放出行程末端,将导致结构损坏。在收上管路上安装一个单向限流器,限制从作动筒的回油,来控制起落架的放出速率。这样可以产生一个反压,用来抵抗液压油作用在作动筒放下侧的压力和起落架重力。如果安装限流器来控制进入放下管路的液压油流量,起落架将在重力作用下放下,由于液压油不能快速充分流入,所以会在放下管路上形成气穴。这将导致活塞密封装置等其他部件损坏。

　　对于襟翼,在襟翼作动筒的放下管路上安装限流器,控制液压油从作动筒的回油速度,从而控制襟翼的收上速率。这样可以防止作用在襟翼上的气动力使襟翼收入的速度大于液压油流入作动筒的速度。

活门

节流活门

可以用节流活门来代替限流器。这些活门用来保证流入和流出一个部件正确的流速。图9-51是一个典型节流活门的剖视图。阀芯被固定在弹簧中,一个带孔的圆盘将阀芯固定在一个正确的位置上,同时这个圆盘上连接一个导向筒,保证阀芯沿直线运动。

　　增加的流速作用到圆盘上,带动阀芯运动。这个作用力由一侧弹簧的压缩力和另一侧弹簧的伸张力来平衡。阀芯的运动使阀芯两端的针进入或离开阀体上相应的孔,从而形成一个可变限流器,控制流过节流活门的液压油流速。当阀芯位于行程两端时,活门可以控制流入或流出一个部件的流速。这样,节流活门可用来代替飞机襟翼系统中的典型单向节流器。

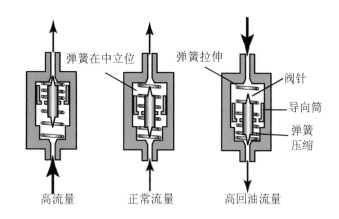

高流量   正常流量   高回油流量

图9-51 节流活门

液压保险

液压保险(如图9-52所示)安装在具有潜在外漏风险部件的上游,它感受液压油流速的增加。正常情况下,在弹簧力和液压油压力的共同作用下,活塞保持在固定位置。

如果在保险的下游出现泄漏,活塞两边将出现一个压力差,导致活塞向右移动,并堵死液压油。虽然保险下游的用压系统不能使用,但是系统供压的其他用压系统仍然可以工作。

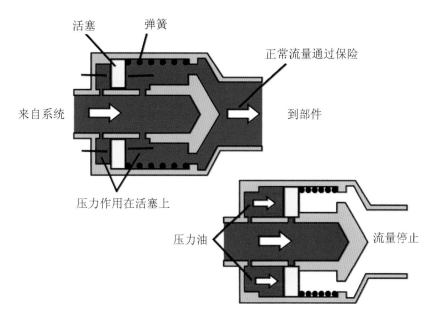

图9-52 液压保险

顺序活门

可用顺序活门来保证在开始操作另一个部件前,完成部件的操作。在操作一些系统(如大型飞机的可收放式起落架)时,必须以正确顺序来完成几个阶段的操作,从而保证这个系统的正常运行(如,当放起落架时,必须在起落架开锁前,先开起落架舱门)。

用三种类型的顺序活门:

液压顺序活门:液压顺序活门通过引导系统液压油在进入第二个用压部件前,流入第一部件来完成其操作,从而完成顺序控制。

机械顺序活门:需要一个机械动作来操纵它们。

电动顺序活门:当一个动作完成时,它们电动地选择活门。微动电门产生和完成一个循环,这样顺序活门的运动将引导液压油流入下一个部件。

图9-53是一个起落架收放回路的示意图,只是增加了显示三种类型顺序活门的功能和工作情况。

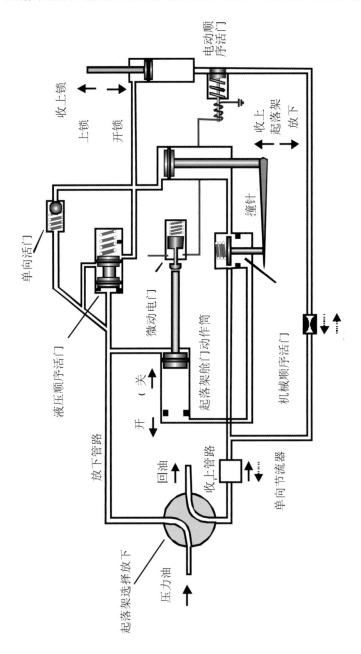

图9-53 起落架油路中的顺序活门

这张示意图的初始状态是:

➤ 起落架收上锁好,舱门关闭;

➤ 单向活门关闭;

> ➢ 液压顺序活门在弹簧力作用下,移动到左端,堵住作动筒的通油口;
> ➢ 电动顺序活门在弹簧力作用下关闭,在上位锁作动筒中形成一个液压锁;
> ➢ 机械顺序活门在撞针的作用下打开;
> ➢ 飞行员选择放下起落架,放下管路通压力油,收上管路通回油。

随着将起落架选择活门移到放下位,压力油供向单向活门的背面、活塞表面,液压顺序活门的通油口和舱门作动筒的放下管路。因为液压顺序活门中的弹簧力大于液压作用力,所以液压油直接流入舱门作动筒,将舱门打开。随着舱门逐渐打开,微动电门伸出,电动顺序活门的电磁铁通电。这样,电动顺序活门将活塞缩回,解除收上锁的液压锁。此时,起落架仍然收上锁好。舱门作动筒排出的油液经机械顺序活门流回油箱,此时机械顺序活门被撞针保持在打开位。

当舱门作动筒到达它的行程终点时,液压油压力上升,直到它克服液压顺序活门中的弹簧力。液压顺序活门移向右端,使通油口打开,压力油供向起落架收放作动筒和上位锁作动筒,以及单向活门的球阀。尽管单向活门两边的压力相等,但由于弹簧力的作用,它仍然保持关闭状态。收上锁开锁,起落架作动筒开始放出。随着撞针离开活塞,机械顺序活门关闭。这样是为了防止起落架作动筒活塞挤出的液压油对舱门作动筒的收上管路中的液压油加压(因为这将导致起落架在放下位时,舱门作动筒开始关闭舱门)。这样,所有收放作动筒挤出的液压油通过收上管路流入回油管路,从而实现正确的起落架放下顺序。

当起落架收上时,放下管路接回油,收上管路通压力油。这样,液压顺序活门中的弹簧将活塞推向左边位置,活塞将起落架作动筒通回油的放下管路堵死。由于机械顺序活门处于关闭位置,液压油可以直接流入起落架作动筒的收上管路。在上位锁的上锁管路上装有一个节流器,可以防止上位锁因起落架作动筒放下挤出的油液产生的液压而关闭。

随着起落架作动筒下管路中压力增加,它将打开单向活门,允许液压油以一个限定的流速流回油箱。当起落架作动筒到达行程终点时,撞针推动机械顺序活门的活塞将舱门作动筒的关闭管路打开,接通压力油。同时,从起落架作动筒挤出的液压油流量结束,上位锁作动筒中的压力将锁关闭。随着所有的液压油流入舱门作动筒,舱门关闭。当舱门作动筒到达行程终点时,它压下微动电门,切断电磁铁的电路。在弹簧力作用下,电动顺序活门关闭。

往复活门

使用往复活门(如图9-54所示)可以让两个独立的液压源向一个用压系统供压。往复活门通常用在应急放下襟翼和起落架的系统中,或者是在正常液压源失效时的刹车系统中。由图9-54可知,可以通过使用备用液压源或气压源来完成上述的操作。

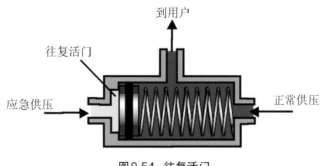

图9-54　往复活门

注意:气体储存在一个专门的气瓶中(通常是氮气瓶),而不是使用预充气的蓄压器。在正常情况下,往复活门中的自由活塞由接在往复活门壳体一端的系统压力推到左端,从而让正常液压源供向用压系统。

如果正常供压失效,飞行选择备用或应急压力源。备用液压源的压力将活塞推向右端,堵住正常供压口,从而让备用或应急压力源向用压系统供压。如果选择了备用或应急压力源,用压系统仍然不工作,最有可能是往复活塞被卡住了。

直读表

在早期的飞机上,直读表显示系统压力。这些表里面有一个弹性管,在弹性管中充满了系统液压油。系统压力的任何增加也将导致管中的油液压力增加,从而使弹簧管伸张。经过一个传动装置,管道的运动转变成了指针的运动。测定管道的伸展率就得到了压力读数。

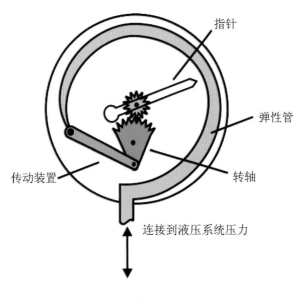

图9-55　直读表

压力继电器

由图9-56可知,使用压力继电器来连接直读表。压力继电器安装在压力感应管路上,位于系统和直读表之间。压力继电器实际就是在一个圆筒内的活塞,活塞把系统液压油的压力传递给读数表里的液压油。

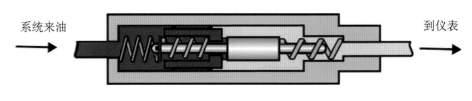

图9-56　压力继电器

在压力感应管路中安装压力继电器的主要原因是防止液压油在感应管路上的连续泄漏。在压力继电器下游出现泄漏时,将导致活塞被推到最右端,封住通向读数表的出油口。虽然没有了读数表的指示,但是液压油损失最小。

压力传感器

在现代飞机上,使用压力传感器。压力传感器使用压力感应膜盒,压力感应膜盒在系统压力的作用下压缩或膨胀。压力感应膜盒的运动产生一个电流或使一个电流发生变化,再将电流的变化转换为压力表读数变化。

第十章
燃油系统

概述

本章重点介绍燃油的三个方面分别是：

➤ 航空油料的类型及其特性；

➤ 机体燃油系统的类型；

➤ 飞机加油的相关安全规章。

目前，主流的航空油料有两种类型：

AVGAS 航空汽油传统上用于活塞式发动机。

AVTUR 航空煤油用于喷气式发动机和新兴的柴油发动机。

所有的油料均提炼于矿物原油并且有不同特性。航空汽油是一种低比重的碳氢化合物，在15 ℃时比重为0.72。航空煤油是一种较高比重的碳氢化合物，比重为0.75~0.84。

所有油料均拥有下列特性：

挥发性是指燃油从液态转变为气态的难易程度。

蒸气压力是指燃油挥发时环境的压力，高的蒸气压力表明燃油能在高压环境下挥发。

闪点是指燃油挥发出的燃油蒸气能被点燃的最低温度，该燃烧过程迅速完成，不会发生持续燃烧。

燃点是指燃油可以通过汽化实现持续燃烧的最低温度。

自燃温度（AIT）是指燃油达到该温度时，在无外界点燃源时燃油自动发生燃烧。

凝固点是指高于该温度时，燃油全部固体结晶转变为液态，由于航空燃油为碳氢化合物，当达到特定温度时不会完全变为固态，只有部分碳氢化合物能形成晶体。

航空汽油

航空汽油的标准最早适用于汽化器式航空发动机，随着发动机功率的增加开发出了三种不同标号，但基本的标准依然未变。

航空汽油密度更低（相对煤油）更易挥发，具有更高的蒸气压力。航空汽油在标准大气条件下易挥发，随着压力降低挥发增加也称为汽化（例如，在10 000 ft，大气压力下降到海平面压力的31%）。

高温同样能增加航空汽油的挥发性，因此，如果飞机在高温环境停放后起飞爬升，其发生燃油汽化的可能性要大于常温停放的飞机。由于燃油挥发导致燃油损失量较小，因为在高压条件下，只有最轻的碳氢化合物才会挥发。燃油挥发的另外一个问题是气塞，如果燃油管路或部件温度过高或压力过低出现燃油汽化,只要一个燃油气泡就能将燃油系统堵塞。

消除气塞现象,可以通过增加燃油系统的压力使其超过气塞压力。

航空汽油的闪点大概-40 ℃,燃点在正常的大气温度范围内,其凝固点低于-58 ℃或更低。

航空汽油的上述特性有如下影响,首先,在低压环境中发动机更容易开车和运行。但是,由于较高的蒸气压力,当环境温度升高或压力降低时,更容易产生气塞。

液体的挥发率不但受到温度和环境压力的影响,同时还受到液体和空气的接触面积影响。在液体挥发过程中会吸收环境热量,正如医疗注射前使用酒精擦拭皮肤一样。当燃油流速在汽化器内增加时,其压力和温度相应降低。燃油在汽化器内以分子形式雾化。

燃油挥发进一步降低了汽化器及相邻部件温度,任何空气中的水汽接触到汽化器时将产生结冰。水汽最容易接触的是油门盘,这种情况也称为汽化器结冰,后续内容会更详细介绍汽化器和燃油结冰。

静电消除剂

虽然单一碳氢化合物是一种完全绝缘体,但是航空汽油是多种碳氢化合物的混合体,并不是完全绝缘体。当燃油流过管路和油滤等不同材料时,由于摩擦作用产生的静电大于其向外放电量。如果燃油从一个容器被传送到另外一个容器时,其本身携带的静电可能产生静电跳火,从而点燃液面上的油气混合物。当燃油以震荡波溅等形成雾化后,这种危险进一步增加。为了降低这种危险性,一种被称为静电消除剂的化合物被添加到燃油中。参考加油、放油操作降低潜在危险性。

航空汽油的标号

目前有三种标号的航空汽油:

➢ 80 号;

➢ 100 号;

➢ 100 号低铅。

80号航空汽油

为了便于识别,80 号航空汽油被染成红色。该种油料主要用于低功率(低压缩比)自然吸气式航空发动机。标号的数字表明辛烷的含量,其表示燃油抗爆震能力。

100号航空汽油

为了便于识别,100 号航空汽油被染成绿色,由于其抗爆震能力更强,该种油料可以用于高功率发动机。为了增加燃油的抗爆震能力油料中添加了四乙铅,这同时带来了环境污染问题,因此开发出了100 号低铅汽油。

100号低铅汽油

100 号低铅汽油被染成蓝色,其辛烷等级同100 号航空汽油相同,但是其铅的含量更低。100 号低铅油料已经成为高功率发动机的标准油料。

化学稳定性

当航空汽油存储和空气接触时会发生变化,其中比重较轻的碳氢化合物将挥发。碳氢化合物被氧化后产生两种氧化物,其中一种是胶状可溶物,另外一种是不可溶的黑色颗粒,而四乙铅能被氧化为不可溶的白色絮状物。氧化物可能堵塞油滤和汽化器,或者导致管路变细使燃油流动不畅。

航空煤油

航空煤油来源于传统煤油,主要用于喷气式发动机。这种油料的比重更大,蒸气压力更低,即航空煤油挥发性更低。虽然航空煤油由于汽化而发生气塞的可能性更小,但是为了使煤油正常流动,且在燃烧室中燃油喷嘴能将高压的燃油汽化,燃油必须进行特定控制。

由于有更低的蒸气压力,导致航空煤油比航空汽油具有更高的闪点和燃点(最低38 ℃)。同时,航空煤油有更高的凝固点。像航空汽油一样,航空煤油是多种碳氢化合物的混合物,每一种碳氢化合物具有其特定的凝固点。当温度降低时,煤油的黏度增加,这将导致燃油压力降低、流量减小。当燃油温度降低到凝固点时,凝固点最高的碳氢化合物将转变为蜡质结晶体。随着温度继续降低,更多碳氢化合物转变为蜡质结晶,燃油黏度进一步增加。但是直到凝固点温度以下6 ℃燃油依然可以流动。温度不断下降,最终航空煤油将转变为半固体的蜡质形态。

燃油在燃烧室内分子化前,必须对其进行加压。因此,燃油需要通过高压泵和燃油测量系统。这些内容属于喷气式发动机知识,但是本章提及该内容的目的是为了理解为什么喷气式发动机燃油必须要有一定的润滑性。燃油有一定的化学稳定性,但是如果燃油存储时间较长,并发生了氧化,可溶胶状物和不可溶颗粒物同样可能堵塞油滤和管路。

航空煤油标号

目前有三种标号的航空煤油:

> Jet B;

> Jet A;

> Jet A1。

`Jet B`

该种燃油是一种起源于美国的喷气发动机燃油。其由70%的汽油和30%的煤油混合而成,这导致该类煤油有几个重要的特点:

> 高蒸气压力(2.6 psi);

> 低闪点(低于0 ℃);

> 低燃点(低于0 ℃);

> 低凝固点;

> 低比重;

> 低润滑性;

> 燃油挥发损失大。

因为Jet B燃油的前三个特点,Jet B燃油着火危险性更高,飞机坠毁存活率更低。使用该种燃油时系统部件的磨损更严重,如果该种燃油被加注到正常使用 Jet A 或 Jet A1 的飞机上,因为其比重更低,因此需要对燃油系统进行调整。除美国阿拉斯加和加拿大等极地气候地区外,Jet B 通常不作为商用燃油。

Jet A

Jet A 是下一代喷气燃油,也称为纯煤油,因为其中没有混合汽油。该种燃油的闪点为 38 ℃凝固点为-40 ℃。这种燃油通常用于美国国内航线飞行,因为其生产成本比国际标准商用喷气发动机燃油 Jet A1 更低。

Jet A1

Jet A1 为长航程、高巡航高度航线飞机设计。这通过将凝固点降低到-47 ℃实现,Jet A1 被 FAA 推荐为国际通用的航空煤油。

燃油污染

水污染
在航空燃油生产过程中,成品燃油使用干燥剂除去燃油内的全部水分。但是燃油具有吸湿性能吸收环境中的水汽,就像温度较高空气能吸收更多水汽一样,温度较高的燃油也能吸收更多水汽。

溶解水
被燃油吸收的水分呈微小水粒子,由于水分以极小的粒子形态存在,水粒子被燃油支撑,使水分粒子悬浮于燃油中,因此溶解水也称悬浮水。不借助于专门设备,该种水很难被清除,溶解水能在汽化器中形成结冰。

自由水
当燃油温度降低时,溶于燃油中的水分析出,或混入燃油中的大团水分,由于水分较多,沉淀于油箱底部,这也称为分离水。燃油中混入自由水的机理,就像盛有冷饮的玻璃杯外壁凝结水分的原理一样。由于航空汽油较易挥发,在汽油挥发过程中会从油箱结构上吸收热量,因此,油箱内上部空间空气中的水汽凝结,沿油箱壁流淌到燃油中,并在油箱底部沉淀。

油箱为防止燃油在消耗过程中形成部分真空,因此油箱需要通气。对于具有非增压型油箱的轻型飞机,在飞机飞行过程中,油箱通气能保证油箱内压力始终和环境压力相同,这能防止压差造成油箱损坏。但这也导致油箱内始终有富含水汽的空气,因此出于防止水污染的考虑应尽量满油停放。

霉菌污染
一种可通过空气传播的树脂霉菌可以污染油箱。这种霉菌存在于油水接触处,能从碳氢化合物中获取食物。这种霉菌中空结构可以包裹一部分水分,因此可以在油箱放水后存活相当长时间,等待下一次水分聚集。这种霉菌可以堵塞油滤,并且由于其包裹有水分还会引起结冰堵塞管路和油滤。该霉菌由于包裹水分因此也能引起铝合金结构油箱腐蚀。如图 10-1 所示腐蚀部分呈黑色。

对于FAA考试，霉菌被认为是使用航空煤油和结构油箱的一种特有问题。事实上，霉菌也影响使用航空汽油的飞机。为了减少霉菌影响，燃油中可以混入特定的杀菌剂。如果大范围发生霉菌，只有打开油箱进行专门清理。

图10-1 由树脂霉菌引起的结构油箱腐蚀

水和沉淀物检查

如上述介绍，燃油中水分具有较大危险性。飞行员可以通过飞行前对水和沉淀物检查，或从燃油周转较快的供应商获取燃油来加以应对。因为如果燃油周转较快，燃油就不会在油库内存放较长时间，所以被水和霉菌污染的可能性就更小。

进行水和沉淀物检查时，使用透明容器从油箱的最低处和油滤处获取油样，并在光线明亮处进行检查，如图10-2所示，并遵循下列叙述：

清澈指检查油液无沉淀、颗粒和其他固体物质。

明亮指检查油液无溶解水和自由水。

若油液透光性变差，这可能是由光线经过油和水发生了折射和反射造成。如果从油杯底部至顶部透光性逐渐变好，这可能是由于油液中溶解有过多空气。如果从油杯顶部至底部透光性逐渐变好，这可能是由于油液中溶解有过多水分。

自由水沉淀于油样底部，油和水的分界面呈弯月形面。

一旦在油样中发现水分或沉淀物，被污染的油箱和油滤必须进行放油直到放出油样无任何污染为止。

清澈明亮　　　　　　沉淀

溶解水　　　　气泡　　　　自由水

月牙形水面

图10-2　水和沉淀物检查

油箱

类型

➤ 硬油箱；
➤ 软油箱；
➤ 结构油箱。

硬油箱

如图10-3所示，硬油箱是最早使用在飞机上的油箱。安装在外部的硬油箱采用重力供油方式对飞机进行供油。现代飞机将硬油箱安装在内部，因为这种外部硬油箱有如下缺点：

硬油箱

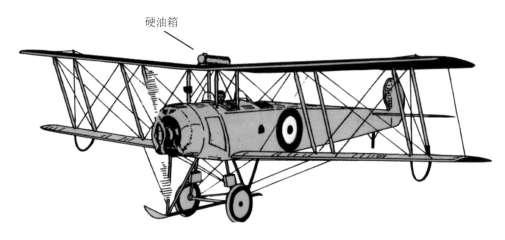

图10-3　外部安装的硬油箱

> ➤ 硬油箱和相应连接加强结构增加了飞机的总重,减少飞机的有效业载。
> ➤ 如果硬油箱为独立结构并且油箱较大,将导致油箱的维护和更换困难。
> ➤ 出于现实和经济原因,硬油箱只能用于有较大空间,且油箱形状不能过于复杂的飞机上。
> ➤ 硬油箱与飞机结构连接,因此相邻结构必须进行额外加强,用于支撑油箱以及燃油超重和失重导致的额外载荷。

软油箱

软油箱由抗油的橡胶织物等制造,因此比硬油箱重量更轻。软油箱的形状可以更复杂,并可以置于硬油箱难于安放的位置。图10-4为软油箱。软油箱比硬油箱和结构油箱在飞机坠毁时安全性更高。

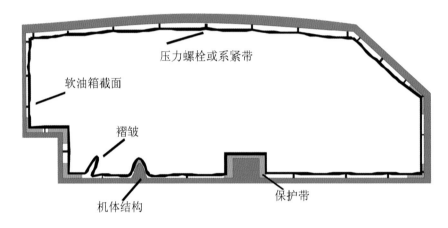

图10-4 软油箱

一些油箱外部有一层高密度泡沫,可以起到密封作用。现代飞机软油箱通常位于结构内部,软油箱已经不是现代飞机的主流燃油存储系统,因为软油箱有如下缺点:

> ➤ 软油箱底部可能存在褶皱等不平整,造成水分沉积油箱污染;
> ➤ 软油箱可能内部出现泄漏,而不是首先泄漏到结构外部;
> ➤ 软油箱安装位置必须平整,防止油箱被刺穿;
> ➤ 软油箱需要结构支撑,防止燃油消耗过程中出现油箱垮塌;
> ➤ 软油箱一旦使用,就不应该使油箱完全变干,防止油箱出现干裂泄漏;
> ➤ 软油箱使用一段时间后会出现小孔,因此软油箱使用寿命有限。

结构油箱

现代运输机燃油系统主要采用结构油箱,其由内部密封结构组成。这种油箱能最大限度利用空间。

因为结构油箱的大部分空间从机翼获得,因此这种结构也称为湿机翼。通过涂抹2层以上的橡胶密封剂的方法,使若干段机翼变为油箱。结构油箱的最大优点为重量轻、空间利用率大。结构油箱的缺点是不能让密封剂层变干,否则可能导致密封剂层开裂使油箱泄漏。

　　结构油箱使飞机重量更轻,因此可以使飞机载更多燃油进而航程更远,或在特定燃油重量下获得更多业载。对于现代喷气式飞机,由于飞机机翼截面积更小,因此使更多燃油存储在靠近翼尖处,这能减小翼根部受力,实现卸载作用。

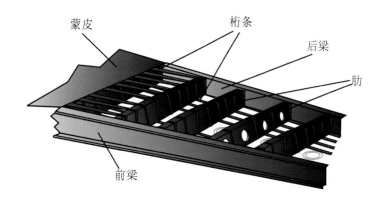

图10-5　通过机翼结构部件密封获得的结构油箱

　　多数现代运输机机翼有一定上反角,因此翼尖部位燃油流向翼根。任何飞机姿态变化导致翼尖下降,均能使燃油从翼根流向翼尖。安装缓冲板能够控制这种反流现象。图10-6所示为某结构油箱的截面,翼肋具有缓冲板功能。燃油能流过翼肋因为翼肋上有孔洞和间隙。

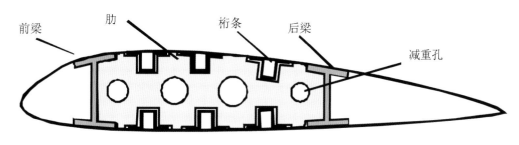

图10-6　翼肋作为缓冲板

挡板活门

　　挡板活门能完全封闭无减重孔的翼肋。如图10-7所示,安装了挡板活门后只允许燃油向一个方向流动。左侧图为飞机平直飞行时,挡板活门处于打开位置,此时燃油流向集油器供给发动机。右侧图为翼尖低于翼根部的集油器,挡板活门关闭,防止燃油流向翼尖造成发动机供油不足。

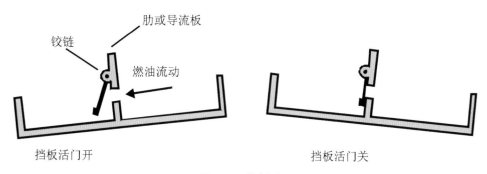

图10-7　挡板活门

不可用燃油、烟筒管、收油池

为了防止水和其他污染物进入燃油管路导致发动机停车,因此供油口并没有在油箱的最底部,如图10-8的烟筒管所示。这同时也导致油箱内一部分燃油不能供给发动机,该部分燃油也称为不可用燃油。飞行手册中标明了不可用燃油的油量。为了防止大块的污染物进入燃油管路,在烟筒管顶部有油滤,也称为指滤。

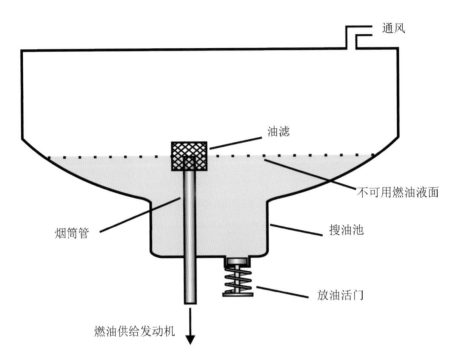

图10-8 收油池、放油活门、烟筒管、油滤和放油活门

收油池

每个油箱必然有一个最低点,也称为收油池。燃油中的自由水可以通过收油池沉淀并通过放油活门放出。

放油活门

放油活门位于油箱的最低处,飞行员在起飞前检查放油能将燃油系统沉淀的水放出。放油活门为一个单向活门,只有向上顶开活门时才能进行放油。飞行员应该确认放油结束后放油活门能够复位阻止燃油外泄。

单发轻型飞机的重力供油系统

重力供油系统有两种形式。上单翼轻型飞机使用如图10-9中的第一种所示。该种燃油系统的油箱和发动机汽化器之间的垂直距离较大,该距离能够使燃油供给流量不小于1.5倍飞机起飞功率所需的燃油。重力供油的另外一种形式,用于油箱和汽化器垂直距离较小或发动机比油箱更高的飞机。

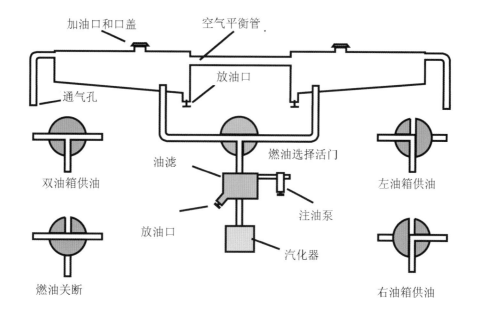

图10-9　重力供油系统原理

如图10-9所示,在重力供油系统中,飞行员可以通过一个旋转式的燃油选择活门进行选择,选择采用两个油箱同时供油还是单个油箱供油或中断供油。每个油箱均有一个通气管保持油箱正常通气,通过空气平衡管将两个油箱空间连通,以保证某一个通气管堵塞时其油箱内燃油依然可用。

在汽化器上游有油滤,能够保证燃油进入汽化器前过滤掉杂质和水分。

注油泵

有时飞机上安装了手动注油泵,用于寒冷天气条件下发动机起动和必要时使用。注油泵能从油滤获得燃油并在进气门之前送入气缸,注油泵的工作原理就像自行车的打气筒,更详细的注油泵工作原理可以参考发动机部分。

手动燃油选择活门

图10-10所示为派珀28飞机的燃油选择活门,该燃油选择活门满足JAR 23要求,只有当挡块按下时才能将活门搬到关断位。

对于满足JAR 23要求的飞机,手动选择活门需要满足如下要求:
- ➤ 飞行员在不移动座位和主操纵机构的条件下,能够观察和操纵燃油选择活门。
- ➤ 在飞行过程中每台发动机都能够接通或中断燃油供给。
- ➤ 设置关断位置需要独立清晰操纵。
- ➤ 关断位有明显标志和挡块。
- ➤ 从一个油箱位置转移至另一个油箱位置不能经过关断位。
- ➤ 燃油选择活门手柄能指示当前位置。

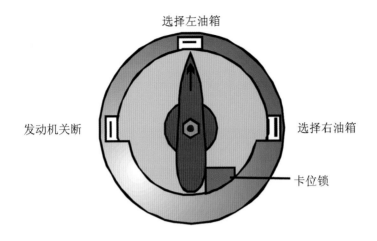

图 10-10 派珀 28 飞机燃油选择活门

如图 10-9、10-11 所示当飞机机翼上安装油箱时,飞行员可以通过燃油选择活门改变飞机水平方向上的重心位置。

轻型单发飞机的压力供油系统

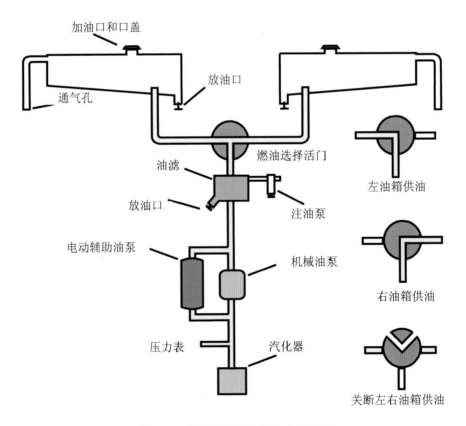

图 10-11 下单翼单发飞机的压力供油系统

有些飞机发动机位置高于油箱位置,或在同一水平面上。该类飞机需要在所有正常飞行状态下向发动机供油。为了满足该要求,飞机上安装了由发动机驱动的机械泵对燃油进行抽吸加压并送向发动机。

为了保障机械泵故障时燃油系统能继续正常工作,一台辅助油泵并联安装于机械泵一侧。

辅助油泵
打开辅助油泵的条件

- ➤ 起飞;
- ➤ 着陆;
- ➤ 转换油箱;
- ➤ 燃油压力低;
- ➤ 发动机工作不稳定。

在起飞和着陆过程中打开辅助油泵,能保证在关键时刻机械泵故障时不影响发动机正常工作,当转换油箱时打开辅助油泵能保证燃油流量可靠。

燃油压力表
任何使用油泵供压的燃油系统,必须设置燃油压力表显示供油压力。图10-12所示为某轻型飞机上使用的一种燃油压力表,这是一种直读式压力表,燃油以一定压力进入汽化器前直接驱动压力表为飞行员显示燃油压力。该类燃油压力表,以红色弧线表示发动机正常工作的最大或最小燃油压力,绿色弧线表示正常燃油压力范围。自然吸气式发动机的正常燃油压力范围为 0.5~8.0 psi。

燃油系统能保障当同时起动主燃油泵和辅助燃油泵时,燃油压力不超过允许的最大燃油压力。

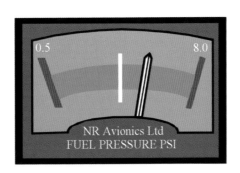

图10-12　轻型飞机的燃油压力表

对于更复杂的轻型飞机(燃油喷射式或涡轮增压式),燃油的压力显示通常和燃油流量显示融合。在特定温度下,燃油压力越高,燃油的流量越大。图10-13所示是一种可以用于双发飞机上的燃油压力表。该仪表有两个指针,在两台发动机平衡的工作条件下,两根指针相互重叠,任何指针的分离表明发动机工作状态不一致。

参考图10-13,燃油压力的上限和下限用红色弧线表示。外侧绿色弧线表示正常的燃油压力范围。琥珀色弧线表示在燃油压力上限之间的警戒范围。内侧绿色弧线表示当使用百分比功率时,可用的燃油流量范围。例如,75%的功率条件下,全富油比贫油燃油流量更大。

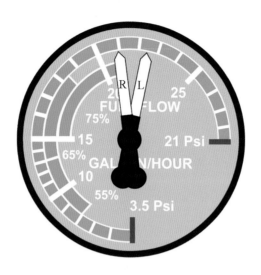

图 10-13　轻型双发飞机的燃油流量/压力表

气塞

出现燃油压力过低的原因之一是气塞。图 10-14 所示为出现气塞的情况,此时燃油蒸气压力同燃油压力相同,这将导致燃油流量下降甚至完全停止。打开辅助油泵增加燃油管路内压力能消除气塞现象。

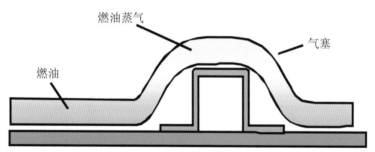

图 10-14　燃油管路内的气塞

最可能出现燃油蒸气气塞的情况有:

> 燃油温度高;
> 关键燃油油量,通常为低燃油流量;
> 环境压力低;
> 大迎角。

上述条件称为关键操纵条件。

轻型双发飞机的燃油系统

对于轻型双发飞机通常相应一侧油箱对该侧发动机进行供油,而另外一侧油箱也能向对应一侧发动机进行供油。这称为交输供油。图 10-15 所示为轻型双发飞机燃油系统。

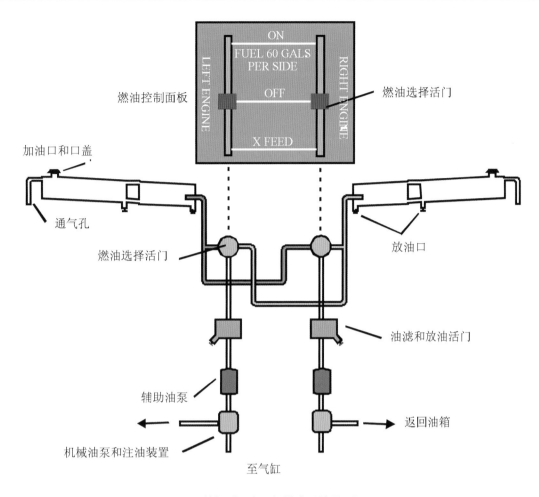

图 10-15　某轻型双发飞机燃油系统原理图

使用交输供油的原则：

➤　当燃油系统进行检修或检查时，飞机不允许所有燃油选择活门置于交输供油位置；

➤　起飞时不能将燃油选择活门置于交输供油位；

➤　正常环境下，飞机不能在交输供油位置着陆；

➤　交输供油用于燃油重量不平衡时，用较重机翼对飞机进行供油。

当飞机出现单发时，正常工作的发动机能从停车一侧发动机油箱获得燃油。这能控制横向燃油重量不平衡并增加航程。

对于具有燃油喷射系统和汽化器系统的飞机，其燃油系统有燃油蒸气回流系统。除满油门全富油情况下，机械式燃油泵抽取燃油多于发动机消耗燃油。多余燃油返回相应发动机一侧第一个油箱。

飞机手册指定了在使用交输供油前，正常工作发动机一侧油箱内燃油的消耗量（通常指消耗时间）。如果没有注意该问题，可能由于燃油油量过多而导致燃油通过油箱通气口外泄。

正常供油

左油箱供左发右油箱供右发　　　所有发动机供油中断

交输供油

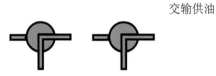

左油箱关断右油箱供所有发动机　　　右油箱关断左油箱供所有发动机

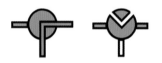
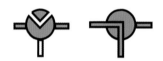

右油箱向左发供油右发同油箱隔离　　　左油箱向右发供油左发同油箱隔离

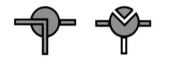
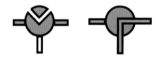

左油箱向左发供油右发同油箱隔离　　　右油箱向右发供油左发同油箱隔离

图10-16　轻型双发飞机燃油系统原理图

轻型飞机油箱通气

对于使用不增压油箱的轻型飞机,油箱剩余空间必须不小于总容量的2%。油箱必须通过通气管或通气加油口等类似设计进行通气。

油箱的通气要求:
- ➤ 油箱通气口设计必须能使其结冰或其他原因发生堵塞的可能性最低;
- ➤ 油箱通气口必须能快速平衡油箱内外的压力差;
- ➤ 油箱通气口在正常运行中必须不能导致燃油外泄,因为当燃油热膨胀时可能从通气口外泄;
- ➤ 当飞机有多个油箱对同一发动机供油时,如图10-16所示多个油箱的膨胀空间也需相连;
- ➤ 油箱通气口在地面和飞行中必须能防止水汽凝结,否则通气口也需要设置放油活门;
- ➤ 油箱通气口位置需要保证排出燃油或燃油泡沫不能进入座舱,或引起火灾;
- ➤ 对于特技类飞机,在操作过程中包括短时的倒飞,油箱通气口不能导致燃油大量外泄。油箱通气口必须保证飞机完成任何操纵时不会导致燃油连续外泄。

如图10-17所示为机翼下油箱通气口,该通气口满足上述要求。因为通气口从机翼下方伸出,机翼下表面的积冰不会对通气口产生影响,同时任何水汽凝结均能从通气口中排出。

通气口底部为一个向前斜面,如图10-17中B所示。由于冲压空气的作用燃油上方空气压力稍高于环境压力,因而能减少燃油蒸发,同时减少发生气塞的可能性。

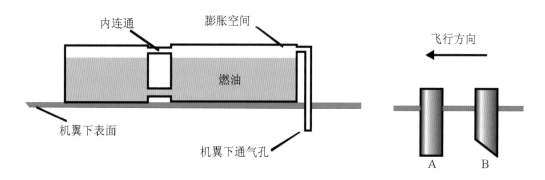

图10-17　机翼下通气口

轻型飞机的加油口盖

轻型飞机的加油系统同汽车的燃油系统类似,打开位于油箱顶部的油箱口盖,通过连接到软管上的燃油喷嘴进行加油,这称为开放式加油。后续章节将介绍开放式加油的相关安全问题。

油箱加油口盖必须能对燃油起一定的密封作用,加油连接系统必须保证燃油只进入油箱内。如果加油口处为凹槽结构,凹槽处必须具有放油功能以保证该处不受污染。加油口能使飞机同地面加油设备进行电气接地。

油箱加油口必须按照JAR 23.1557(C)描述进行标注。

➤ 对于使用航空汽油的飞机,文字AVGAS和最小燃油标号必须标注在加油口附近;

➤ 对于喷气式飞机,文字Jet Fuel和燃油名称,或参考飞行手册中允许的燃油名称必须标注在加油口附近。

轻型飞机油量指示

每个独立向发动机供油的油箱,均需要燃油油量表。对于两个连通的油箱如图10-15所示,作为一个油箱看待可以使用一个油量表。油量表需要有一个可以校准的红线或红色弧带,用于在平飞时显示可用燃油为零。如图10-18所示,目前多数油量表为电气式,当断电时仪表指针指向空油箱以下一点。图10-18显示了断电指示位置,当断电时指针将停留在该位置。

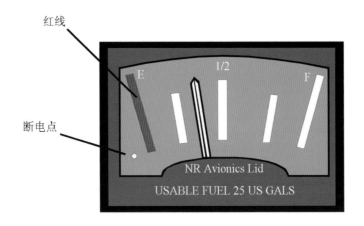

图 10-18 轻型飞机电气式油量表

为了降低成本、简化结构,目前多数轻型飞机的燃油量表采用浮子式油量测量系统。图 10-19 显示该系统工作原理。因为燃油为绝缘体,因此在油箱内可以使用较低的电压和电流。但是所有部件必须具有较高安全性,该系统失效时不能产生电火花引燃油箱内的油气混合物。

在该系统中浮子连接到划臂上,划臂划过线圈。当油量增加或减少时,浮子运动改变划臂的位置。

该原理可以在两个方面应用,测量电阻或电压。轻型飞机通常利用电压指示油箱油量。

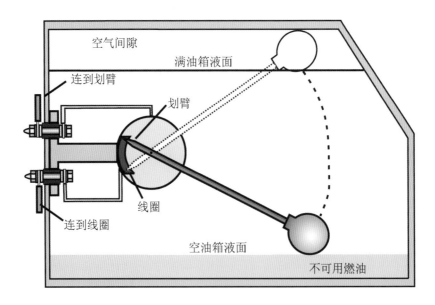

图 10-19 油箱油量测量系统

电阻式油量测量系统

图 10-20 所示为电阻式油量测量系统,在线圈上施加一定电压。划臂通过电流表和负载电阻进行接地。当划臂沿线圈移动时,改变电阻大小使电流表偏转,通过一个表盘进行单位校准后转换为燃油油量信息。

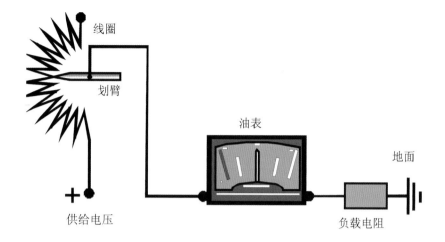

图 10-20 电阻式油量测量系统

如果为电压式油量测量系统,电路改变为如图10-21所示。在该系统中线圈接地,当划臂沿线圈移动时,其测量线圈该点的电压值。在经过单位校准的表盘上显示油箱油量。

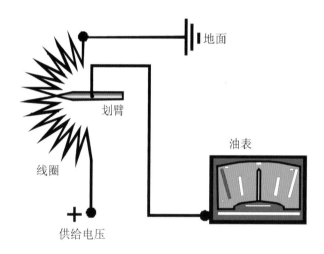

图 10-21 电压式油量测量系统

因为采用浮子测量燃油油量,所以只有飞机在地面停放或在平稳空气中平飞时才能准确测量。如图10-22所示,油箱内约有半箱燃油,任何姿态改变或加减速均会产生油量指示误差。

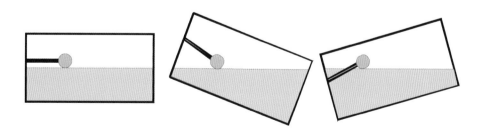

图 10-22 飞机姿态对油量指示的影响

因为准确性较低,大型飞机不使用浮子式油量表。大型飞机将油箱视为整体,通过燃油密度进行油量测量,该系统称为电容式油量系统,后续章节将进行介绍。

浮子式系统另外一个不利因素是当温度升高或降低时,油量指示会相应增加或减少。如果轻型飞机在燃油温度较低时加油,并在温度较高环境下停放,油箱通气口附近地板上通常会发现外溢的燃油,这虽然对飞行安全影响并不十分严重,但毕竟浪费燃油也增加了失火的潜在风险。

对于大型飞机由于其油箱巨大,低温时任何给定容量都将多加更多燃油。因此,如果在低温夜晚油箱按体积加油,并且飞机在环境温度未上升的早晨起飞。飞机重量会意外增加从而导致性能下降。

当飞机在地面停放时,飞机需要一种手动测量油量的方法。对于轻型飞机,通常采用油针和挡板实现,如图10-23所示。当打开油箱口盖时,该类设备可以通过加油口进行观察。

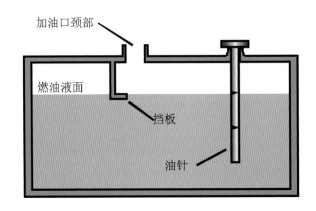

图10-23 轻型飞机的油针和挡板

大型飞机燃油系统介绍

下列章节主要介绍运输机机体燃油系统的一般设计要求,该要求需要遵守JAR 25。机体燃油系统通常指低压燃油活门之前。因为航空器一般知识考试内容包括机体和发动机部分,作者出于完整性考虑在某些图例中包括了高压燃油活门。高压系统包括的部件和操纵将在发动机部分进行详细介绍。

油箱
多数运输机的油箱为结构油箱,其部分机翼结构构成燃油油箱。结构油箱的优点前面已经介绍。但是,为了增加飞机的储油量并增加航程,大型运输机有中央油箱,如图10-24所示,增加的额外的油箱也叫辅助油箱,安装在机体内。

大型跨音速和超音速飞机通常有辅助油箱,该油箱安装于飞机尾翼中。辅助油箱燃油能帮助飞机进行配平,该内容将在下述章节进行介绍。

干隔间
为防止油箱撞击发生火灾,一个称为着火区的空置结构预留在油箱结构和防火墙结构之间。这也称为干隔间(如图10-24所示)。环绕油箱的干隔间结构必须有放油口,放油口不但能放掉泄漏燃油,还能对其进行通气。

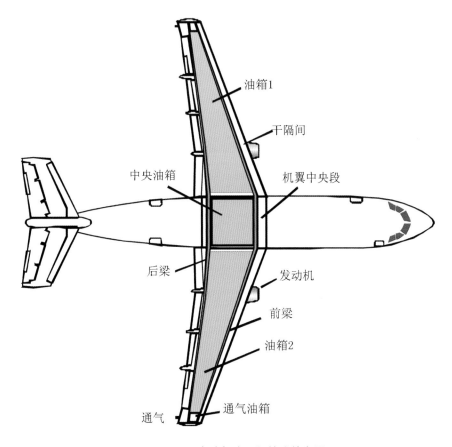

图 10-24 双发喷气式飞机的油箱布局

结构油箱必须有内部检查设备,这需要相应的通道和接口。这些通道通常位于机翼下方(如图 10-25 所示)。这些通道被盖子覆盖,而盖子可能受到如轮胎和发动机碎片等高速物体撞击而损坏。

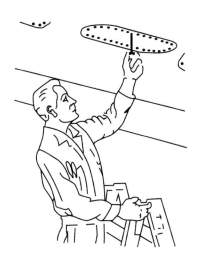

图 10-25 机翼下操纵面板

油箱收油池

油箱必须有有效容量的收油池,在正常地面姿态下,容量不小于油箱总容量的0.1%或1/4 L。在地面姿态下,收油池能从油箱任何部分收集具有危险量的水分。

收油池有放油口,在地面上能将收油池放空。同时收油池放油口有自动或手动锁在关闭位置的功能。放油口在飞机着陆和收上起落架时不能出现燃油外泄。

中央油箱

基于飞机的最大结构起飞重量和最大结构着陆重量原因,运行方希望在法规许可条件下,降低燃油载荷,增加有效商载。根据重量平衡相关知识,在机身油箱内加油会增加机身重量,除非机翼油箱已经加满,否则机身油箱有油量限制。

因此,许多飞机起飞时中央油箱空置或仅仅加注较少燃油。机组优先使用中央油箱或辅助油箱对发动机进行供油,而保留机翼油箱内的燃油。

油箱压力和通气

为了减少在高空飞行时,燃油挥发损失和增压泵发生气塞的可能性,飞机油箱用发动机压气机的引气进行轻微增压。引气增压通过控制,能保证在增加发动机转数时,油箱内不会出现压力波动。

油箱通过释压活门连通大气,这能保证如果油箱内压力超过海平面压力,燃油蒸气能释放到外部大气中。如果燃油流出量超过增压引气控制范围,负释压活门能使环境大气进入油箱防止油箱出现负压,进而造成燃油流量下降甚至油箱变形。通常情况下,增压引气能处置正常的燃油供给、传输等。

翼尖通气油箱

通气油箱是大型飞机燃油系统的组成部分,通气油箱通常位于主油箱和翼尖之间(如图10-24所示)。通气油箱内燃油通常不作为飞机的起飞燃油,而仅仅作为主油箱的通气部分。如果出现由于加油后热膨胀导致燃油体积增加,燃油可以进入通气油箱。当飞机带坡度飞行时,燃油会流入相应通气油箱(如图10-26所示)。

因为增压油的通气中包含燃油滴,通气油箱设计中应尽量减小燃油损失。通气油箱均有回流液态燃油的功能,图10-26所示为浮子控制的电动泵。回油功能的实现还有引射泵或大上反角飞机的挡板活门等。

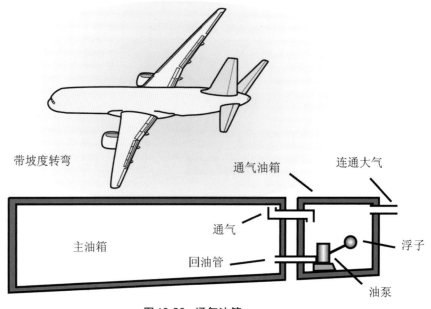

图10-26 通气油箱

双发喷气式飞机燃油系统

如图10-27所示为支线双发喷气式飞机燃油系统简图,该图可以在相应飞机的手册中找到。该图参考了波音737-400系列飞机。像其他简图一样,该图并不十分准确但能介绍该类系统的基本原理。

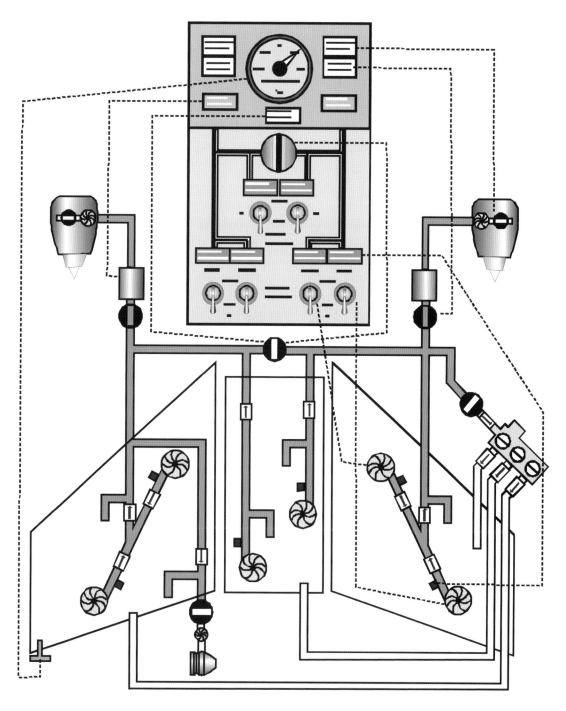

图 10-27　双发喷气式飞机燃油系统简图

图10-27以及类似简图有时作为飞机一般知识考试试卷的附件出现。基于JAR 25要求,为了清晰解释相关知识,作者将该图分解为若干部分进行介绍。

发动机燃油供给

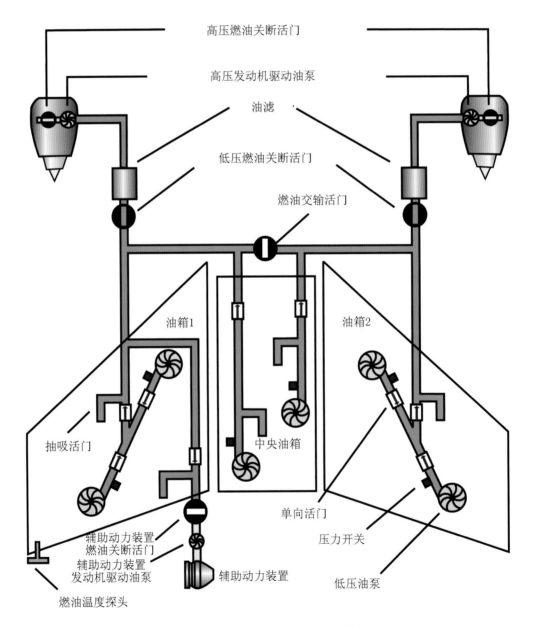

图10-28 双发喷气飞机的燃油供给简图

JAR 25要求:

➢ 在任何运行环境和操纵中燃油系统应该能供给至少100%燃油需求。

➢ 燃油以发动机和燃油系统要求的压力范围进行供油。

➢ 除重力供油外,燃油系统必须安装主油泵、备用主油泵和应急油泵,应急油泵必须能提供100%燃油流量。

➢ 除了具有手动开关功能外,任何发动机必须设计防止机组意外中断供油功能。当正常运行中任何油箱的可用燃油耗尽时,其他油箱可用燃油可以继续供油。

图10-28显示如何满足上述要求。出于效率考虑,有两个独立燃油系统分别向相应发动机供油,燃油可能来自中央油箱或发动机相应一侧的机翼油箱。在燃油重量不平衡和紧急情况下,低压泵可以从另外一侧机翼内油箱(通过交输活门)抽吸供油。

每个发动机在相应机翼油箱内有2个油泵,中央油箱每侧有1个油泵。机翼油箱内的2个低压油泵满足JAR要求的100%备份。中央油箱只需要一个低压油泵,当出现故障时,机组可以选择机翼油箱或打开交输活门使用正常工作的低压油泵进行供油。

为满足第四项要求,中央油箱的油泵输出压力比机翼油箱油泵输出压力更高。因此,当所有油泵打开时,中央油箱优先供油。当中央油箱油泵故障或中央油箱燃油耗尽时,发动机自动从机翼油箱获得燃油。

增压泵

增压泵通常为电动机驱动的离心泵。电动机位于油箱内部或部分燃油流经电动机外部以冷却电动机。为了防止大块杂质进入泵内,在泵的入口有粗滤网。为了防止出现供油不足,通常泵的入口尺寸约为出口尺寸的5倍。

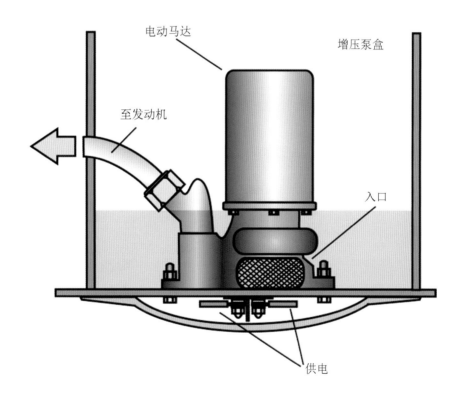

图10-29　增压泵

增压泵盒

如图10-28所示,满足JAR 25要求的2个增压泵被分散安装在机翼油箱内。实际上如图10-29和10-30所示,2个增压泵并排安装在增压泵盒内。增压泵盒在机翼的最低点,接近翼根油箱后侧。增压泵盒的作用是在任何飞行姿态泵的入口处均有可靠供油。搜油泵的作用是当油箱燃油低于增压泵盒(例如飞机带坡度盘旋)时,保证增压泵正常供油。搜油泵可能是电动泵或引射泵。

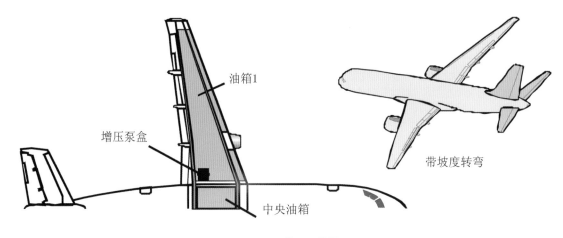

油箱1

增压泵盒

中央油箱

带坡度转弯

图10-30 增压泵位置

引射泵

引射泵的工作原理是根据文氏管效应。如图10-31所示,一股来自增压泵出口的高压燃油通过喇叭形管道,燃油的喷射作用将周围燃油吸入。在不增加燃油压力时,引射泵能传送比增压泵多若干倍的流量。基于这个原因,引射泵可以作为搜油泵使用,将油箱不同位置的可用燃油或多个油箱的燃油传送到特定位置。

在增压泵盒内有浮子式开关,如果燃油液面降低油泵将被起动,直到燃油液面上升油泵关闭。机组可以在任何飞行阶段,通过打开搜油泵来超控浮子开关。在较低温度下,保持燃油流动的好处是能防止燃油凝固。

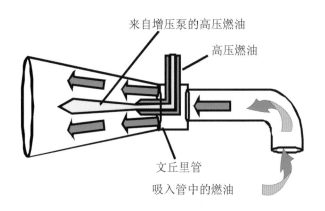

来自增压泵的高压燃油

高压燃油

文丘里管

吸入管中的燃油

图10-31 引射泵作为搜油泵

另外一种类型的离心泵为卷轴增压泵（如图10-32所示）。该油泵中电动机旋转锥形卷轴，卷轴类似螺纹。卷轴旋转（如图所示为顺时针）推动燃油向下流动加压进入发动机的供油管路。

卷轴增压泵的优点是卷轴推动燃油向下流动的同时，能分离出混入的空气和燃油蒸气。如图10-32所示，能保证只有液体进入供油管路。

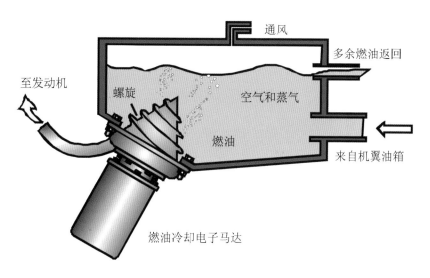

图 10-32　卷轴增压泵

其他燃油系统使用集油油箱，燃油从机翼油箱向下流向安装于机身的小集油油箱，集油油箱内安装增压泵向发动机供油，如图10-33所示。无论使用何种燃油系统，只要多于一个油箱供油时，当某一油箱可用燃油耗尽时不需机组干预即能转换为另一油箱。

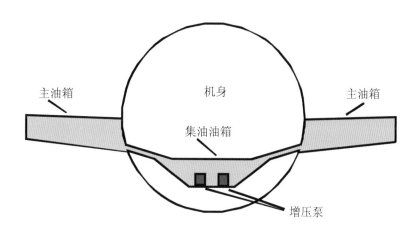

图 10-33　集油油箱

低压开关位置见图10-28。每一台增压泵下游均安装压力开关,当出口燃油压力下降时能给飞行员琥珀色警告指示。更多内容请参考图10-35。

单向活门

如图10-34所示,每台增压泵下游均安装一个单向活门。单向活门主要的作用是防止一台增压泵的输出的燃油进入另一台增压泵造成两台增压泵之间燃油循环。图10-34所示为典型的燃油单向活门。

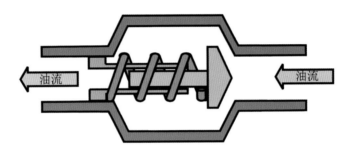

图10-34 燃油系统单向活门

热释放开关

燃油被封闭在供油管路部件之间,当温度上升发生热膨胀时可能会损坏燃油系部件甚至管路。为了防止出现类似情况,系统使用了热释放开关,热释放开关结构类似单向活门,不过活门阀芯上有毛细孔(如图10-35所示)。在正常环境下活门关闭,燃油流过毛细孔的流量可以忽略。当温度压力上升时,少量液体流过毛细孔能降低封闭液体的压力。

图10-35 燃油系统热释放开关

抽吸活门

如图10-36所示,抽吸活门位于单向活门下游。当所有增压泵均故障时抽吸活门工作,发动机的高压泵能抽吸燃油,抽吸活门正常工作时,能保证发动机至少75%的功率输出。

因为增压泵驱动能力限制,最小截面积5倍于供油管路的活门安装于供油管路。在正常情况下,低压泵的压力保持抽吸活门关闭,防止燃油回流。如果供油压力下降,高压泵的抽吸作用和油箱燃油自身压力打开活门,使发动机获得燃油供给。

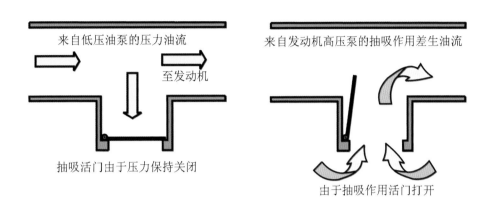

图 10-36　抽吸活门

低压燃油关断活门

低压燃油关断活门将油箱和发动机分开。该活门安装位置应该尽量接近油箱,低压燃油关断活门的操作应该不受到发动机结构故障影响。如果关断活门有着火危险,其必须具有抗火、防火能力。

关断任何发动机的燃油关断活门,必须不能影响其他发动机的供油。操纵燃油关断活门不应该影响其他应急设备使用,如涡桨飞机的顺桨。在飞行中如果燃油关断活门关闭,机组应该能重新打开。

高压燃油关断活门

高压燃油关断活门将发动机的燃烧室和高压燃油系统分开,高压燃油关断活门位于高压发动机驱动泵下游。发动机的燃油系统在发动机部分介绍,但是高压燃油关断活门的控制原则如下:

➢ 在人员进入、离开或在座舱内正常移动时不应该产生活门误操纵;

➢ 对于手动活门,活门的打开或关断位置必须要有位置指示;

➢ 机组无须连续注意即能将活门置于特定位置,且不会发生振动移位等;

➢ 活门的开关手柄需要染成红色。

对于电气式燃油选择活门:

➢ 数字控制和电气开关需要恰当标志;

➢ 如果燃油选择手柄或电气数字选择活门同时也作为燃油关断活门时,"关"位置必须使用红色显示;

➢ 必须为机组提供显示油箱或功能选择提示,选择活门手柄位置不能作为指示使用,关断位置必须使用红色显示;

➢ 电气式活门需要有活门位置显示,其能直接感受活门选择位置;

➢ 如果提供独立的关断方法,其必须染成红色。

燃油油滤

油箱供油口的滤网见图10-28。实际上每个油箱供油口附近均需要安装油滤。油滤需要有放油口和收油池,以便能分离进入燃油系统的水分。

座舱燃油控制面板

如图10-37所示为波音737-400的座舱燃油控制面板,该面板位于机长座顶板上(在飞行员前风挡上)。由于引入双人制机组,导致座舱使用燃油控制面板。面板界面类似燃油系统简图,以便机组观察控制燃油系统。

JARs要求:

> ➤ 每个油箱的燃油选择活门和交输活门必须有位置标识;
> ➤ 如果油箱使用顺序有安全要求,使用顺序需要标识在相应油箱选择活门附近;
> ➤ 每个控制相应发动机的活门需要进行标识,显示相应发动机控制位置。

面板上的标识满足上述要求,面板上的开关同相应发动机的燃油系统一致,相关状态通过指示灯进行显示。

显示如下:

低压灯　　　　　　　当油泵打开,压力低并且加电时点亮。

中央油箱　　　　　　当压力正常时熄灭或"关"。

低压灯　　　　　　　当压力正常时熄灭或"关"。

主油箱　　　　　　　当压力正常或选择"开"。

交输灯　　　　　　　熄灭当活门关闭时;
　　　　　　　　　　当活门打开时变暗;
　　　　　　　　　　当活门位置同开关位置不一致时变亮。

油滤旁通灯　　　　　当油滤堵塞油滤压差打开油滤旁通压力开关时点亮。

低压关断活门灯　　　当活门关闭时变暗;
　　　　　　　　　　在活门操纵过程中变亮。

发动机活门关断灯　　当活门打开时熄灭;
　　　　　　　　　　当活门关闭时变亮。

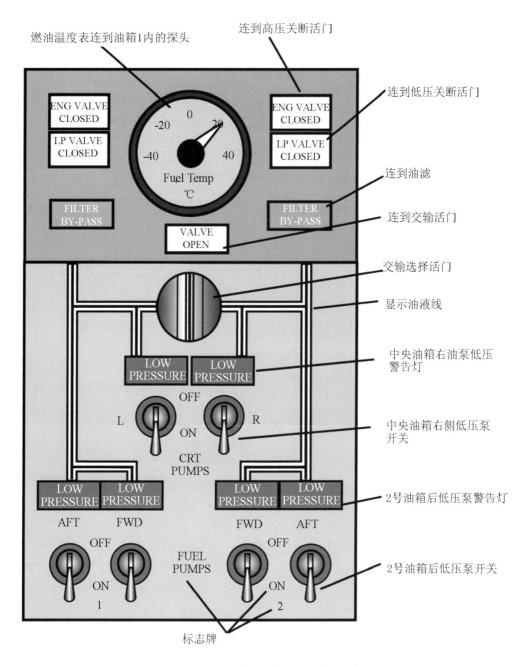

燃油温度表连到油箱1内的探头

连到高压关断活门

连到低压关断活门

连到油滤

连到交输活门

交输选择活门

显示油液线

中央油箱右油泵低压警告灯

中央油箱右侧低压泵开关

2号油箱后低压泵警告灯

2号油箱后低压泵开关

标志牌

图 10-37　双发飞机座舱燃油控制面板

燃油温度表

如图 10-37 所示,燃油温度表和 1 号油箱内的温度探头相连,参考图 10-28 所示位置。温度表能为机组提供燃油的整体温度,并适时警告机组需要对燃油进行加温。

燃油系统同液压系统进行热交换,防止燃油凝固。某些飞机在油箱内有专门的加热装置防止燃油凝固。

辅助动力装置供油

辅助动力装置供油原理图参考图10-28。辅助动力装置能通过低压油泵从1号油箱获得燃油,或利用高压泵和抽吸活门从1号油箱获得燃油。辅助动力装置也能通过左侧低压泵从中央油箱供油,或当交输活门打开时,也可以利用低压泵从右侧油箱获得燃油。

在地面运行时,正常情况下辅助动力装置从中央油箱获得燃油,从而防止长时间运行造成的燃油重量不平衡。辅助动力装置有专门的控制面板,根据是否辅助动力装置只能地面操纵,或能在飞行中起动运行,或在起飞前起动后能在飞行中运行,控制面板有所不同。

机翼下单点压力加油系统

大型飞机使用单点压力加油系统,该类系统所有油箱均能通过单一接口进行加油。加油面板通常位于主舱门另一侧机翼下表面。如10-38所示为数字式加油面板,第一代系统使用模拟仪表。该系统操纵燃油重量而不是体积,使用油箱内的传感器探测油箱的实际容量。大型飞机的油箱容量测量和显示在后续章节将进行介绍。波音737-400使用千克作为燃油单位,其他飞机是用磅作为单位。

大型飞机的放油也通过单一接口实现,该接口通常位于加油口一侧的独立面板上,如图10-38所示。根据法规解释加油包括放油功能。

标准的放油接口必须能承受50 psi的压力,最小抽吸压力为5 psi。

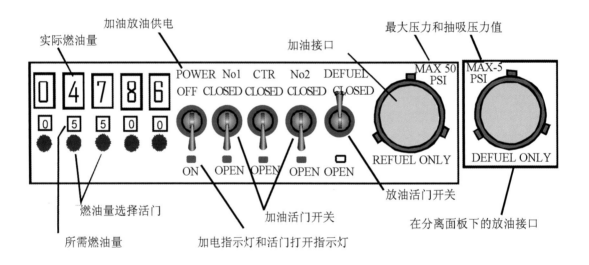

图10-38　加油面板

该系统能通过几种方法进行操纵。如图10-39所示,系统设置为加注5 500 kg燃油。首先加电,然后将需要燃油总重通过燃油重量选择面板输入,最后所有加油活门打开,通过加油通道燃油被油泵加注到油箱内。

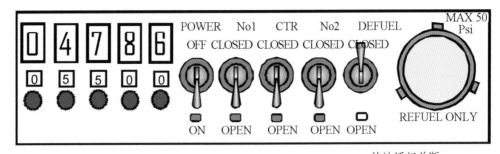

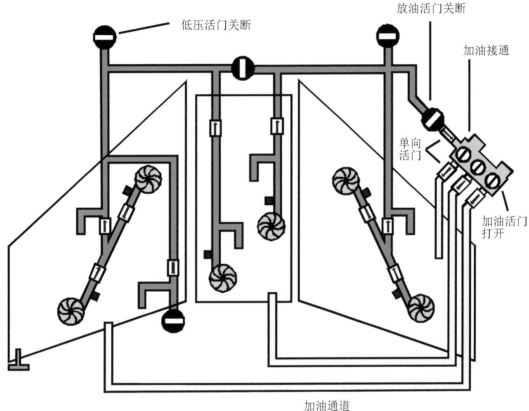

图 10-39　加油系统

系统设计为先加注机翼油箱而后加中央油箱。当燃油量正确(实际油量和选择油量相同)时活门自动关闭。开关自动跳回关断位置,活门打开,指示灯熄灭,电源灯依然点亮。

如果只加注机翼油箱,中央油箱加油活门关闭,选择加油量后油泵开始进行加油。如果一个油箱被设置加注特定重量,达到要求后加油系统会自动对另一个油箱进行加油。

因为加油、放油电路能在不操纵主电瓶电门时工作,许多飞机的加油口电门设计为关闭时同主电门联动,或未关闭主电门时不能关闭加油电门,这能保证加油后电路被切断。

加油通道管

下列内容摘录于JARs关于燃油系统设计要求。

"当使用标准加油设备和标准喷气燃油时,加油速度超过250 gal/min摩擦静电可能导致燃油和油箱金属部件间产生火花。"电压可能由于燃油添加剂和污染物等(例如防腐添加剂、滑油、水)导致升高,或由于燃油在油箱内晃动产生。

一种满足要求的方法如图10-40所示。燃油加压通过通道管进入油箱,通道管呈喇叭状。这使油液压力降低并在末端产生汽包,而不是喷射泼溅进入油箱。一根管路通过单向活门抽吸油箱最底部燃油,这能保证加注的燃油和油箱内燃油充分混合,在燃油从喇叭口处流下前电势完全平衡。

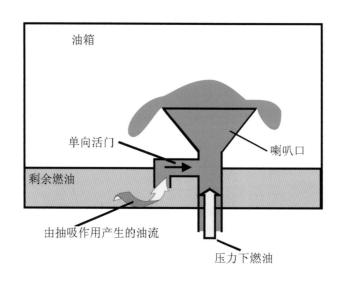

图10-40 油箱内的加油通道管

地面燃油不平衡

如图10-41所示,该系统允许在不对油箱放油、加油条件下平衡两个机翼油箱燃油。在图10-41中1号油箱加油过多,燃油平衡后每个油箱3 250 kg。

在加油面板上,需要进行下列操纵:

➢ 加油、放油回路加电;

➢ 重量指示设置3 250 kg;

➢ 打开2号油箱加油电门;

➢ 打开放油活门电门;

➢ 座舱燃油操纵面板(如图10-37所示)交输活门打开,1号油箱低压油泵打开。

燃油从1号油箱通过加油通道、放油活门进入2号油箱。当正确流量传输完毕,2号放油活门自动关闭。放油活门和电源可以关闭,座舱操纵可以重置。

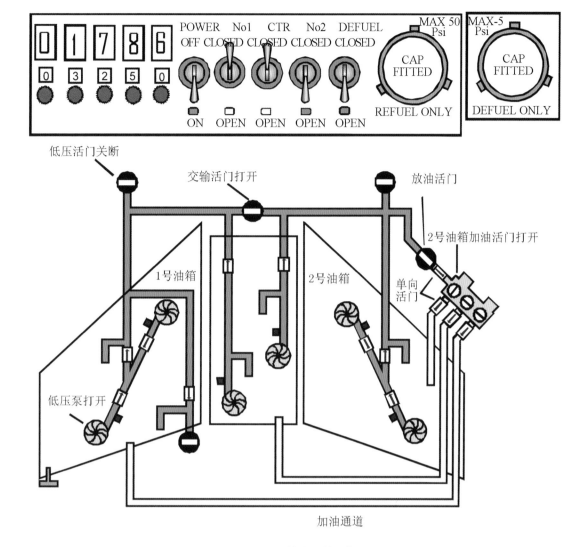

图 10-41 燃油重量平衡

放油

低压油泵用于对单一油箱或飞机进行放油。在这种情况下,加油活门关闭油泵连到放油口。油泵的抽吸压力不超过 5 psi。任何过高抽吸压力将导致燃油系统损坏。放油只能放掉可用燃油,释放不可用燃油需要利用放油口。

电容式油量测量系统

如图 10-42 中的 A 所示,如果油箱内有一定重量的燃油,体积为容积一半,油箱倾斜(如图 10-42 中 B 所示)燃油体积和重量不变。

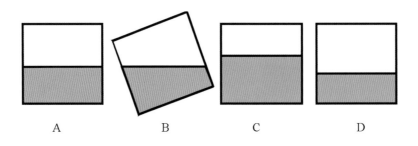

图 10-42　油箱状态

如果燃油温度上升体积膨胀(如图 10-42 中 C 所示)或温度下降体积收缩如(如图 10-42 中 D 所示),虽然燃油的密度和体积改变,但是重量保持不变,使用容积测量系统如浮子式油量表将导致燃油量指示误差。现代运输机上多采用电容式油量表系统,该系统能高效测量飞机上的燃油重量信息。

电容式油量测量系统基于如下原理:空气和燃油具有不同的介电常数。如图 10-43 所示为一种典型电容式系统。该系统由一系列垂直安装的油箱组件组成。当油箱深度变化时其长度发生变化。油箱内安装了参考组件,其总是浸入油内。使用 28 V 直流电压的放大器和油量显示装置组成该系统。

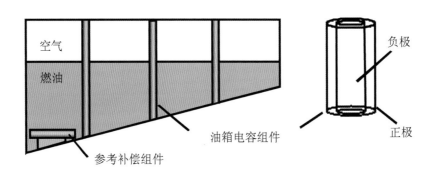

图 10-43　电容式油箱部件

电容容量取决于电容面积的大小、之间距离和中间材料的导电性。在这种情况下,每个油箱有 2 根同轴金属管,如图 10-43 所示其中一根位于另一根内部但是保持绝缘。因为金属管的总面积已知,内外金属管之间距离可以设置。所有金属管同补偿装置并联,形成一个大电容。燃油的深度决定了总电容的大小。

外侧金属管上有孔,使燃油可以在 2 根金属管之间流动,以保证金属管之间燃油同油箱其他位置深度一致。在一些设计中 2 根同轴金属管之外还有另一根金属管,但该金属管仅仅是用来起到电弧屏蔽作用,而不是测量作用。

当可用燃油为零时读数被设置为零。因为设计人员了解油箱容量和燃油的标准密度,因此可以根据不同重量单位如千克、磅等对油箱进行读数校准。

当飞机带坡度时,虽然燃油会流向最低点,但浸入燃油的电容面积不变,因此电容的大小和油量指示不变。因为该系统设计为在特定燃油密度范围内工作,位于油箱底部的参考系统,同样经历燃油热胀冷缩造成的密度改变。虽然油箱内燃油深度改变,但是燃油的重量不变。虽然燃油密度改变,但电容值不变,因此油量指示也不会改变。

如果加入油箱内的燃油密度不同于参考系统设置密度,油量指示将发生错误(例如,JET B 燃油代替JET A1 燃油加入油箱)。当系统故障时油量指示为零。

座舱油量显示

老式飞机在飞行工程师面板上,用分离式模拟仪表显示油量。为了减少双人制机组仪表的数量,现代飞机采用了集成仪表系统。在类似系统中,各个油箱的油量信息经过单一放大器处理并获得唯一输出,这能实现单一仪表显示飞机上总油量。为了满足飞行员能确认各个油箱油量的法规要求,油量表附近有选择开关,飞行员可以利用其进行各个油箱油量确认。当松开开关后,仪表系统能自动返回总油量显示。

使用模拟仪表能更方便进行油量读取,但是数字仪表的显示更加精确。而混合式系统能结合数字仪表和模拟仪表进行油量显示。

玻璃座舱的使用已经升级了混合式系统,如图10-44所示为一种典型双发喷气式飞机座舱。在该系统中,燃油量通过3块模拟数字混合仪表显示在CRT显示器上。仪表分别对应3个油箱,数字和白色弧线指示每个油箱的燃油重量。

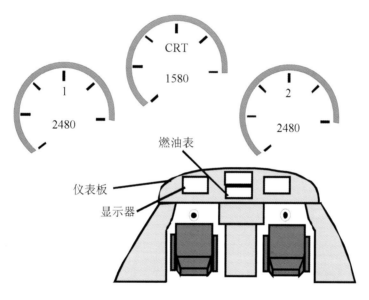

图10-44　现代飞机座舱燃油量显示

如图10-45所示,当飞行中出现燃油系统异常(如燃油重量不平衡、低油量、中央油箱比主油箱燃油多)时,问题油箱的白色弧线变为琥珀色,并同时出现文字提示。琥珀色主警戒灯闪烁,驱使机组注意中央警告面板和燃油警告。主警戒和中央警告能通过按压主警戒灯复位,但是仪表指示在系统恢复正常前不能取消。任何其他燃油系统的问题,将导致主警告和中央警告面板灯点亮。

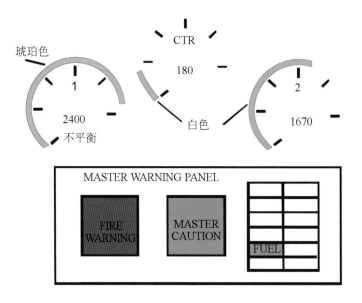

图 10-45　现代座舱中燃油异常显示

燃油地面确认

JAR 规章要求在飞机不加电的情况下,在地面进行燃油量的物理检查。

这能通过油箱顶部的油针实现,但是多数情况下,大型飞机使用机翼下油针。机翼下油针有多种类型,如图 10-46 所示。

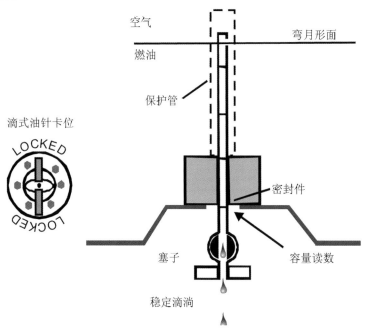

图 10-46　滴式油针

滴式油针为一根侧壁上有小孔的管子,其通过密封圈从油箱底部伸入油箱。当不使用时,油针底部有塞子以防止燃油泄漏,油针被面板从外部锁住。

当要读取油量时,打开塞子放掉油针内燃油。缓慢向下拉出油针出现稳定油滴,这表明小孔同燃油液面平齐。如果小孔低于燃油液面,将出现稳定油液流淌。当找到燃油液面位置时,即可以从油针上标识读取燃油油量。每个机翼油箱有若干个滴式油针,总油量为各个滴式油针读取油量的总和。

放油

多数运输机最大起飞重量大于其最大着陆重量,在极端情况下,如果起飞后需要立即着陆,可能出现超重着陆,这可能导致结构损坏并危及乘客和机组的安全撤离。

为了克服这种问题,按照JAR 23和JAR 25适航的飞机需要具有放油功能。图10-47为该系统原理,下列章节引自JAR规章关于放油系统的要求。

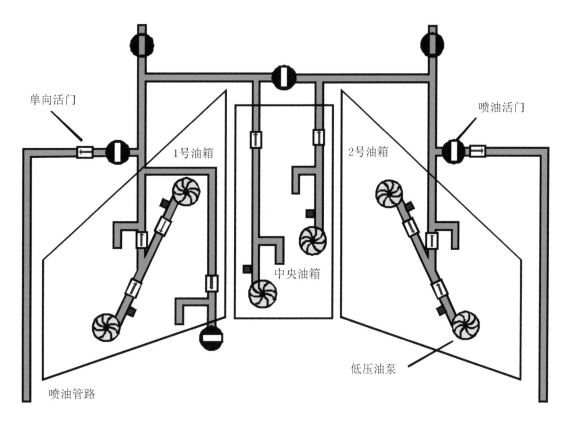

图 10-47　放油系统

JAR 23要求双发飞机需要放油系统,以便释放燃油使飞机重量从最大起飞重量下降到最大着陆重量。放油速度需要达到每分钟放油为最大起飞重量的1%。同时,最短放油时间不小于10 min。

必须安装放油系统的情况如下:

➢ 飞机的最大着陆重量少于25%总燃油重量;或

➢ 最大着陆重量为最大起飞重量95%,或最小燃油重量等于在最大连续功率状态下,1.5 h运行所需燃油加上最大起飞重量和最大着陆重量之差。

对于按照JAR 25适航的飞机必须安装放油系统,除非飞机以特定爬升速度满足爬升要求:

➢ 对于4发飞机不小 $1.08\,v_{sr}$,增加功率导致失速速度明显减小;或者

➢ $1.13\,v_{sr}$ 对于所有飞机;

➢ 不小于 v_{mcl} ;

➢ 不大于 v_{ref} 。

在最大起飞重量,少于实际计算需要燃油:

➢ 15 min 飞行包括:

起飞;

复飞;

在离场机场着陆。

如果飞机不能满足爬升要求,就必须具有放油功能。从最大起飞重量 15 min 内放掉足够燃油使飞机满足爬升要求。放油系统在放油过程中不能污染飞机的任何部分,放掉燃油以及产生的泡沫不能进入飞机的任何部分,不应该有着火危险。在放油过程中不能对飞机操纵产生负面影响。

当油箱内燃油达到从海平面爬升至 10 000 ft 并在最大航程速度巡航 45 min 油量时,放油系统能自动停止放油。放油系统必须能使飞行员在任何操纵过程中终止放油。

放油操纵手柄必须染成红色,以提示该系统为应急系统。放油操纵手柄不能位于正常操纵手柄附近以防止意外操纵。如果除主放油手柄外还安装辅助放油手柄(也染成红色),该系统可以放掉全部可用燃油。

任何单一故障不应该导致不对称放油和放油失效。如果由于操纵缝翼、襟翼等改变空气流场,以至于影响放油功能,必须在放油手柄附近设置提示牌提示机组在该情况下禁止放油。

为满足上述要求,放油手柄需要有卡位,通常按钮或转动开关作为防误操作措施之一。在老式飞机燃油系统中,当达到最小油量时,设置了专门的浮子式开关关闭放油活门。

现代飞机使用电容式油量测量系统和飞行管理系统确定剩余油量,该系统考虑了实际运行环境和发动机性能因素。需要注意的是放油系统由低压泵驱动。

另外不能在雷雨附近放油,并且需要在特定高度放油,以便燃油在落到地面前已经蒸发。

燃油配平

大型运输机和超音速运输机采用燃油作为配平方法之一。飞行员可以将主油箱内的燃油传输到安装机身后部或尾翼上的油箱以改变重心位置。对于大型运输机在尾翼上增加重量,能减少飞机在低速时升降舵的大角度偏转;增加操纵面可用偏转范围进而减小 v_{mca} ;同时在高空高速飞行阶段,可以实现不操纵升降舵和全动平尾对飞机进行配平,进而减少配平阻力。超音速飞机如协和号等,使用燃油配平改变重心位置抵消马赫俯冲。

加油和放油

飞机有两种加油方式:重力加油和压力加油。有三种运送燃油方法:加油车、加油机和加油龙头。轻型飞机采用重力加油方式进行加油,可以通过加油车和加油机方式运送燃油。大型飞机采用

压力加油方式进行加油,可以通过加油车和加油龙头方式。大型飞机的放油通过加油车实现。

该部分主要介绍轻型飞机的重力加油系统以及相关安全规范。

重力加油

飞机可以滑向类似汽车加油站的加油机,或停在停机坪上,由燃油加油车(如图10-48所示)将燃油送过去。

图10-48　燃油加油车

在加油之前,加油人员必须做如下检查:

➢ 发动机和电气设备关闭;

➢ 机上无人;

➢ 燃油标号正确;

➢ 飞机接地;

➢ 加油车接地,消除静电;

➢ 加油车可以在紧急情况下直接向前开走;

➢ 飞机和加油车绑定以保证电压平衡,这主要通过将加油车上特定点连接到飞机上实现(参考飞机的AFM手册)。

在油箱口盖打开前,需要将重力加油的燃油喷嘴和油箱口盖附近连接点进行连接。在重新盖上口盖前要保持连接状态。即便没有进行加油,只要口盖打开即认为加油开始。在加油过程中,加油人员操纵燃油喷嘴应该保持燃油不能喷溅到油箱外部。

对于采用加油机进行重力加油,飞机停放位置应该能在紧急情况下方便拖离。飞机需要同加油机进行连接并接地。在打开和上紧口盖之间应该保持燃油喷嘴同飞机相连。

通过油车进行压力加油

利用油车进行压力加油同重力加油的规章要求只有一点不同,因为压力加油中连接器同飞机为金属和金属直接连接,因此压力加油不需要单独的电气绑定。图10-49为某油车上的操纵和显示,但该内容不包括在考试范围内。

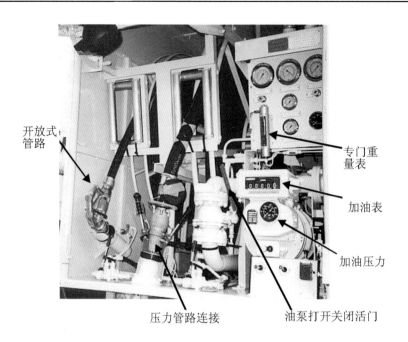

图 10-49　加油车的加油控制系统

第十一章
防冰排雨系统

概述

在一战后的一段时间里,商业航空由于飞机进入结冰区造成飞机结冰,致使很多空勤人员遇难。在19世纪20年代的早期,由于仪表技术不成熟,一些航线飞机乘客位于客舱里,而飞行员位于开放式的座舱里,这样可以方便飞行员感受和观察他所飞行的大气环境。解决结冰的方法有两个:一是不要在结冰区飞行,二是缩短在结冰区飞行的时间。仪表的改进使活塞发动机飞机能进行仪表飞行。涡轮发动机可以使飞机在恶劣天气之上巡航,但是活塞发动机飞机和涡桨飞机由于飞行高度较低,仍然处于恶劣气象条件影响之下。同时,涡轮发动机飞机在上升和下降时仍然要穿过低层气象层。

雨对飞行的影响

即便不考虑汽化器结冰(在发动机章节内)的影响,中到大雨也能降低机翼产生的升力,通过观察雨落在平板上可以很好地理解这一点。落在表面上的每一滴水都向上溅起更多的水。这种扰动使飞行时机翼表面的附面层变厚,进而导致升力的损失。在大雨时,持续的降雨和雨水流过表面使升力的损失更严重。由于水汽密度小于空气密度,所以潮湿空气也能降低升力。

风挡上的水降低了能见度的同时使视野扭曲。轻型飞机为了克服这一点,设计者们调整风挡的排列以便排走雨水。弯曲并向后部倾斜的风挡可以方便螺旋桨滑流向后排走雨水,排雨效果取决于飞机的速度(螺旋桨滑流)和迎角,大迎角风挡上面会产生乱流,进而降低滑流带走雨水的效果。

风挡排雨系统

JAA规章规定:"除非在每个飞行员位置都装备了风挡雨刷,或其他的能在降雨时保持风挡部分清洁的设备,飞行员不能操纵最大起飞重量超过5 700 kg的飞机在雨中飞行。"

雨刷

常规排雨系统多采用雨刷,当风挡较窄时,雨刷能从风挡前部一侧移动至另一侧。当风挡较宽时,雨刷的布置就和车上雨刷相似。雨刷可能是电动/机械驱动、电动/液压驱动或者液压驱动,有两种或两种以上的速度。雨刷只在低于一定的空速下才能使用,高速飞行时停用。在风挡干燥时使用雨刷会损伤雨刷刮片,也可能在风挡上产生划痕。一些飞机的风挡有液体除冰系统,可以作为风挡清洗系统。

排雨剂

当飞机在大雨(雨季)中飞行时,使用排雨剂可以帮助雨刷清除大量的雨水。不使用排雨剂时,这些过多的雨水可能淹没雨刷。排雨剂是一种特别黏稠的油液,把它喷洒在风挡上后,利用雨刷将其涂抹均匀,可以减小水的表面张力,雨水就更加容易流走,雨刷就可以清除掉比平时更多的雨水。

排雨剂储存在一个增压的容器内,通过一个瞬时开关控制喷涂到风挡上。在大雨中飞行时,使用排雨剂后至排雨剂被涂抹均匀前约15 s,这段时间内排雨剂能将风挡的能见度降低到零。因此,一般情况下一次只允许一名飞行员使用排雨剂,另一名飞行员等第一名飞行员重新获得视野后再使用排雨剂。

排雨剂有一定的毒性且具有特殊气味,当机组确认他们闻到了排雨剂的气味时,应当接通100%供氧。当风挡玻璃干燥时使用排雨剂会使飞行员视野模糊,造成该风挡和雨刷不能继续使用。排雨剂的缺点是非常黏稠容易污染风挡,排雨剂和所有的油脂一样非常容易吸附灰尘。

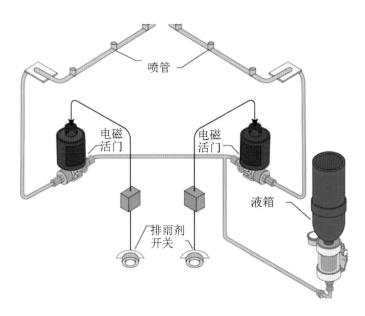

图 11-1　排雨剂系统

引气排雨

引气排雨系统作为风挡雨刷的补充,是在降雨情况下保持风挡部分清洁一种方法。在该系统中,从专门的鼓风机或涡轮发动机的压气机获得引气,并控制引气在风挡表面形成一层高速流层,向上向后吹走风挡上的雨水。引气出口也可以安装在风挡前面,向上喷射高速气流,这可以使雨滴在落在风挡前被破碎并吹走。

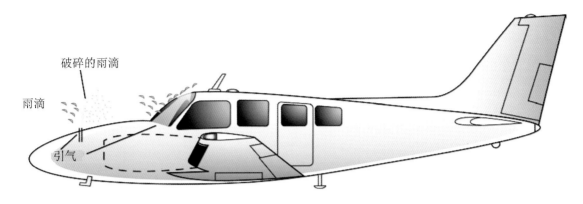

图 11-2　引气排雨系统

飞机结冰的影响

　　飞机表面任何的结冰、积雪和结霜都会严重地影响飞机的飞行性能，这是由于下列影响的综合：每加仑水凝结在飞机上，飞机的重量会增加近 10 lb，结冰会改变气动面的剖面，造成了升力减小，阻力增大。由于升力、重力和阻力的改变，飞机的稳定性和操纵性也将发生改变。

　　随着结冰的增加，飞机性能随之降低。为了克服升力下降、重力和阻力增加，需要额外增加发动机功率，进而增加燃油消耗率，缩短航程和续航时间，降低飞机升限，如果不加以控制还可能造成飞机坠毁。

图 11-3　结冰

在机翼和尾翼与主操纵面的连接处的结冰,会造成主操纵面不能正常运动,这是非常危险的情况。在起飞时,水、污泥和雪也有可能会溅在起落架舱里,把起落架冻结在收上位。

另外一个危险是喷气发动机的进气道有大块的冰进入,将损坏压气机叶片导致转动失衡。在螺旋桨上结冰也会有类似的危害。结冰会堵塞皮托管和静压孔以及其他的传感器,导致仪表失效指示错误。无线电天线周围也有可能结冰,将降低天线接收和发送信号的能力(信号衰减)。在活塞发动机章节将介绍汽化器内结冰的危害。

冰的形成

主要有四种类型的冰:霜、雾凇、毛冰和明冰。不同类型的冰形成于不同的气象条件,这取决于温度和降水量。简单解释一下每种类型的冰和形成它们的要素,其目的是使学生掌握结冰的识别和防护方法。结冰情况的详细内容在气象学课程里,考试也是分开的。

霜

如果地面或者其他暴露在外的物体的温度在0 ℃或以下时,水蒸气在它们的表面直接凝结成冰。虽然霜并不能形成很厚的一层,但霜的确能使飞机的表面变得更粗糙,类似于在飞机表面粘了一层砂纸。

在英国,这种类型的结冰一般只在冬天晴朗的夜晚形成,由于向大气辐射热量导致环境的温度降低。飞机在飞行时也有可能形成这种霜,如当低温的飞机下降进入暖湿空气时或者是低温飞机起飞穿过逆温层时。

雾凇

雾凇是用来定义粗糙不透明的白色冰结构,这种冰可能在地面上形成,也有可能在高空形成。在地面上时,当空气温度降低到露点时形成雾,温度继续降低到0 ℃以下会形成冻雾。雾中的过冷水(水温低于凝点但未结冰)接触任何物体,都会在接触时结冰。形成一层不透明的白色雾凇,它是开放式多孔结构,雾凇和冰箱冷冻室里面形成的霜是一样的。如果雾随风飘动,物体的迎风面将形成厚厚结冰。

图 11-4 机翼前缘形成雾凇

在飞行中,当飞机穿越含有小的过冷水滴的低密度云层时,在飞机的机翼或者螺旋桨前缘会形成这种结冰。最初,水滴在与机翼前缘的接触时结冰;随后,过冷水滴在已形成的冰上面结冰。由于结冰之间吸附了空气,造成不透明的白色结冰和非常粗糙的表面,这会扰动气流产生更多的乱流。

明冰

明冰即透明的冰或冻雨冰,是一种透明的其中没有气体的结冰,在地面上有冻雨时会形成。冻雨一旦接触到物体,雨滴并不瞬间结冰,而在结冰过程中析出溶解其中的气体。

在飞行中,当环境大气在–3~–8 ℃时,大量的过冷水滴碰撞到飞机时形成明冰,过冷水滴一旦接触到飞机就开始结冰,但是结冰过程会散发热量(凝固放热),阻止整个水滴瞬间结冰。这使气体从接触面析出,只剩下一层透明光滑的冰,这种冰有很高的黏着性,如图11-5所示。

图11-5　机翼表面的明冰

当飞机飞越有很小过冷水滴的云时也会产生明冰。这些水滴在接触点附近结冰形成一层明冰,如图11-6所示。

图11-6　在机翼前缘形成明冰

混合冰

混合冰是由明冰和雾凇组成。 当飞机在飞越两种结冰条件的过渡阶段时形成混合冰,冰面粗糙,呈明显不透明的白色,但是也有成片的明冰位于其中。

后流结冰

小的水滴可以过冷到–40 ℃,大水滴不能达到如此低的温度。大水滴温度只能仅仅低于冰点。大水滴结冰需要的时间较长,同时会向后流动。这将导致飞机结冰量增加,甚至会导致在机翼/水平安定面和操纵面之间的缝隙上结冰。当环境温度处于–3~10 ℃之间时,容易形成后流结冰。

结冰条件
图11-7介绍了结冰存在的条件。

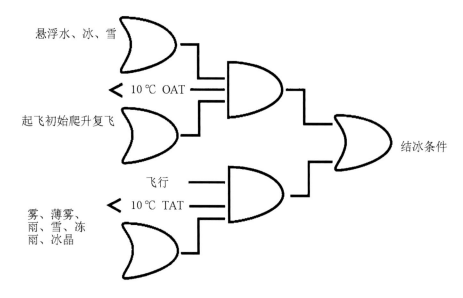

图 11-7　结冰条件

表 11-1 给出了从地表面到平流层的国际标准大气温度。

表 11-1　国际标准大气表

英尺	摄氏度	英尺	摄氏度
−1 000	16.98	20 000	−14.72
0	15.00	25 000	−24.62
+1 000	13.02	30 000	−34.53
+2 000	11.04	35 000	−44.44
+3 000	9.06	36 000	−54.34
+4 000	7.08	36 090	−56.32
+5 000	5.09	40 000	−56.5
+6 000	3.11	45 000	从对流层顶 36 090 ft 至 65 617 ft 高度温度保持 −56.5 ℃ 不变，然后随高度升高温度上升
+7 000	1.13	50 000	
+8 000	−0.85	55 000	
10 000	−2.83	60 000	
15 000	−4.81	65 000	

从表 11-1 可以看出,标准情况下,在 8 000 ft 高度时温度已经低于冰点;40 000 ft 高度温度降至 −56.5 ℃;高于 40 000 ft 时,所有的水蒸气都已经结晶成冰,不会黏附在低温飞机上。

结冰条件

在外界大气温度低于 3 ℃时,如果有下列任何一种可见的湿气,都会引起结冰。

➢　高度 1 500 m 以下有可见的雾;

➢　雨、雪、雨夹雪和冰雹;

➢　在跑道上有积水、雪浆、冰或者雪。

临界温度范围一般为-10~3 ℃,但当外界环境温度较高(可能到15 ℃或者更高)时,也可能在储有大量低温燃油的油箱的上部或下部意外结冰。

冻毛毛雨

冻毛毛雨是一种由雨滴很小的过冷水滴组成的降水,其碰撞到地面或在暴露物体上会形成结冰。

冻雾

冻雾是处于悬浮状态的密集小水滴,它们能在地面或者暴露物体的表面形成明冰或雾凇。在地面冻雾一般能将能见度降低至不到1 km。

冻雨

冻雨和冻毛毛雨类似。

轻冻雨

轻冻雨是液态小水滴,能在暴露物体的表面结冰。

雨夹雪

雨夹雪是降水中含有雨和雪,雨夹雪和轻冻雨类似。

半融雪

半融雪是雪或者冰和水混合后变得柔软潮湿的降水,使用加热和/或化学除雪处理。

雪

雪是冰晶形式的降水,大多数是星形六瓣,或混合有无分支冰晶。在温度高于-5 ℃时,冰晶一般形成雪花。

低温机翼

当机翼上有雨水或是相对湿度大,且机翼的温度低于或等于0 ℃时,机翼表面会形成冰或霜。

飞机除冰方法

JAA和FAA都有飞机除冰规章,JAR-OPS 134.5——结冰和其他污染物章节有如下描述:

运营人应当建立必要时对飞机进行地面防冰、除冰和相关检查所遵循的程序。

在飞机外表面完全清除掉所有污染物后机长才能起飞,因为污染物可能降低飞机的飞行性能和操纵性能,达不到飞机飞行手册的要求。

在已知或预知有结冰时机长不能起飞,除非飞机有相应适航认证或者设备能应付这些情况。

在飞机开始起飞滑跑之前确保飞机清洁没有冰雪等,其由运营人和机长负责,飞行员和运营人不能依靠起飞滑跑时螺旋桨滑流带走松散的雪。

图 11-8　达科塔飞机积雪

飞行前检查

飞行前检查是在起飞前确保飞机表面没有冰、雪、雪浆和霜。飞行前检查应当尽可能地在接近起飞前检查。一般从飞机内部目视检查机翼和其他飞机制造商规定的关键表面。

地面除冰和防冰

为了满足飞机不被结冰污染,在飞行前要把飞机上的冰雪除掉,在结冰区必须防止重新结冰。除冰是除去现有的冰雪,防冰是防止继续结冰。下面是在不同区域的不同的除冰方法。

从低温飞机上清除干雪

在干旱的大陆气候条件下,如果温度远低于 0 ℃,此时的雪是干雪(握紧一把雪,雪并不能形成雪球)。由于雪并不黏附在飞机上,用软刷子就可以将雪除去。如果温度持续地低于 0 ℃,并且没有降水,就不需要额外防冰措施。必须注意确保在操纵面的连接处、机轮、进气道、皮托管和静压孔处把雪清除干净。作为预防,停机时要把间隙和孔堵上防止水汽进入,否则可能会冻结、堵塞传感器管道和进气道。

雪、雨夹雪、雪浆和冰的清除

在低纬度或海洋气候条件下,温度并不能降低到高纬度地区的温度,此时就不会形成干雪。这些地区的雪潮湿能形成雪球,可能会出现雨夹雪形式降水。温度先升高后降低造成降雪,半融化的雪形成雪泥,然后再结冰。

在这种情况下,刷子不能用于除冰,要用化学除冰液融化去除污染物,除冰液可以降低水的结冰点。除冰液有很多种类型,使用国际标准组织颁布的数字标定。每种类型的除冰液有不同的特性。比如车用散热器的除冰液就可以用水稀释后使用。机场的外部温度决定了所用防冰/除冰液的类型、稀释浓度和使用方法。

一步除冰/防冰

这种方法是把除冰液加热后以一定压力喷洒到飞机表面,该方法除冰有三种方法:冲刷、加热和降低结冰点。在一步除冰/防冰程序中,保持时间从一步除冰/防冰完成后开始计时,如果飞机在小于保持时间限制内起飞,就不需要再次除冰。

两步除冰/防冰

这种方法是把除冰液加热后以一定压力喷洒到飞机表面,然后当飞机清除了冰和雪之后,使用浓度更高的除冰液处理飞机,以达到更长的保持时间。在两步除冰/防冰方法中,保持时间从第二步防冰处理之后开始计时。

保持时间

当除冰液喷洒到飞机上时,由于结冰融化除冰液会被稀释,同时由于飞机机身和机翼的弯曲,除冰液和融化的水会部分流走。除冰液保持在飞机上继续起作用的时间称为保持时间。

除冰液的保持时间随当时的天气情况、稀释浓度、飞机类型和飞机相对于其他飞机的位置(喷气气流)而变化。保持时间即有效期到飞机起飞滑跑开始或在飞机表面开始结冰为止。飞机必须在除冰液的保持时间内起飞,否则就要重新处理。

然而,即使飞机在保持时间内起飞,也不意味着飞行是绝对安全的,因为除冰液会被螺旋桨滑流吹走或蒸发。

Ⅰ型除冰液

Ⅰ型除冰液黏度低,至少含有80%的酒精,酒精起降低结冰点的作用。除冰液会形成一薄层流动的液体膜,从被处理的表面流下。冰雪融化生成的水很容易和酒精混合,酒精也很容易挥发,所以这种除冰液保持时间短,通常天气情况下会进一步缩短它的保持时间。

对于ISO定义的Ⅰ型除冰液,增加它的浓度并不能延长其保持时间。Ⅰ型除冰液在两步除冰/防冰操作的第一步中使用,作为第二步使用时,它的凝点不能高于周围温度3 ℃。在一步除冰/防冰操作中,不能低于周围温度10 ℃以上。

表11-2　ISO Ⅰ型除冰液的保持时间

外界温度/℃	在各种天气条件下大概保持时间/min					
	霜*	冻雾	雪	冻毛毛雨**	轻冻雨	雨或冷油箱
高于0	45	12 ~ 30	6 ~ 15	5 ~ 8	2 ~ 5	2 ~ 5
0 ~ −10	45	6 ~ 15	6 ~ 15	5 ~ 8	2 ~ 5	
低于0	45	6 ~ 15	6 ~ 15			
*在该情况下,在飞机上使用防冰液用于防霜						
**如果没有冻毛毛雨,可以用于轻冻雨保持时间						
注意:防护时间在极端的天气条件下将会缩短,如强降水、高湿度、大风或喷气尾流等均会使保持时间低于表中下限 如果飞机表面的温度低于环境温度,保持时间同样会缩短,因此,表中提供的时间必须结合起飞前检查使用						
图11.10 表1,ISO Ⅰ型防冰液混合物保持时间为天气条件和环境温度的函数						

Ⅱ/Ⅳ 型除冰液

Ⅱ/Ⅳ型除冰液至少含有50%酒精,并含有一种增稠剂,能增加除冰液的黏度,使除冰液在使用的表面上形成更厚的一层膜,延长除冰液在飞机上的保持时间。

增稠剂减小了酒精的蒸发率,在相同的情况下能使该类除冰液比Ⅰ型除冰液的保持时间更长。这种除冰液可以通过增加其浓度延长保持时间,使用未稀释的除冰液时保持时间最长。

表11-3　防冰混合液/温度表

混合浓度 液体/水	使用低温限制
%甘醇 热水 0/100	−3 ℃
25/75	−6 ℃
50/50	−13 ℃
75/25	−23 ℃

表11-3给出了除冰剂的稀释浓度和它们使用的最低温度(比如热水除冰的最低温度只能到OAT的−3 ℃,低于−3 ℃后必须使用50/50浓度的除冰剂,如表11-4所示)。

图11-4 防冰混合液/温度表

混合浓度 液体/水	使用低温限制
50/50	−3 ℃
75/25	−14 ℃
100/0	−25 ℃

表11-5 ISO II型防冰液混合物对应不同天气和外部温度的保持时间

外界温度/℃	防冰液浓度 防冰液和水的体积分数比	霜*	各种天气条件下大概保持时间/min 冻雾	雪	冻毛毛雨***	轻冻雨	雨或冷油箱
above 0	100/0	18.00	2:30~3:00	0:45~1:25	0:40~1:00	0:35~0:55	0:10~0:50
	75/25	6:00	1:05~2:00	0:20~0:40	0:30~1:00	0:15~0:30	0:05~0:35
	50/50	4:00	0:20~0:45	0:05~0:20	0:10~0:20	0:05~0:10	
0~-3	100/0	12.00	2:20~3:00	0:35~1:00	0:40~1:00	0:35~0:55	
	75/25	5:00	1:05~3:00	0:20~0:35	0:30~1:00	0:15~0:30	
	50/50	3:00	0:20~0:45	0:05~0:15	0:10~0:20	0:05~0:10	
-3~-14	100/0	12.00	0:40~3:00	0:20~0:40	0:30~1:00**	0:35~0:45**	
	75/25	5:00	0:35~2:00	0:15~0:30	0:30~1:00**	0:35~0:45**	
-14~-25	100/0	12.00	0:20~3:00	0:15~0:30			
below -25	100/0						

* 在该情况下，在飞机上使用防冰液

** 最低使用温度限制为-10 ℃

*** 如果没有冻毛毛雨，可以用于轻冻雨保持时间

注意：防护时间在极端的天气条件下将会缩短，如强降水、高湿度、大风或喷气尾气流等均会使保持时间低于表中下限。因此，提供的时间同样会缩短，保持时间低于环境温度，飞行中不具有相应防冰能力

如果飞机表面的温度低于环境温度，飞机表面除冰。

ISO II型防冰液在-25℃以下温度使用时，防冰液凝固点需在实际外界温度7℃以下，以保证满足基本气动标准。当使用ISO I型防冰液替代ISO II型防冰液时，参见表11-2

ISO II型防冰液仅用于地面除冰。

表11-6 ISO Ⅳ型防冰液混合物对应不同天气和外部温度的保持时间

外界温度/℃	防冰液浓度 防冰液和水的体积分数比	天气条件下大概保持时间/min					
		霜*	冻雾	雪	冻毛毛雨***	轻冻雨	雨或冷油箱
above 0	100/0	18.00	2:30~3:00	0:45~1:25	0:40~1:00	0:35~0:55	0:10~0:50
	75/25	6:00	1:05~2:00	0:20~0:40	0:30~1:00	0:15~0:30	0:05~0:35
	50/50	4:00	0:20~0:45	0:05~0:20	0:10~0:20	0:05~0:10	
0~-3	100/0	12.00	2:20~3:00	0:35~1:00	0:40~1:00	0:35~0:55	
	75/25	5:00	1:05~3:00	0:20~0:35	0:30~1:00	0:15~0:30	
	50/50	3:00	0:20~0:45	0:05~0:15	0:10~0:20	0:05~0:10	
-3~-14	100/0	12.00	0:40~3:00	0:20~0:40	0:30~1:00**	0:35~0:45**	
	75/25	5:00	0:35~2:00	0:15~0:30	0:30~1:00**	0:35~0:45**	
-14~-25	100/0	12.00	0:20~3:00	0:15~0:30			
below -25	100/0						

* 在该情况下，在飞机上使用防冰液

** 最低使用温度限制为-10 ℃

*** 如果没有冻毛毛雨，可以用于轻冻雨保持时间

ISO II型防冰液在-25 ℃以下温度使用时，防冰液凝固点需在实际外界温度7 ℃以下，以保证满足基本气动标准。当

使用ISO I型防冰液替代ISO II型防冰液时，参见表11-2

注意：防护时间在极端的天气条件下将会缩短，如强降水、高湿度、大风或喷气尾气流等均会使保持时间低于表中下限

如果飞机表面的温度低于环境温度，保持时间同样会缩短。因此，提供的时间必须要结合起飞前检查使用

ISO Ⅳ型防冰液仅用于地面防冰除冰，飞行中不具有相应防冰能力

无论飞机是否停车或乘客和机组是否在飞机上,均能使用防、除冰液。在有些地方,当保持时间很短时,在飞机进入跑道排队等待起飞之前,还需要对飞机进行进一步的防冰处理。在美国一些大的机场,安装了桶状的设备,防冰液可以从这些设备里喷洒到运输机的表面。

当向飞机喷洒防冰液时,需要注意防冰液泡沫可能损坏设备或引起机组或乘客中毒。

➤ 除发动机正在运行外,应该关闭所有进气道。

➤ 空调引气活门需要关闭。

➤ 防冰液不应该直接喷洒到:

轮舱;

通气孔;

皮托管;

传感器线路;

机翼的后缘缝隙等,操纵面铰链处。

➤ 暴露的连接处必须进行检查,以防止润滑能力下降。

➤ 防冰液不能喷洒客舱舷窗,除非防冰液不会对舷窗材料产生腐蚀。

水被加热到最高95 ℃,并以一定压力喷洒到飞机结构上,用来融化并冲走结冰。在飞机表面经过热水除冰后,3 min内需要进行干燥或者相应处理。

除冰液通常被加热到最少60 ℃,为了提高除冰效率,以100 psi的压力从喷嘴内喷出。

在没有发生结冰的机体表面,通常采用100%浓度的Ⅱ/Ⅳ型除冰液进行防冰处理。防冰液通常无须加热,但是在极端寒冷天气条件下,防冰液允许最高加热到60 ℃。如果防冰液加热温度过高,防冰液将转化为凝胶状,这比结冰危害更大。

运营人和飞行员应该了解,如果过厚的防冰、除冰液喷洒到机体表面,干燥后其本身也有较大危害性。这将导致机体表面不平整并容易黏附灰尘,从而扰动附面层降低气动效率。

如果飞机着陆时剩余大量燃油,由于高空温度较低,所以产生所谓"冷油箱",此时机翼的温度低于环境温度。在这种情况下,实际需要的防冰液可能比环境温度要求的浓度更高。此时机翼下方和油箱周围与机体其他部分形成缓冲带更容易结冰。

为了防止起落架被结冰冻结在收上位置,因此起飞前起落架舱必须无水、冰、雪等。起落架舱不能使用防冰液,因为不能保证所有水、防冰液全部被放掉,否则在飞机爬升温度降低时反而会结冰,以至于出现想要避免的情况。

起落架舱必须手动清洁,或者使用热空气进行除冰和干燥,如果飞机从受到污染的跑道起飞,飞行员应该循环起落架收放过程,以便在收上起落架前利用滑流将污染物清除。

固定式起落架

具有固定式起落架和机轮整流罩的飞机,在结冰条件下,如果在污染跑道或未经硬化的道面上着陆,必须在下次飞行前将机轮和整流罩之间的结冰和污泥等清除,因为这能导致机轮锁死造成爆胎。飞行员可能将整流罩拆除,但是机务工程师应该将其重新安装。

滑行

在结冰条件下,飞行员需要意识到其他飞机的尾流和螺旋桨的下洗对自己飞机而言具有一定的危险性,所以应该避免在其他飞机附近滑行和等待。尾流和螺旋桨的下洗能将道面上的结冰吹向后面的飞机的发动机或螺旋桨。不要错误地认为尾流的热量能阻止结冰,实际上尾流能将后面飞机的防冰液吹走使飞机丧失防冰保护。

飞行中结冰的强度

除了不同气象条件下会形成不同类型的结冰,还有三种不同结冰强度:轻度、中度、严重。每一种都是通过冰在机体上的形成速度来定义的。每一种飞机都授权了可以飞行的结冰强度。对于不能在轻度结冰条件下飞行的飞机不得进入已知的结冰区。对于按照JAR 25适航的运输机有两种:连续最大结冰和间歇性最大结冰强度。

防冰胶

对于无防/除冰能力的轻型飞机,为了使飞行能获得一定的防冰能力,可以在机翼前缘涂抹一薄层含有FPD的防冰胶。防冰胶可以通过两种方式进行防冰,首先能降低水汽的结冰温度,其次可以防止形成的结冰附着到机翼前缘上。防冰胶容易老化需要在每次飞行前进行涂抹,使用防冰胶并不允许飞行员飞入已知结冰区,而仅仅是为了飞行员能在误入结冰区时能成功脱离。

飞行中结冰探测

因为结冰首先在边缘尖锐部位形成,飞机都有一些容易结冰的位置如雨刷臂等。在这些位置出现结冰表明飞机已经进入了结冰区。如果某位置结冰会明显影响飞机的稳定性和操纵性,则该位置称为关键点,如机翼和尾翼前缘等。

结冰在尖锐部位形成更快,而尾翼前缘通常比机翼前缘更为尖锐,因此尾翼前缘通常为第一处由于结冰造成的关键点。飞行员必须清楚平尾前缘结冰对空气流场的影响。尤其当后缘襟翼放下后会造成机头突然下俯,唯一的补偿方法是收上襟翼。

在结冰气象条件下不建议使用自动驾驶仪,因为结冰会造成飞机会不断进行配平操纵,这一方面会造成超出配平范围,或转为手动操纵时使飞行员产生迷惑。ATR42飞机在美国罗斯劳恩的事故后,业界提出如上的建议。

有多种结冰探测装置能帮助飞行员识别结冰情况,不同的装置工作原理不同,如下为这些结冰探测装置和工作原理:

1. 结冰条件探测:
   A. 温度/水汽 探测
2. 已经形成结冰:
   A. 目视
      i.   结冰探测灯
      ii. 热结冰探棒
   B. 压力
      i.   史密斯结冰探测器
   C. 力矩
      i.   锯齿转子
   D. 振动频率
      i.   振动结冰探棒

桑格门韦斯特结冰探测器不像其他类型结冰探测装置,该探测器可以探测是否存在结冰气象条件。该探测器的工作是基于结冰必须温度低于冰点并且有大量可见水汽。该探测器有两个组件组成,一个为水汽探测,另一个为温度传感器,也称温度开关,如图11-9所示。

水汽探测组件由两根安装位置相邻的圆柱探棒组成。探棒处于迎风部位,前部探棒刚好遮挡后部探棒。两根探棒均采用电阻加热方式加温,因为前部探棒遮挡后部探棒,所以前部探棒冷却更快。如果空气有较多水汽,水汽将黏附在前部探棒上,使前部探棒冷却进一步加快。

安装于水汽探棒底部的控制器用于测量两根探棒的温度差,如果温度差值超过预先设定值,控制器将向温度开关发出信号。温度传感器测量外部大气温度,如果温度低于冰点温度,温度开关闭合,水汽探测组件将在座舱内触发琥珀色的结冰警告信号。

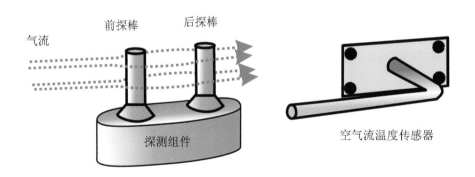

图11-9 温度湿度探测器

除非飞机不飞夜航,否则飞机必须装备结冰探灯用于夜航时照亮结冰关键点。灯光不应该由于反射和闪烁而干扰机组。对于大型运输机,该灯位于机翼前缘翼根处的整流罩上,因此该灯可以照亮整个机翼前缘。

热棒型结冰探测器

热棒型结冰探测器标准名称为泰丁顿结冰探测器,该探测器为目视型结冰探测器,如图11-10所示。该探测器为截面呈一定气动形状的一根探棒,探棒中有可在座舱控制的加热装置。探棒位于迎风部位,并向后倾斜一定角度。在探棒底部有一盏照明灯,以便于夜晚使用。当只有一根探棒时,其位置需保证两名飞行员均能观察到,否则需要安装两根探棒,且不能影响正常视线。

当飞入可能的结冰区时,飞行员需要定期观察探棒。尖锐的探棒先于飞机其他部位结冰,结冰的速度表明结冰的严重程度。飞行员可以通过加热方式除掉结冰后,观察重新形成结冰的速度。

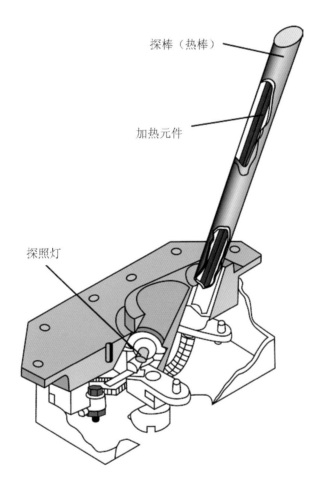

探棒(热棒)

加热元件

探照灯

图11-10　热棒型结冰探测器

史密斯结冰探测器

如图11-11所示为史密斯结冰探测器利用压力探测结冰,该探测器安装于机体内部,并有一根伸出于迎风部位的探棒。探棒为一根管状结构且一端封闭,管中有加热装置,探棒前部有四个小孔,后部有两个小孔。

在无结冰情况下,正压(全压和静压)保持探测器开关处于打开状态。如果有结冰出现,结冰将探棒前部小孔堵塞,这将导致探测器内压力降低(仅有静压)开关闭合。只要开关闭合,座舱内将点亮琥珀色的警告灯,同时探棒内的加热装置开始工作。直到探棒上结冰融化后警告灯才解除,结冰的严重程度同警告灯的点亮频率相关。

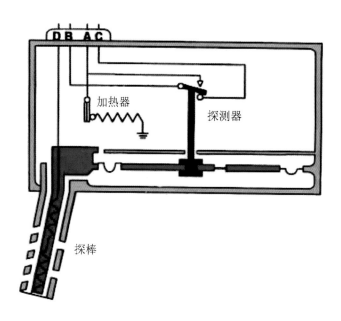

图 11-11　史密斯压力结冰探测器

锯齿转子结冰探测器

如图 11-12 所示,该探测器由位于机体内的部分,伸出的锯齿转子和刮冰刀组成。刮冰刀和飞机蒙皮保持正确角度,锯齿转子位于刮冰刀之前。在飞行中,电动机以恒定的转速带动转子转动。由于刮冰刀和转子之间有间隙,因此在无结冰情况下转动转子只需要很小力矩。当出现结冰时,刮冰刀刮掉结冰时转动力矩增加,此时微动开关将座舱内结冰警告灯点亮。只要出现结冰,警告灯就保持点亮状态。

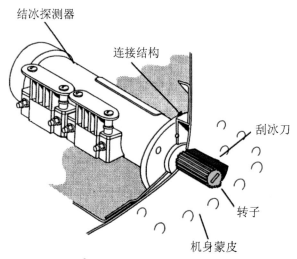

图 11-12　锯齿转子结冰探测器

振动型结冰探测器

振动型结冰探测器是一种最新的结冰探测器,该探测器由探测器组件和伸出到迎风部位的探棒组成,如图11-13所示。该探测器通常安装于机体下部,探棒在频率为40 Hz的电脉冲下振动。

在无结冰情况下,探棒保持该频率振动。如果探棒上出现结冰,探棒的重量增加,振动频率减小。振动频率下降将点亮座舱内的警告灯,同时起动探棒加热装置,当结冰融化后,探棒振动频率恢复座舱警告灯解除。结冰的严重程度同警告灯点亮的频率相关。

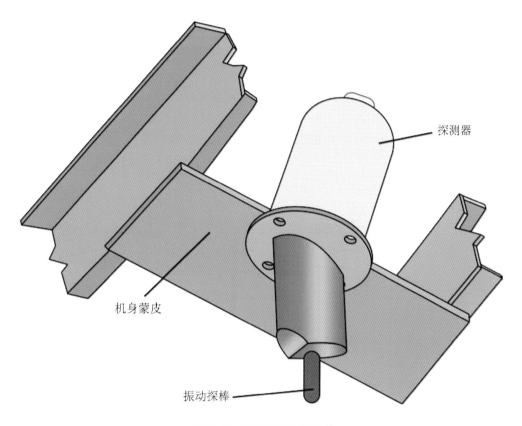

图 11-13　振动型结冰探测器

结冰防护

有多种不同的结冰防护系统,这些结冰防护系统可以分为两类,除冰系统和防冰系统:

> 气动除冰;
> 液体防冰;
> 电热除冰;
> 电热防冰;
> 热力防冰。

防护的位置:

> 机翼尾翼前缘;
> 发动机进气道;
> 风挡;
> 皮托管;

➤ 螺旋桨。

前缘防护

低速飞机如轻型活塞和双发涡桨飞机,常采用气动除冰系统。老式大型双发活塞飞机和小型喷气飞机常采用液体除冰系统。大型运输机常采用热力防冰系统。

气动除冰带

气动除冰带也称为除冰带,是一种安装于机翼尾翼前缘的机械式除冰系统。除冰带为位于前缘一定形状的橡胶带组,橡胶带内可以进行充气。对于机翼截面积较小的轻型飞机或大飞机外侧机翼,除冰带沿翼展方向;而对于截面积较大的机翼,除冰带沿翼弦方向。

当除冰带充气时,除冰带向外鼓胀。这将前缘形成的结冰撑破,并由冲压空气将其吹走。出于效率考虑,除冰带上的结冰必须达到0.25~0.5 in厚度。如果结冰厚度小于0.25 in,而强行使用除冰带,由于冰的脆性不够会形成冰帽,导致气动除冰失效。而如果结冰厚度超过0.5 in,可能由于结冰强度过高而难于撑破。

除冰带需要使用干空气,因为水汽可能在除冰带内部结冰而影响除冰带使用。当除冰带不使用时,用真空系统将其抽成真空保持前缘气动外形。

起飞前,需要对除冰带进行破损检查。在飞机制造商允许范围内,除冰带可以进行适当维修(像轮胎内胎)。除冰带有氯丁橡胶外层,其同机体电气绑定能消除静电。

轻型飞机除冰带

如图11-14所示为安装在轻型双发活塞式飞机上的气动除冰带。当结冰达到足够厚度时,飞行员可以通过瞬时开关进行操纵。除冰带连到仪表系统下游的空气总管,由发动机驱动的真空泵排出的气体连通到充放气活门。

当不使用时真空系统将除冰带抽成2.2 psi的真空。当使用除冰系统时,真空泵尾气进入气动除冰系统,将沿翼展方向的除冰带充气。

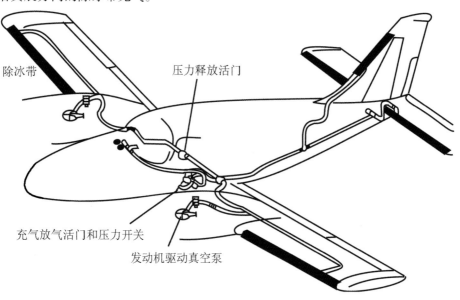

图 11-14 轻型双发飞机气动除冰带

气动除冰带充气压力通常为18 psi，当达到该压力时，压力开关关闭充气活门，同时打开放气活门。为保证飞行员操纵正确，当除冰带内压力低于8 psi时绿灯（如图11-15所示）熄灭。为防止充气压力小于18 psi时继续进行充气，系统使用计时器进行计时，或压力开关失效时，充气活门打开。如果计时器计时结束时没有开始充气，系统自动打开排气活门而关闭充气活门。从开始充气到完成放气整个过程不超过34 s。如果飞行员发现8 psi绿灯保持点亮，应该拔出除冰系统的断路器。

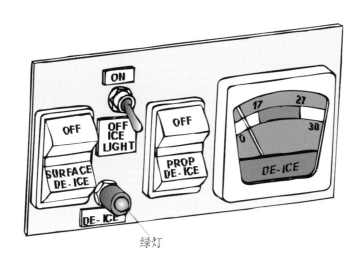

图 11-15　某轻型飞机的气动除冰面板

双发涡桨飞机

对于双发涡桨飞机和大型活塞式飞机，同时操纵所有除冰带需要大量空气。因此，如图11-16除冰带被分成若干组。同一组的除冰带同时被充气，这能保证飞机功率平衡。例如a组充气，而b组放气。除冰系统充放气能在34 s内完成。当除冰带沿翼弦方向时，可以选择性采用翼弦方向分组进行充气放气。

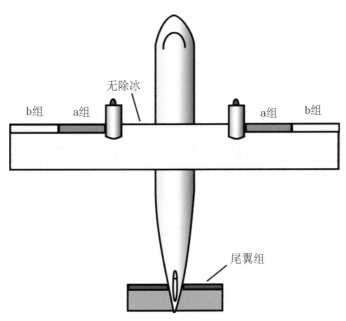

图 11-16　安装除冰带的涡桨飞机

如果飞机长时间在结冰环境中,有两种方法操纵除冰带。采用手动方式短暂打开除冰系统,并不断循环。轻度结冰和严重结冰均需要不断循环起动除冰系统,在轻度结冰情况下结冰速度较慢,因此循环计时器保持起动充气间隔为206 s。

当严重结冰时结冰速度较快,除冰带充气间隔为26 s。如果循环计时器失效,机组需要手动操纵。除冰使用的空气可能来自专门的压缩机或发动机的引气。发动机内侧的机翼前缘通常没有除冰带,因为此处机翼较厚不易形成结冰,同时螺旋桨的滑流在接近机体处流速增加也能防止结冰形成。

机体液体除冰系统

如图11-17所示为某T形尾翼飞机的液体除冰系统简图,该系统也称为湿机翼系统。该系统由储液箱、电动泵、过滤器、补偿活门、单向活门、多孔面板和管路组成。飞行员控制器由旋转式计时器、计时铃、警告灯和低压灯组成。计时器计时为0~8 min,计时铃在计时结束响起,当剩余除冰液少于30 min时警告灯点亮。

当存在结冰条件时,飞行员可以通过计时器选取适量的除冰液,并由泵抽吸通过面板向后喷洒到机体表面。补偿活门能保证尾翼像机翼一样得到除冰液。

飞行员应该了解不同迎角下机翼上的空气流场不同,这将影响除冰液的分布。空气中的尘埃颗粒和飞虫会堵塞系统,因此该系统需要定期进行清洁。

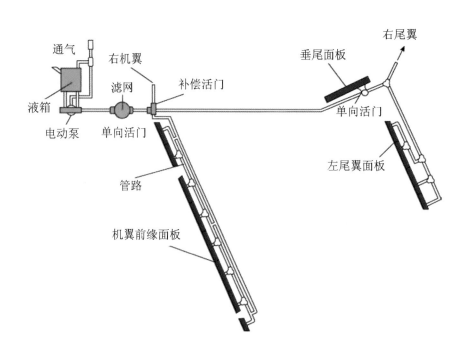

图11-17　液体除冰系统

热力防冰

热力防冰需要使用大量热空气,只有使用大型喷气发动机的飞机才能使用该系统。从高压压气机引气,将导致发动机推力减小,因为这将导致发动机压力比降低排气温度上升。这在高高度飞行时需要考虑。

如图11-18所示,该系统需要有过热传感器,当供气温度过高时关闭活门,因为温度过高的引气可能损坏前缘结构。在飞行中流过机翼的空气,和空气中的水汽能降低前缘的温度。当飞机在地面时,由于没有冷却气流,为了防止过热,地空逻辑电路将关闭防冰活门。

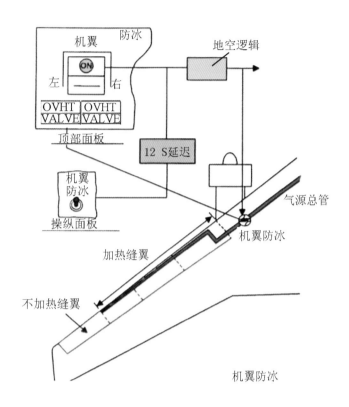

图11-18　热力防冰

在标准情况下,起飞前防冰活门设置为开。为了防止起飞时发动机功率损失,地空逻辑电路有12 s的延迟。这能保证飞机在稳定爬升前活门处于关闭状态。在现代飞机中,活门同无线电高度表联动,如果在12 s内飞机达到400 ft无线电高度系统将断开关联。

图11-19显示热引气如何通过管路进入防冰腔,并在机翼下部排出。

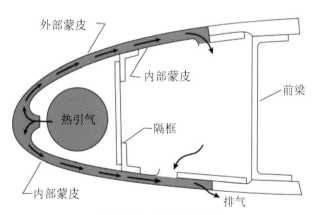

图11-19　前缘热力防冰

发动机进气道防冰

    航空喷气发动机的适航实验之一为发动机吸入冰块,因为发动机吸入的冰块撞击高速旋转的转子,容易使其失去平衡。发动机舱最容易结冰的部位为发动机的进气道前缘,因为此处空气流速较低。结冰也容易在整流锥、进气叶片、第一二级压气机叶片根部等位置出现。这将导致发动机在大迎角状态下出现压气机失速。有两套系统防止进气道结冰,大型喷气飞机通常采用热力防冰。小型涡桨飞机采用电热防/除冰。

发动机舱引气防冰

    如图11-20所示为发动机进气道前缘的引气防冰原理图。当使用发动机防冰时,防冰活门打开,引气进入引气总管。如果安装有进气叶片,一部分引气流过叶片防止出现结冰。引气也可以用于整流锥防冰。进气道前缘后的喇叭状管对进气道进行加热防冰。如果用于发动机防冰的引气向外排出,将降低发动机压力比。如果防冰引气循环进入进气道,能防止叶片根部出现结冰,但同时由于进气温度升高使进气密度降低。由于大量气流流过进气道,发动机防冰可以在地面,甚至发动机处于地面慢车状态使用。

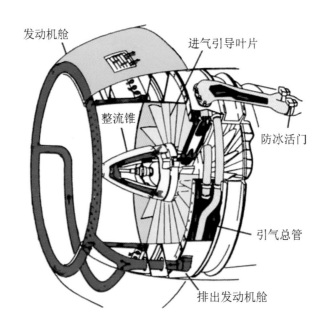

图11-20 引气防冰

电热防/除冰

    图11-21所示为电加热网结构。加热元件采用一薄层铜刻蚀工艺加工而成,加热元件嵌入树脂、玻璃纤维和耐热橡胶材料中,并将其安装在发动机进气道前缘。

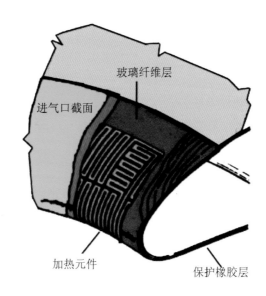

图11-21 加热器网

如图11-22所示为涡桨发动机的电热防/除冰原理图。整个加热网被分为若干区,一些区被连续加热用于防冰,另一些区被循环加热用于除冰。在进气道内停滞区后,被吸入的空气速度降低起到防冰作用。停滞区后部的发动机舱外表面使用除冰元件进行保护。为保证该部位的结冰能被完全清除,防冰元件将其一分为二,这称为分离带。

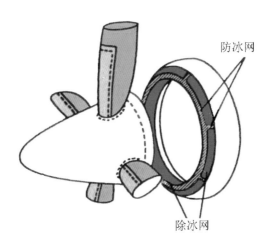

图11-22 发动机进气道前缘的电热防/除冰

风挡液体除冰

一些轻型飞机使用液体除冰液。除冰液被喷洒到风挡的底部,气流将其分散开。飞行员通过瞬时开关控制使用除冰液量,飞机制造商的手册中有液箱中除冰液量、使用方法、使用时间等信息。

风挡电热防冰

因为轻型飞机电量有限,电热防冰仅仅用于机长座前小块风挡之上。

对于大型飞机由于能产生较多电量,风挡内很薄的导电层被加电,使温度上升到35 ℃,导电层为黄金或氧化铱材料。当风挡加电后,绿色指示灯点亮,当温度达到要求后温控元件自动切断电源。温控元件循环向风挡加电,这样能降低工作负载。在极端寒冷情况下,飞行员选择"高"挡位,这能增加电流,加快风挡加热速度。

如图11-23所示,当出现过热时系统自动切断电源,对风挡电加温防冰进行过热保护。如果风挡冷却,系统将复位。为了重新加电,机组需要首先选择"正常"位,而不管环境温度高低,否则系统有可能出现热冲击。对风挡加热不但能进行防冰,还能提高风挡抗鸟击能力。

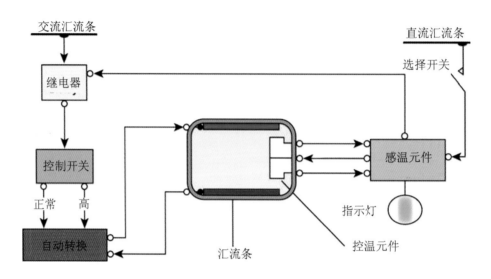

图11-23　座舱风挡电热防冰系统简图

皮托管防冰

所有的皮托管和一部分静压孔有加温元件。一些大型飞机出于安全考虑,皮托管加温有两套系统。运输机作为预防措施,有皮托管防冰失效灯(如图11-24所示)。皮托管防冰系统起飞前应该打开,飞行员起飞前必须检查皮托管加温元件是否工作正常。

注意:不要用手触碰皮托管,以防止烫伤。如果意外触碰皮托管,本能反应为缩回手。如果用手握住皮托管,本能反应为抓握,这将导致手掌和手指严重烫伤。

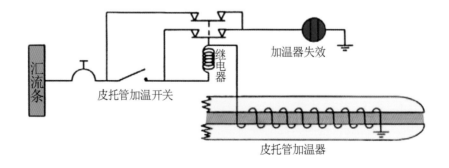

图11-24　皮托管防冰

螺旋桨结冰十分危险,因为结冰将导致螺旋桨效率下降失去平衡并产生振动,进而破坏发动机连接部件等。螺旋桨结冰主要发生在桨叶背面根部1/4~1/3倍桨叶长度内,该区域之外螺旋桨的转速能防止结冰附着在桨叶之上。有两种螺旋桨除冰方法分别为液体除冰和电热除冰。

图11-25所示为螺旋桨液体除冰系统,除冰液存储在液箱中,除冰液被泵抽吸前经过过滤,泵通过计时开关进行控制,除冰液通过单向活门喷向螺旋桨。为了实现固定管向旋转的螺旋桨喷洒防冰液,系统采用一种称为抛液环的结构。

抛液环为桨叶轮毂后方的一个带有回返式缘边的板状结构,防冰液流入抛液环后,在离心力的作用下向外抛洒,由给液管进入安装于叶片前缘的塑料给液靴。给液靴上有微小沟槽,其能导引液体向外流动,进而通过旋转和空气流动将其分布均匀。虽然该系统为除冰系统,但是在遇到结冰条件之前就需供给除冰液。

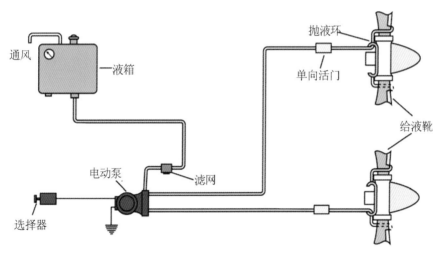

图 11-25

螺旋桨桨叶只有从根部开始至1/3处才需要防冰,一些设计采用在该区域内覆盖一层加热网,另外一些系统加热网覆盖到桨叶前缘50%处。这能提高除冰效率并降低电气系统负载,因为每种加热网均比单一加热网更小。

如图11-26所示为一种用于轻型飞机上的双加热网除冰系统。该加热网比进气道加热网更小,并安装于叶片的前缘。加热网同抛液环电气相连,三个固定式石墨电刷安装在发动机上,电刷通过弹簧加载,因此可以连续同抛液环接触。

电刷同周期计时器相连,安培表用于测量供电电流。当出现结冰情况时,飞行员打开螺旋桨除冰系统。周期计时器加电,计时器给特定螺旋桨内侧加热网加电,然后继续给外侧加热网加电。然后转换为另一螺旋桨重复上述过程。

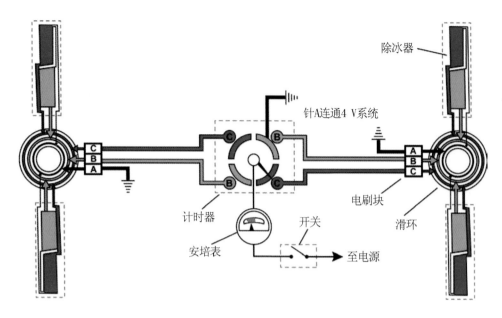

图 11-26　轻型飞机的电热除冰系统

在不同螺旋桨之间转换能降低飞机发电机的负载,通过首先加热内侧部分,能使附着在螺旋桨上的结冰更快分离,从而维持叶片的平衡。当螺旋桨有奇数片桨叶时,为了维持平衡所有桨叶需要同时进行除冰。

当循环计时器从一片加热网转换为另一片时,如果螺旋桨除冰系统正常,安培表读数将降到零。同时也能显示电气系统负载。

螺旋桨电热防冰和除冰操纵及显示

如图 11-27 所示,有些飞机同时使用电热防冰和电热除冰系统。为了给机组提供系统的工作指示,当防冰系统工作正常时,绿色指示灯始终点亮。当除冰系统工作时该灯闪烁。因为涡桨飞机可能遇到轻度或严重结冰,其螺旋桨除冰系统有两个位置:

➢ 慢循环用于严重结冰;
➢ 快循环用于轻度结冰。

图 11-27　螺旋桨除冰控制和显示

如图11-28所示快循环和慢循环的操纵时间安排和绿灯操纵。

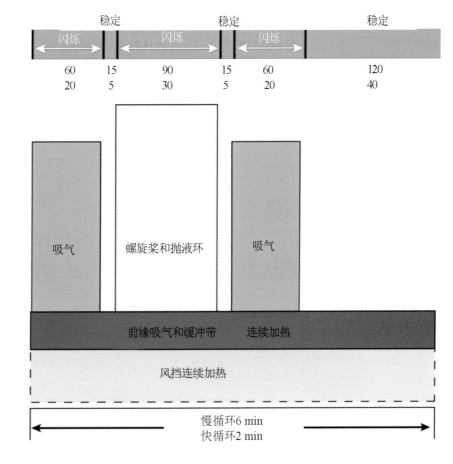

灯操纵		稳定		稳定		稳定
	闪烁		闪烁		闪烁	
慢循环（S）	60	15	90	15	60	120
快循环（S）	20	5	30	5	20	40

图 11-28　电热防除冰时间安排和显示

第十二章
环境控制系统——空调

概述

地球的大气大概 348 mile(560 km)厚,其成分为氮气(N_2)78%,氧气(O_2)21%,其他气体1%。

大气可以被分为4层,分别是对流层、平流层、中间层和电离层,如图12-1所示。

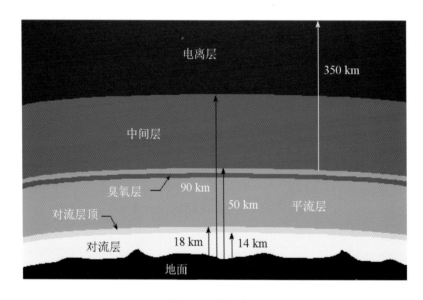

图12-1 大气分层

商业飞行主要发生在对流层和平流层底。对流层从地表面开始到5~9 mile范围内,对流层顶是两层的分界。

表12-1显示了高度对温度的影响。

表 12-1 ICAO 国际标准大气

高度		温度			压力	
英尺	米	K	℃	°F	psi	mbar
−1 000	−304.8	290.13	16.98	62.6		1 050.4
0	0	288.15	15.0	59.0	14.69	1 013.2
+1 000	+304.8	286.17	13.02	55.4	14.17	977.1
2 000	609.6	284.19	11.04	51.9	13.66	942.1
3 000	914.4	282.21	9.06	48.3	13.17	908.1
4 000	1 219.2	280.23	7.08	44.7	12.69	875.1
5 000	1 524.0	278.24	5.09	41.2	12.23	843.0
6 000	1 828.08	276.26	3.11	37.6	11.78	811.9
7 000	2 133.6	274.28	1.13	34.0	11.34	781.8
8 000	2 438.4	272.30	−0.85	30.5	10.92	752.6
9 000	2 743.2	270.32	−2.83	26.9	10.51	724.3
10 000	3 048.0	268.34	−4.81	23.3	10.11	696.8
15 000	4 572.0	258.43	14.72	5.5	8.29	571.7
20 000	6 096.0	248.53	−24.62	−12.3	6.75	465.6
25 000	7 620.0	238.62	−34.53	30.2	5.45	375.9
30 000	9 144.0	228.71	−44.44	−48.0	4.36	300.9
35 000	10 668.0	218.81	−54.34	−65.8	3.46	238.4
36 000	10 972.8	216.83	−56.32	−69.4	3.29	227.3
36 000	11 000.2	216.65	−56.5	−69.7	3.28	226.3
40 000	12 192.0				2.7	187.5
45 000	13 716.0	从对流层顶至65 000 ft温度保持 −56.5 ℃不变，之后温度开始上升。			2.14	147.5
50 000	15 240.0				1.68	115.9
55 000	16 764.0				1.32	91.2
60 000	18 288.0				1.04	71.7
65 000	19 812.0				0.82	56.4

　　参考表 12-1 中高亮部分,在 ISA 条件下零高度的(海平面)温度 15 ℃,气压 14.69 psi,等于 1013.2 hPa,读作"1013.2"。英制单位 14.69 psi 经常近似为 14.7 psi,有时也近似为 15 psi。

　　当高度上升到 8 000 ft 时,环境温度下降到−0.85 ℃,并且压力下降到 10.92 psi(753 hPa)。在高度 36 090 ft 时,环境温度下降到−56.5 ℃,该高度为对流层顶或平流层底。从平流层底至 65 000 ft 大气温度不变随后温度开始上升。

　　根据表 12-1,为了舒适和基本生存需要,必须对座舱进行加热。航空医学已经测定人平均需要(二战中发布的健康成年男性数据,最近修订版):

　➢　每分钟 1 lb 空气;

　➢　18~24 ℃舒适温度;

　➢　18 ℃时 30%~60%相对湿度。

　　该章主要解释满足 JAR 23 和 25 要求飞机如何实现温度、通风和湿度控制。

温度控制

冲压空气热交换器

如图 12-2 所示为一种典型轻型训练机使用的调温系统,例如 PA-28 派珀"勇士"等。在该类系统中,从发动机整流罩前部吸入的冲压空气直接和废气进行热交换。需要注意新鲜空气和废气相互隔离,如果排气管存在裂缝,飞行员可能发生一氧化碳中毒。

空气被吸入防火墙前部的控制盒。因为空气连续不断流经热交换器,控制盒可以根据飞行员温度选择操纵,控制部分或全部热空气进入座舱。因为控制盒在防火墙上有开孔,当发动机失火有烟雾进入座舱时,飞行员必须通过选择"停止加热"来关闭开孔。

来自控制盒的热空气,可以在风挡前部排出用于风挡防雾,前排脚部加热和后排脚部加热。通常对肢体末端进行适当加热能增加舒适感,而脸部需要凉爽空气以保持清醒。进入座舱的空气并没有将水汽带入座舱,组件上的排水孔能将凝结的水分排走。飞机飞行速度和温度选择位置决定进入座舱的空气量。冲压空气的加热温度取决于发动机的功率,如果飞机爬升,发动机处于大功率状态,排出的尾气温度高且量大,为了获得相同的座舱温度控制系统需要吸入更多冲压空气。如果飞机下降,发动机功率小,尾气温度低且量小,则需要更高温度选择位置才能获得相同座舱温度。

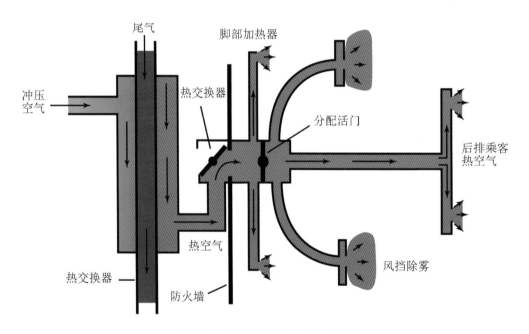

图 12-2 轻型飞机冲压空气热交换器

燃烧加温器

更复杂的轻型飞机采用燃烧加温器。该系统可以在 16 000 ft 高度运行,也可以在起飞前在地面上对客舱加温。燃烧加温器的缺点是其工作时需要每小时消耗额外 0.5 US Gal 燃油(减少飞机航程),并且有一氧化碳中毒和着火风险。

图 12-3 为燃烧加温器原理图,该组件位于机体内部需要供给两股空气。被加热的冲压空气来自

于垂直安定面底部的进口。燃烧所用空气来自飞机侧面空气进口,因此其压力为静压。

电气式燃烧鼓风机将空气送入静压口,为燃烧器供给适量的空气用于完全燃烧燃油(航空汽油)。在鼓风机和燃烧室之间安装了压力开关,用于测量压力在正常范围内。

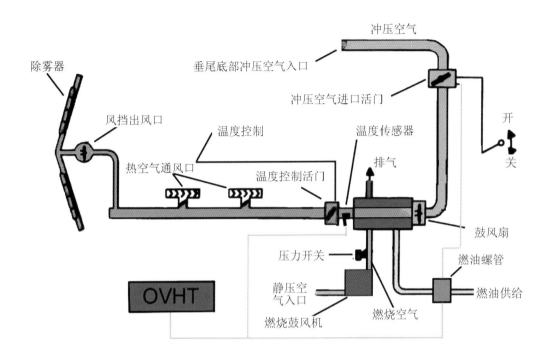

图12-3　燃烧加温器原理

在飞行中,通过飞机向前飞行使冲压空气被加热。在地面运行时,安装于加热器和进口之间的电动鼓风机将空气送入该组件。控制鼓风机工作的电门同起落架联动,当飞机起飞后,鼓风机自动关闭。

冲压空气组件内安装有活门,由飞行员控制进入燃烧加温器的空气量。控制活门的微动电门连到燃油关断活门上,只有活门打开至最小空气流量位置,加温器才能工作,以防止加温器过热。

如图12-4所示为燃烧加温器内空气流。交输管从飞机特定油箱内抽取燃油,经过电动泵加压后用喷油嘴喷入燃烧器内空气流中,而后通过电嘴点燃。这能产生旋转火焰,保证燃油燃烧充分。

中央燃烧室连接到两个同轴腔,因此,炙热的尾气在排出前需要前后流动。这使空气进入加热腔时能最大限度获得热量。电磁活门作为燃油关断活门使用。

在加温器输出组件下游有活门控制面板用于控制温度,增加温度时,飞行员关小活门减慢空气流过加热器的速度,增加热交换时间。在输出组件中有热敏电阻,其有两个功能,首先进行过热保护,其次作为温度节热器。

当出口温度超过预设温度时,热敏电阻将关闭电磁活门,抑制油泵和点火系统,关闭加温器。同时,在中央警告面板上的主告警和加温器过热警告指示灯点亮。如果出现上述情况,加温器只能在地面进行重置。

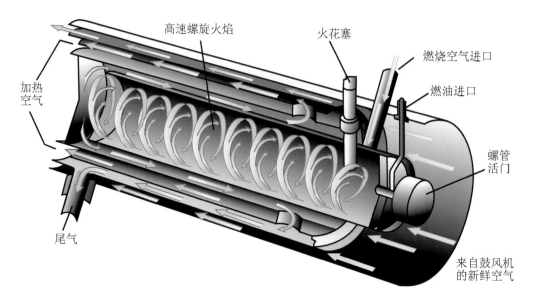

图 12-4　詹尼特燃烧加温器

为了提高加温器的经济性,热敏电阻根据飞行员预设温度控制加温器工作,维持出口温度在一定范围内。当温度达到上限时加温器关闭,直到温度下降后再次自动起动加温器。

如果加温器在飞行中关闭,飞行员应该保持冲压空气进口打开状态并维持 1 min,以便于冷却加温器。如果加温器在地面关闭,飞行员应该保持送风风扇继续工作,并保持冲压空气进口打开状态 3 min,以便冷却加温器。否则可能导致加温器组件损坏,并可能导致一氧化碳中毒或火灾。

涡轮增压空气加温系统

一些飞机使用发动机尾气带动涡轮来驱动压缩机,如图 12-5 所示为该类型系统的简图。该类系统在发动机开车前不能对座舱进行预热,并且输出温度取决于发动机的转速。当飞机爬升时由于空气密度降低,所有活塞发动机冲压空气加热系统效率将下降。

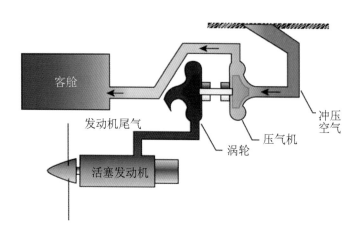

图 12-5　涡轮增压器加热

增压式飞机

在正常环境中飞机在最大运行高度飞行,为保证客舱高度不高于8 000 ft,飞机必须装备增压式客舱。如果在25 000 ft以上高度运行,法规要求任何增压系统发生合理可能的故障时,客舱高度不应该超过15 000 ft。

对于大型高速增压式飞机,标准情况下需要安装两套空调系统(指空调组件,缩写为ACS组件或组件)。这称为冗余技术,虽然一套系统即能满足法规最低要求。

空调系统是维持客舱高度(8 000 ft)的空气来源。任何一空调组件在增压系统发生故障时,能满足法规对高度要求,对于运行高度超过25 000 ft的飞机而言,该高度为不超过15 000 ft。

在现代大型运输机中,空调组件通常位于中央油箱的下部(如图12-6所示)。这有两个优点,首先燃油能对空调组件进行冷却,其次油箱内燃油同时被适当加热。

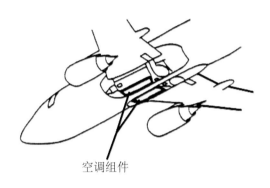

空调组件

图12-6　空调组件的位置

飞机空调系统基础理论

因为飞机需要在不同高度不同温度环境中运行,因此飞机空调系统需要能应对极端寒冷空气并将其加热,或极端湿热空气并将其冷却除湿。因为环境温度是个变量,因此空调系统使用经过加热后的热空气。热空气可能来自于专门装置,或来自于发动机的压气机。来自于压气机的热空气通常称为增压空气,增压空气在混合前一部分被冷却,以达到需要的温度。

冷却增压空气是空调组件的一项重要任务。这通过两种不同方法实现,使用空气作为冷却剂的称为空气循环制冷,使用制冷剂的称为蒸发循环制冷。

空气循环制冷系统

用于冷却增压空气的组件称为冷气组件或CAU。该组件有3种不同的设计,每种设计均属于空气循环制冷系统一种类型。

三种设计为:
➢ 自举系统;
➢ 制动涡轮;
➢ 涡轮风扇。

机械式鼓风机与自举系统

图12-7所示为鼓风机与自举系统冷气组件。该系统主要用于活塞式飞机和小型涡轮螺旋桨飞机,因为涡轮螺旋桨飞机不能给空调系统提供大量增压空气。该系统的原理功能将在下面介绍。

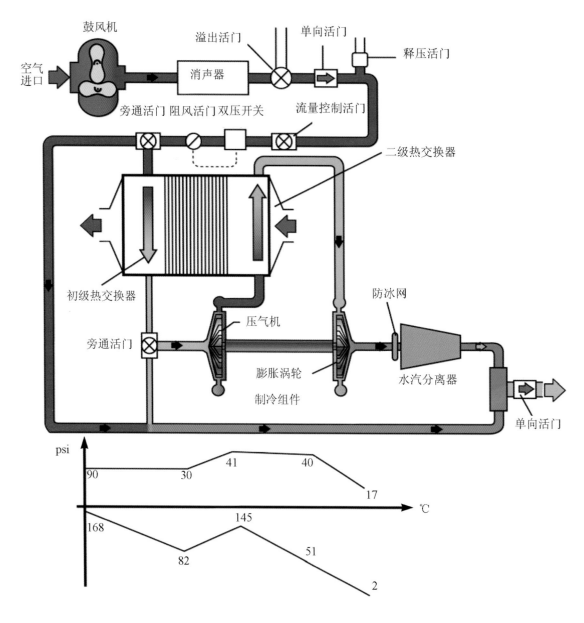

图12-7 鼓风机与自举系统

鼓风机

空气被吸入鼓风机,如图12-8所示为罗茨(该鼓风机的设计制造者)鼓风机。在鼓风机中发动机驱动的2个耳状凸轮相互啮合,这能吸入大量空气并加压送入下游组件。经过鼓风机能使空气的压力和温度上升,请参考图12-7。因为鼓风机为机械式,因此系统需要润滑。如果滑油密封失效将导致飞机内出现蓝色烟雾,这是由于滑油在热空气中蒸发造成。凸轮在旋转时,会产生脉冲型压力变化,这可以通过下游的脉冲消声器进行消除。

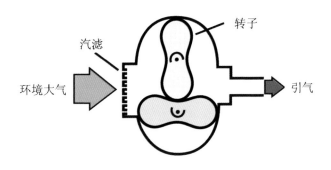

图 12-8 罗茨鼓风机

溢出活门和流量控制活门

溢出活门在不同条件下,可将引气释放到外部环境中,同时其连到流量控制活门。老式飞机在起飞滑跑阶段螺旋桨需要全部可用功率,溢出活门将引气直接释放到环境大气中,这相当于对鼓风机进行卸载从而降低发动机负载。

流量控制活门通常称为空气量控制器,在飞行中,其控制进入飞机座舱的空气量,这通过将部分引气释放到环境大气实现。随着飞机爬升和空气密度下降,流量控制活门逐渐关小溢出活门。发动机转速即鼓风机转速也能改变溢出活门的位置。

当出现发动机失火时,为防止污染座舱空气,飞行员操纵发动机灭火系统时,溢出活门随之全部打开。当出现座舱空气被空调系统中烟雾污染时,飞行员可以手动打开溢出活门对空调系统进行隔离。在溢出活门下游安装有单向活门,其作用是当溢出活门打开或鼓风机失效时不会出现座舱释压。

管道释压活门

在单向活门下游安装有管道释压活门,该活门主要用于防止管道压力过高。管道破裂具有较高危险,高温气体冲击燃油管路和电路时可能引起火灾。释压活门的压力设置为比正常压力高 10 psi,如图 12-7 所示。通常使用 10 psi 的压力检测活门是否正常工作。

阻风活门和双压开关

在特定环境下,阻风活门通过产生反压力来提高引气的温度。阻风活门仅在旁通活门全开情况下限制空气流量。双压开关位于阻风活门下游,用于监控管道内压力。如果压力比正常压力高 8.5 psi,双压开关向阻风活门发送信号阻止其继续关小。如果压力继续升高到比正常压力高 9.5 psi,双压开关发送信号将阻风活门全部打开。

旁通活门

系统中有 2 个旁通活门,一个位于阻风活门下游,另一个位于初级热交换器下游。其功能相当于温度控制活门。第一个旁通活门能控制全部或部分增压空气进入热交换器。第二个旁通活门用于控制进入 CAU 的增压空气量。所有旁通活门通过温度传感器操纵,温度传感器直接安装在座舱或通过管路连到座舱。

初级热交换器

系统有两个热交换器,作用相当于散热片。引气经由第一个旁通活门进入初级热交换器,也称为预冷器。在热交换器中,热引气经过排列的小直径管路,而环境空气从其周围流过。因为热交换器只在末端开口,所以经过热交换器引气温度下降但其压力变化不大。

自举器

自举器按顺序由3个组件组成:压缩机、热交换器、涡轮。压缩机和涡轮连在一起组成一个冷气组件CAU。因为该系统能自己起动所以称为自举器,当引气流过涡轮后,涡轮转动进而带动压缩机。

因为来自压缩机的引气驱动涡轮,当压缩机增加流量时涡轮加速转动。但是,压缩机的转动给涡轮增加负载,因此该系统为自动调节系统。由于冷气组件的压缩和其转动速度原因,该组件必须进行润滑。如果滑油密封失效将导致蓝色烟雾进入座舱。

如图12-7所示,经过预冷器预冷的引气经过两个旁通活门的引导进入离心压缩机。在压缩机内空气的温度、压力增加。引气进入冷却涡轮前,先经过二级热交换器也称为中间冷却器。

当引气通过涡轮时,引气做功驱动涡轮带动压缩机。该做功过程吸收气体内能,同时气体体积膨胀,这将导致空气的温度下降。为获得更多冷空气则需要更多引气进入压缩机;反之亦然。冷气组件的制冷速度取决于系统所需温度和空气密度。

水汽分离器

高度越高,空气中水汽含量越低。过多的水汽将在空调系统的低压管路内凝结,这将导致机组和乘客舒适性下降,同时还可能导致电器短路,总重量增加和保温毡浸水等。

为了去除过多的水汽,在冷气组件下游安装有水汽分离器。在一些系统中,当使用温度较高空气供给空调系统时,需要设置多个水汽分离器。

如图12-7所示,水汽分离器安装在CAU的下游。在CAU和水汽分离器之间安装有防冰网,其主要为了防止冰粒损坏水汽分离器。因为涡轮出口有水汽且温度低于0 ℃所以能形成冰粒。

虽然水汽分离器设计不同,但其工作原理都相同。当空气进入水汽分离器时,首先经过扩散段并减速,然后进入融合段(见注意),在该段水汽融合成较大水滴。

水滴被空气带入分离段,在该段水滴撞上疏松的拦网形成更大水滴并流入收集器。拦网稀疏是为了能便于振动使水滴向下流淌。干燥后的空气离开分离器同另外一股空气混合。

老式喷气式飞机,水被集中排出或由地面人员收集排出。在现代运输机上,因为高空空气十分干燥,水分被收集并再次送入空调系统。

水汽分离器内部有旁通活门,如果水汽分离器结冰堵塞,旁通活门打开未经过干燥的空气将直接进入空调系统。

注意:在一些设计中,采用类似支架上的织物结构,织物的一侧类似粘贴,并始终向外。其他系统使用纱网。

图12-9所示为喷气式飞机上使用的引气自举系统原理图。喷气式飞机的压气机能产生更多的引气,用于供给空调系统。

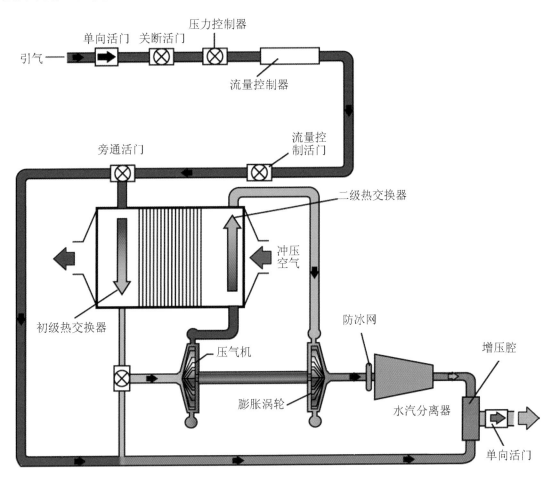

图12-9 引气自举系统

因为经过压气机的空气压力、温度已经增加,该系统中不需要鼓风机和消声器。出现任何问题,可以通过关闭引气关断活门(SOV)方式终止向空调系统供气。因此该系统不需要溢出活门。

当发动机转速改变时,释压活门用于控制管路过高压力。流量控制器连到流量控制活门上,当飞行高度和发动机转速改变时,能保证进入系统的空气量稳定。

自举原理前面已经介绍,在进入涡轮前加压空气是为了保证经过涡轮时有足够温度下降。在该类系统中,如果系统需要更高温度压力的空气,可以从下级压气机中获得。像前面介绍的系统一样,空气在进入座舱之前在混合室混合。

制动涡轮

如图12-10所示为制动涡轮系统,在该系统中,引气经过预冷器预冷后进入温度控制活门,或TCV。温度控制活门将经过预冷的空气送入涡轮或混合室。为了保证经过涡轮的空气温度和压力降低,压缩机从环境中抽取静压空气,流经通气舱并从限流管排出。

限流管产生回压,这能使压缩机减速并给涡轮提供负载。该系统是自调节系统,其速度受到流过涡轮的空气量和空气密度影响。在高空中转速可以达到 40 000~45 000 r/min。

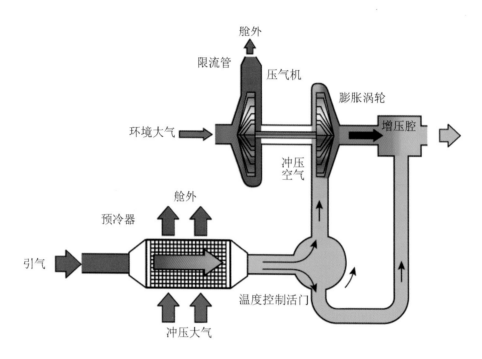

图 12-10　制动涡轮空气循环系统

涡轮风扇

图 12-11 所示为典型的涡轮风扇系统。使用喷气发动机的压气机作为增压空气来源。引气被送向温度控制活门 TCV,也称为旁通活门。引气在送向第二个 TCV 前,利用热交换器进行了冷却。

冷路空气在同热路空气混合前经过冷却涡轮。如果空气在水汽分离器之前混合,则可以省去防冰网,因为该位置的温度高于冰点。

在该设计中,冷气系统的压缩机被风扇取代。风扇置于冲压空气流中,使空气从热交换器中流过。在飞行中,风扇在冲压空气中转动给涡轮施加负载,以保证流经涡轮的引气做功降温,如图 12-11 所示。

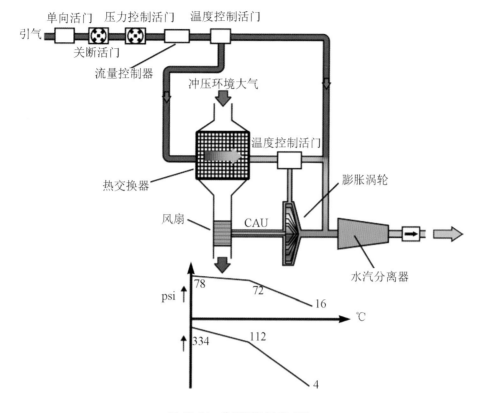

图 12-11　典型涡轮风扇系统

在地面上,风扇推动空气流过热交换器,保证系统功能正常。

导流

如果飞机在地面上没有足够冷却空气流过热交换器,增压空气的温度足以损坏热交换器和其他部件。除了涡轮风扇,其他空气循环系统也需要冷却空气流过热交换器。这可以通过电动风扇或文氏管抽吸空气实现,所有系统均需要一定量的冷却空气流过热交换器,以保证系统正常工作。

蒸发循环系统

图 12-12 所示为标准蒸发循环制冷系统 VCCP 原理图。该系统可以分为两个子系统,一个包含制冷剂氟利昂,另一个为空气系统。氟利昂是一种常温为气态的物质,其沸点和蒸发点较高。在液箱中在自身压力下以液态形式存储。

当系统运行时,低压液态氟利昂通过蒸发活门进入蒸发器。蒸发器为热交换器,氟利昂从空气中吸收热量后,从低压液态变相为低压气态。

低压氟利昂蒸气进入压缩机,压缩机通过涡轮驱动。氟利昂蒸气进一步加热加压转变为高压蒸气并进入冷凝器,原理上冷凝器也是热交换器。氟利昂通过释放热量变相为液态,再进入液箱后依然保持高压状态。

经过涡轮的空气流驱动涡轮转动,空气经过涡轮膨胀冷却,然后再经过蒸发器,进而获得一股冷空气。为了获得适宜座舱温度,通过调节活门热空气可以同冷空气混合。修正温度的过程称为温度调节。

　　如果增压空气温度较高,氟利昂进入蒸发器变相较快,这将改变低压液态管路的压力。为维持压力不变,蒸发活门开度增加,致使更多氟利昂进入蒸发器。根据上述内容,蒸发活门是温度控制系统的重要部分。

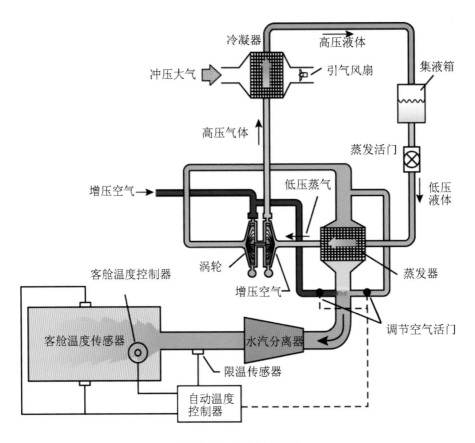

图 12-12　蒸发循环系统

湿度和增湿器

　　当飞机在低高度飞行时需要除掉空气中过多的水汽,而飞机在高空干冷的环境中短时飞行时,湿度通常不是问题,因为机组和乘客的呼吸即能保证座舱的相对湿度。

　　但是如果飞行时间超过 6 h,则需要对座舱进行增湿,这通过增湿器实现。图 12-13 所示为增湿器的原理图。发动机引气或其他气源对水箱和喷口供压,喷口位于水汽分离器中文氏管下游。

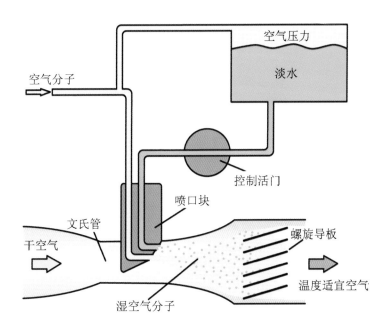

图 12-13 增湿器

水箱中的水经过化学处理，以保证水中无细菌或传染性病毒等。当座舱湿度下降到设定值，控制活门自动打开喷口喷水。喷口和另外一股气流能将水分子化，而文氏管能提高干空气的静压，有利于空气更好地吸收水汽。

覆盖有织物的涡流叶片用来在气流中产生涡流，以便空气和水汽充分混合并吸收多余水汽。并且当增湿器关闭后能延长增湿效果。

空调气

空调气指温度和湿度经过调节的空气。客舱温度在18~24 ℃变化，供气温度比该温度稍高，因为供气过程中空气膨胀降温。空调组件中空气实际温度在18~27 ℃。

管道

有三种不同材料用来制造空调管道：
  ➢ 不锈钢用于高温高压空气；
  ➢ 轻质合金用于中温中压空气；
  ➢ GRP塑料用于低温低压空气。

空气分配

在旅客机中，从客舱顶部沿客舱长度方向的扩散器出口向外供空调气。在该高度进行供气也称为挂帽钩供气，如图12-14和12-15所示。

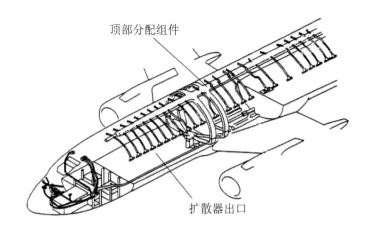

图 12-14　客舱空气分配

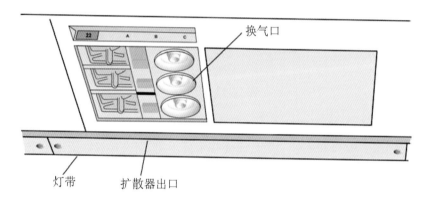

图 12-15　旅客通风口

　　扩散器将部分空调气从顶部服务组件送出称为换气,这允许乘客直接对自己面部供气。

　　图 12-16 为运输机循环模式,这能保证整个客舱良好换气。

　　图 12-17 所示为飞机内空调气气流,通常驾驶舱供气独立于客舱供气。在大型飞机中,客舱通常被分为若干区,每个区有独立的供气管道。如图 12-18 所示为某现代飞机的完整空调系统示意图。

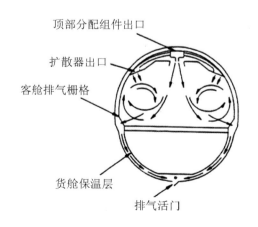

图 12-16　客舱空气循环

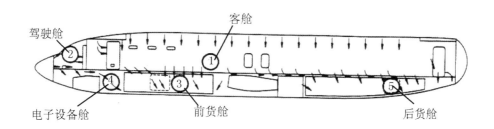

图 12-17　中程双发喷气式飞机内空调气气流

货舱通常用客舱排出的空调气进行加热,驾驶舱排出的空调气常用电子设备通风和冷却,在中大型飞机上这些电子设备常位于座舱下部和后部,驾驶舱通常有出口通向这些舱位。

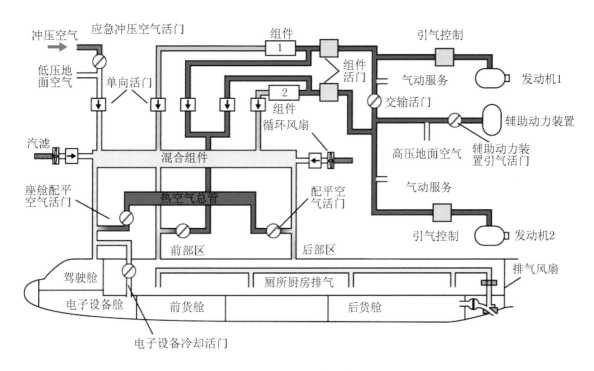

图 12-18　空调系统示意图

图12-18为用于机型教材中的系统示意图,该图虽不十分准确,但通过该图飞行员能理解系统原理。

该飞机有两套空调组件分别为组件1和组件2,组件1使用1号发动机引气,组件2使用2号发动机引气。因此某发动机出现任何问题(例如轴滑油密封失效,滑油进入压气机),该发动机均可以同空调系统隔离。

如果出现单发工作,机组可以打开交输活门利用一台发动机同时向两套空调组件供气。由于分流原因,这会导致发动机和飞机性能下降。

在地面上,辅助动力装置向组件1供气用于客舱空调。然而辅助动力装置也可以通过交输活门向组件2供气。如果辅助动力装置故障,可以采用地面气源车向空调系统提供高温高压引气。另外来自于空调车上的低压空调气也可以直接向飞机的空调系统供气。

引气控制活门决定引气的来源和引气量,这取决于发动机的转速和不同气源系统的需气量。在低转速同时需要高温引气时,引气来自于发动机的高压压气机部分。飞行员利用组件活门可以将组件和引气供给隔离。

客舱空气循环

客舱空气被电动风扇推动进入 HEPA 过滤器,其能过滤掉有害细菌等。经过过滤后的空气同来自空调组件的空气进行混合。经过循环加氧的客舱空气,能增加空气的相对湿度。来自厨房和厕所的空气使用单独的管路直接排到大气中。

客舱空气循环能降低直接运行费用,因为减少了发动机的引气量,从而提高了发动机效率,并减少了燃油消耗。

最小换气率

任何运输机在超过 5 min 时间内,最小换气量为每人 0.4 lb/min。这不考虑空气循环系统的供气是否正常工作。

温度控制

旁通过空调组件的引气进入热空气管,用来调整经过混合后的空调气温度,然后再将温度适宜空气送向客舱和驾驶舱。

法规要求客舱和驾驶舱总容积超过 800 m³ 的飞机,驾驶舱需要单独的环境温度控制方法。这可以参考图 12-19。驾驶舱使用 CON CAB 来代表,如前面示意图 12-18 所示。

图 12-19　客舱温度控制面板

烟雾污染

如图12-20所示,当交输活门打开时,在驾驶舱探测到烟雾但并不能确定烟雾来源。因此在标准操作中需要将两套供气系统隔离。

如果客舱出现烟雾,首先需要将客舱空气循环风扇关闭,因为空气循环系统能将一个区的烟雾扩散到其他区域。增加排气量能帮助将烟雾从客舱排出。

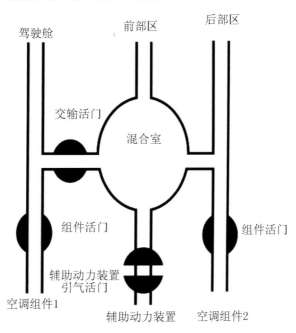

图12-20　试题示意图

第十三章
增压和氧气系统

概述

图 13-1 珠穆朗玛峰

人类有非常强的环境适应能力,能居住在世界上的大部分地区,从寒冷的北极圈到炎热的沙漠。但是,如果长时间居住在海拔 17 000 ft 以上的地区,由于大气密度较低,将影响人类血氧饱和度。

只有极少数身体非常健康的人,能在不携带补充氧气的情况下,登上珠穆朗玛峰(29 029 ft)。他们需要经过多年训练,并且攀登速度很慢,这样可以让他们的身体逐渐适应新的环境,但他们仍然要承受高山病(组织缺氧)的痛苦。现代运输机能在几分钟内爬升到相同的高度。

为了保护乘客和机组人员不受组织缺氧的影响,JAA 在 JAR 23 和 JAR 25 中描述了飞机制造商必须满足的基本参数。为了详细描述这些规定,JAA 和 FAA 参考了汽车工程师协会的相关规定,制订了 APR 1270 飞机座舱压力控制标准。

阅读完本章的基本内容后,参照 JAR-OPS 1 附录 1 和附录 2,就可以了解 JAR-FCL 问题的基本原理。

增压飞机的最大座舱高度

在没有补充氧气的情况下,飞行员操纵飞机飞行的最大安全高度是 15 000 ft。但是,商业航空公司每年运送几千万人次旅客,这些旅客的年龄和健康情况差别很大,所以在客舱和驾驶舱里,座舱高度必须保持在 6 000~8 000 ft。可以认为,8 000 ft 是飞行员的飞行技能和判断能力不会受到严重损伤的最大高度,而且空气中氧气分压对旅客来说是足够的。

座舱内压力

在海拔 8 000 ft 高度时的外部环境情况可参见表 12-1。在第十二章中,介绍了座舱温度需要保持在 18~24 ℃,座舱内压力必须保持在 10.92 psi 以上,这称为座舱环境参数。如果座舱环境压力增加,与之相应的座舱高度下降。反之,如果座舱高度增加,与之相对应的座舱环境压力就下降。

座舱余压

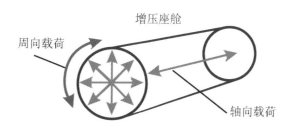

图 13-2　周向载荷和轴向载荷

如果飞机在 40 000 ft 高度飞行,它周围的环境压力是 2.7 psi。座舱内外的压差即余压是 8.22 psi (10.92 psi–2.7 psi)。也许实际上并没有这么大的压力,但余压对机身蒙皮施加了一个周向载荷和轴向载荷。如对于 1 ft² 的机身蒙皮,上述载荷将是 1 183.7 lb[(12×12)×8.22]。这仅仅是让读者感受一下机身上所施加的载荷。用符号 Δp 来表示压差。

最大余压

最大余压值取决于飞机的结构强度。JAR-FCL 通常要求运输机最大余压值是 9.5 psi。当然,实际上一些飞机会超过该值。当使用了新材料和新的工艺后,飞机的最大余压会继续提高。使用现有材料,也可以获得更大的余压,但需要增加飞机的结构重量,而这一点又是不可接受的。

从客舱结构的观点上来说,如果能承受的余压值更大,当在客舱内保持海平面压力时,飞机能飞得越高。例如:如果一架飞机的最大余压是 6.4 psi,而另一架飞机的最大余压是 8.6 psi,当在客舱内保持海平面环境压力时,第一架飞机能飞行的最大高度是 15 000 ft,而第二架飞机能飞行的最大高度是 22 500 ft。

负压

增压座舱类似一个压力容器,它可以承受比周围大气压力更大的内部压力。但在设计增压座舱时,没有考虑外部大气压力超过内部压力的情况。如果外部大气压力超过座舱压力到一定值,将导致座舱结构破坏。

安全

为防止由正常压力控制系统失效所致的过大余压损坏机体机构,常安装两个排气活门(或称为安全活门)和两个负释压活门。

安全活门

飞机机体上安装有两个安全活门,两个安全活门彼此独立,组成正常的压力控制系统。如果任意空调组件失效,排气量将决定安全活门开度的大小。正常情况下,当内外余压超过最大余压0.5 psi时,安全活门打开。

如图13-3所示为安全活门的截面图。活门壳体和提升阀之间的隔膜将控制腔和外界大气分开。控制腔通过限流孔和汽滤连通压力座舱,因此控制腔同座舱压力同步,但由于限流孔的限制作用,控制腔内压力滞后于座舱压力。

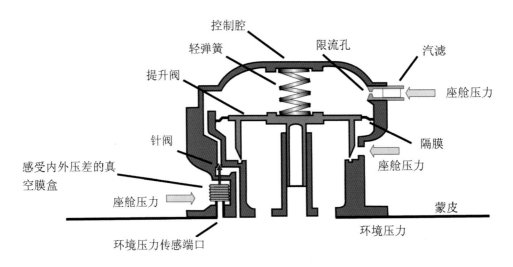

图13-3 安全活门

在控制腔内气体压力和弹簧力的共同作用下,提升阀保持在关闭位置,控制腔内气体压力作用在提升阀和隔膜的上部。座舱压力作用到隔膜和提升阀下部的小面积上,将提升阀顶开连通到外界大气。

膜盒感受座舱内外的压差,座舱内的压力作用到膜盒的外表面,外界的大气压力通过一个感应口作用到膜盒的内表面。正常情况下,膜盒将针阀保持在关闭位置,从而将控制腔和外界隔离。

如果由于某种原因,座舱压力升高,超过了最大余压,作用在膜盒内外的压差使膜盒缩小,将使控制腔连通外界大气。超过飞机最大余压的压力值将决定膜盒的压缩量。由于控制腔压力降低,使提升阀升起,允许座舱空气流向外界大气。同时部分空气进入控制腔。这些因素最多可以使座舱压力比正常值高0.5 psi。

负释压活门

负释压活门采用了简单的铰链板形式,如图13-4所示,它安装在机体的内表面,由一个软弹簧保持在关闭位置。正常情况下,在弹簧力和座舱压力作用下,活门保持在关闭状态。如果飞机外界大气压力超过座舱压力0.5 psi,活门内外压差将把活门打开,使座舱内外压力相同。

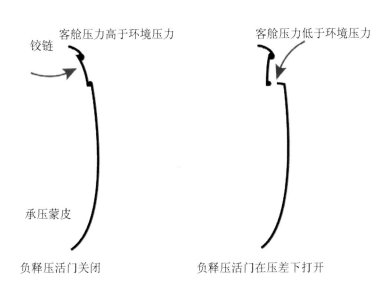

图13-4 负释压活门

座舱压力

飞机使用空调系统的引气对座舱增压,通过流量控制器来控制空调系统的流量(在一些飞机上,在设定的偏差范围内,机组人员能改变气流的流量)。因此,可以认为空调系统的流量是一个定值。座舱压力(座舱高度)取决于排气量。排气量越小,座舱压力越大;反之亦然。

在飞机爬升过程中,座舱的排气量大于空调系统的送气量,从而使座舱高度增加。当飞机飞行高度和座舱高度达到其预先的设定值时,座舱的排气量等于空调系统的送气量。在下降过程中,座舱的排气量小于空调系统的送气量,从而使座舱压力增加。

排气活门

虽然座舱增压系统和空调系统相互独立,但对飞机设计来说,两个系统是相互关联的。座舱增压系统的主要部件是排气活门。如果一套空调系统失效,排气活门必须与飞机相匹配,以保证在最大压差时完成压力控制。

在一些飞机设计中,安装了两个排气活门,而不是一个。对于使用两个或更多排气活门的系统,当空气流入量最大且一个排气活门失效时,系统必须能在全压力范围内完成压力控制。

飞机结构与系统

变化率

变化率(ROC)是指座舱高度的上升率或下降率值。通常,用ft/min来表示。也可用ROC来表示上升率,ROD表示下降率。飞机高度也有一个变化率,飞机的高度变化率和座舱高度的变化率是相关的,如图13-5所示的最大变化率图。当阅读JAR-FCL中与ROC相关的问题时,需要仔细区分是座舱高度变化率还是飞机高度变化率。

最大变化率

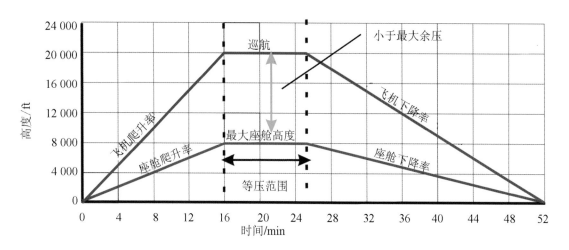

图 13-5　最大变化率

座舱的最大上升率为500 ft/min,最大下降率为300 ft/min,即152 m/min和91 m/min。人耳的生理结构影响和旅客的舒适性要求,决定了座舱允许的最大变化率值。

在图13-5中,下部线段表示的是运输机客舱的最大上升率、最大座舱高度和最大下降率。当最大座舱高度是8 000 ft,且最大上升率是500 ft/min时,座舱所能到达最大座舱高度的最短时间是16 min,8 000 ft÷500 ft/min = 16 min。

基于生理和心理原因,座舱高度保持在巡航高度的同时,飞机也结束其爬升。因此,依据到达最大座舱高度时间就可以计算飞机的爬升率,在该例中,飞机爬升率是20 000 ft/16 min = 1 250 ft/min。

使用同样的方法可以计算飞机下降率(飞机的最大座舱下降率是300 ft/min)。如果计划减小飞机下降率,可以计算出新的座舱下降率。当飞机从高于海平面的机场起飞或着陆时,必须从飞机和座舱的上升高度或下降高度上减去机场海拔高度值。

如果一架飞机从海拔3 000 ft的机场起飞,在海拔5 000 ft的机场降落,并且它的最大座舱高度是7 000 ft,飞行员使用了最大的变化率爬升和下降,飞机的巡航高度是14 000 ft,如表13-1所示。

304

航线运输飞行员理论培训教材

表 13-1　飞机的最大变化率

座舱爬升		飞机爬升	
最大座舱高度	7 000 ft	下降高度	14 000 ft
机场高度	−3 000 ft	改平高度	−3 000 ft
爬升高度	4 000 ft	爬升高度	11 000 ft
爬升率 500 ft/min	8 min	爬升率	1 375 ft/min
座舱下降		飞机下降	
最大座舱高度	70 000 ft	下降高度	14 000 ft
机场高度	−5 000 ft	改平高度	−5 000 ft
下降高度	2 000 ft	下降高度	9 000 ft
下降率 300 ft/min	6.67 min	下降率	1 349 ft/min

鼓咽管

图 13-6 所示为人耳结构，鼓咽管连通中耳与咽喉，靠近咽喉这端的鼓咽管，由肌肉保持正常关闭状态，肌肉外包裹了一层膜。因此，耳膜使鼓咽管形成了一个腔室。在耳膜处，外部压力与鼓咽管内部压力之间有一个压力差。

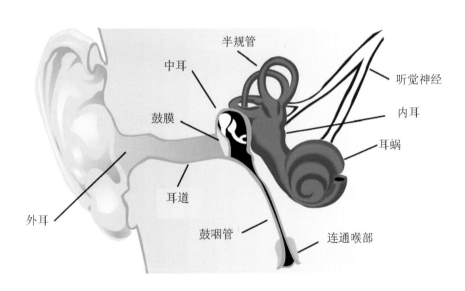

图 13-6　人耳

正常情况下，鼓咽管肌肉不定时收缩，使耳膜两侧压力平衡，吞咽和打哈欠也可以平衡耳膜两边的压差。普通旅客没有接受过打开鼓咽管的技巧训练，所以可能承受压耳的痛苦。感冒等可能导致包围鼓咽管下端的肌肉肿胀，从而导致鼓咽管堵塞。

座舱上升超过最大值 500 ft/min，或下降率超过 300 ft/min，将导致旅客的不适感增加。座舱高度变换率过大，可能导致压耳疼痛，如果耳膜内外压差过大，可能导致耳膜破裂。

座舱压力控制系统

在增压运输机上,使用三种座舱压力控制系统:

- ➤ 气动式压力控制系统;
- ➤ 电子气动式压力控制系统;
- ➤ 电子式压力控制系统。

设计其他的系统必须满足下列标准,按照优先级不同,分别是:

- ➤ 安全;
- ➤ 旅客舒适性;
- ➤ 经济因素,机组的方便性。

一些系统的设计也必须考虑到下列内容:

- ➤ 发动机功率和座舱气源的快速变化可能导致座舱送气量的变化率过高;
- ➤ 座舱排气活门外的环境静压快速变换,可能在飞机起飞前或飞机转弯时发生;
- ➤ 座舱压力控制系统响应下降。

机组人员必须有方法来监控下列参数:

- ➤ 座舱压力变化率;
- ➤ 座舱压力高度;
- ➤ 座舱内外的压差;
- ➤ 排气活门的位置。

可变等压面控制

所有的运输机座舱压力控制系统必须安装一个座舱高度选择器,在基于飞行计划和飞机结构安全余压限制的基础上,机组人员可以通过这个高度选择器来改变设定的等压面座舱高度。这个选择器必须安装在机组人员可以接近的位置,通常将其安装在座舱压力控制面板上,通过压力控制面板也可以监控上述章节所列出的相关参数。

对于在海拔10 000 ft以下机场起降的飞机,等压面控制的可调范围是–1 000~10 000 ft。对于认证可在海拔10 000 ft以上机场起降的飞机,等压面控制的可调范围是–1 000~14 000 ft。

气动式压力控制系统

图13-7是一个气动式压力控制系统的简化示意图,可用它来解释下面元件的功能和工作原理:

- ➤ 排气阀;
- ➤ 座舱压力控制器;
- ➤ 气压高度膜盒;
- ➤ 变化率膜盒;
- ➤ 最大余压膜盒。

随后分析爬升、巡航和降落过程。

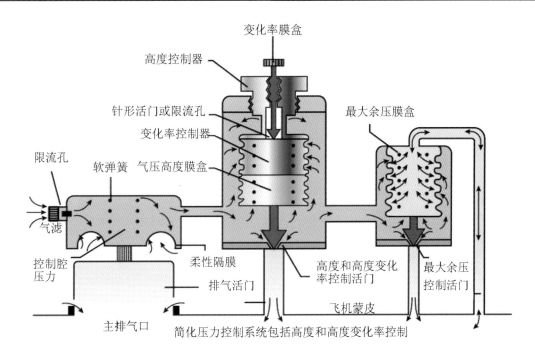

图 13-7 简化气动压力控制系统

排气阀

如图 13-7 所示,气动式排气阀的控制腔与座舱压力控制器相连。在控制腔内,当没有压差时,一根软弹簧使排气阀保持在关闭位,同时软弹簧也增加了控制腔的压力。

排气阀安装在耐压壳体内,受座舱压力的作用,座舱压力作用在弹性薄膜上,弹性薄膜与排气阀相连。座舱空气可以通过一个节流孔进入控制腔,由于节流孔的限制作用,控制腔的压力一直比座舱压力低 0.25 psi。

座舱压力控制器

由图 13-7 可知,座舱压力控制器由两个分开的控制部分组成,即座舱高度变化率控制和座舱高度控制,这两部分一起工作提供一个输出。

座舱高度选择器包括一个气压膜盒和螺纹选择器旋钮,膜盒的一端连接有一个座舱高度及变化率控制针阀,在另一端接的是螺纹选择器旋钮。如果座舱高度被设定在一个值(如 7 000 ft),然后机组人员要选择一个更低的座舱高度,就将旋钮旋入,反之亦然。

座舱高度变化率选择器位于高度选择器内,它采用了螺纹针阀的结构,在变化率膜盒的出口中形成了一个可变节流器。把高度变化率针阀向内旋入,将提供节流效果,降低流入或流出膜盒的气流速度,从而降低变化率。

控制腔的压力作用到变化率膜盒和气压高度膜盒的周围,每个膜盒内有一个小弹簧,防止膜盒被压扁。气压高度膜盒有一个固定的内部压力(8 000 ft),当周围气体压力下降或增加时,膜盒将膨胀或缩小。

如果认为气压膜盒一段是固定的,它的膨胀或缩小将改变它的总长,从而使控制阀关小或离开其阀座的距离增大。但是,在这里气压膜盒是连接在速率膜盒上的,气压膜盒一部分的运动将因速率膜盒的膨胀或缩小而损失。这两个膜盒的变化方向彼此相反,相反的程度由设定的座舱变化率来决定。

预增压压力

在发动机起动并准备从海平面机场起飞之前,座舱门打开,座舱内的压力、排气活门的控制腔内压力以及壳体外压力都与机场环境压力相同,软弹簧使阀门保持在阀座上。

随着发动机起动,舱门关闭,空调系统投入使用,由于节流孔的影响,座舱压力比控制腔内压力升高得更快。当薄膜两边的压差达到 0.25 psi 时,排气活门打开。这就称为预增压压力,预增压压力为 0.25 psi。

爬升

根据起飞前做好的飞行计划,机组人员选择相应的座舱高度和座舱高度上升率。例如,设定座舱高度为 8 000 ft,高度变换率为 500 ft/min,座舱压力必须在大约 16 min 的时间内降低 3.77 psi,即座舱压力每分钟降低 0.236 psi。

排气活门必须充分打开,让送入座舱内的空调气全部排出,防止座舱内压力升高。排气活门开度需要更大,以达到设定的上升率。这是通过将控制腔的压力作用到气压膜盒和变化率膜盒来实现的。两个膜盒一起缩小,使控制针阀离开阀座,导致控制腔的压力降低;进而排气活门开度增加,进一步确保与 0.236 psi 相当的排气量。

非预期阶梯爬升

图 13-8 所示为气动式控制器的一个缺点。如果飞机保持在低于预先设定的座舱高度上,座舱爬升率将与飞机的爬升率相同。

如图 13-8 中的例子,飞机的爬升率是 1 250 ft/min,机组人员设定的座舱高度是 8 000 ft,座舱高度上升率是 500 ft/min。起飞后,机组人员被告知飞机需保持在 5 000 ft 高度,直到得到许可才可继续爬升。

飞机在 4 min 内到达 5 000 ft。如果机组人员不进行任何操作,座舱在 10 min 内到达这个高度。现在,由于座舱外的气压与座舱高度相等,所以控制器发出一个信号,将排气活门完全打开。在降落时,控制器也将排气活门完全打开,以确保飞机不是增压着陆。

例如,20 min 后(也可以是座舱压力和环境压力相等后的任意时刻)机组被许可继续爬升,由于飞机按照原来的爬升率继续爬升,全开的排气活门使座舱高度上升率和飞机的爬升率相同,直到飞机爬升高度超过 8 000 ft。这时,座舱高度膜盒重新建立控制,并关闭排气活门。

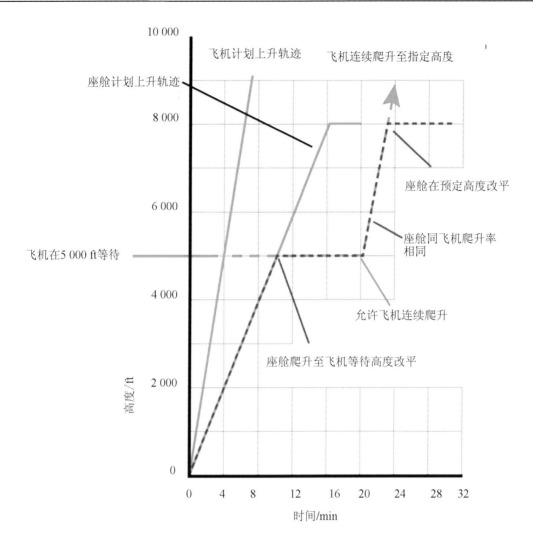

图 13-8　非预期阶梯爬升

　　这将使旅客和机组人员感到头昏。在剩余的飞行中,压力控制系统正常工作。着陆后的调查中,也没有发现其他的问题。

　　为了解决该问题,当机组人员得到需要阶梯爬升的指令后,必须选择一个比阶梯高度低的座舱高度。座舱以预定的爬升率到达该高度,飞机在该高度等待过程中,控制器将保持座舱高度。当机组人员被告知可以继续爬升时,机组要重新将座舱高度设置为计划高度,按飞行计划爬升。图 13-9 所示为座舱以正确的上升率到达预定高度。

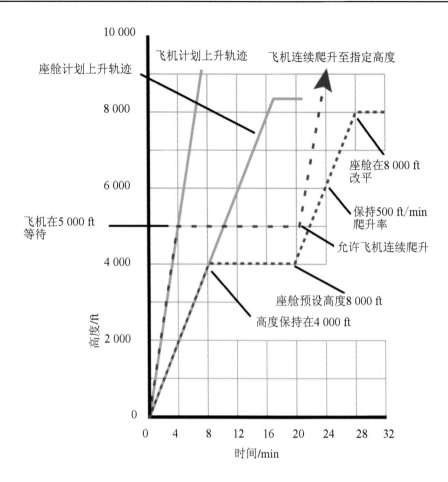

图 13-9　正确的阶梯爬升程序

巡航—等压控制

16 min 后,高度膜盒压力与控制腔压力相等,将排气活门保持在一个设定位置(如图 13-5 所示)。在巡航过程中,在控制器上设定了 1 013.2 hPa 的大气压力,以确保控制器以海平面为参考计算高度。座舱内压力的任何变化将导致高度膜盒被压缩或膨胀。

因为控制系统保持设定的座舱压力,所以这个过程称为等压控制。如图 13-5 所示,在爬升结束和开始下降之间,座舱进行等压控制。等压控制时,座舱内外压差小于其最大值。

部分打开

排气活门打开在一个位置,使座舱保持在设定高度,这称为排气活门部分打开。任何座舱压力的增加将导致排气活门开度增加;相反,任何座舱压力的降低将使排气活门开度减小。

最大余压膜盒

图 13-10 显示了一个最大余压膜盒。这个膜盒包含了一个里面有一软弹簧的隔膜,隔膜的一端与一个针阀相连接,另一端与控制腔相连。这个隔膜的外部承受控制腔的压力,在内部承受外部环境压力。

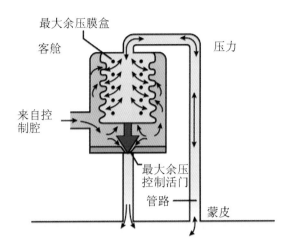

图 13-10 最大余压膜盒

最大余压剖面——非计划下降

由图 13-11 可知,如果控制腔压力增加,超过最大余压值,就表示当飞机保持在其航线高度上时(因此环境压力没有改变),座舱高度下降。活门被压缩,从而使控制腔的气体通向大气。这将排气活门打开,使座舱空气排到外界大气,将座舱压力保持在最大余压值。

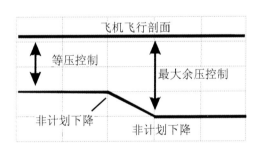

图 13-11 非计划下降剖面最大余压控制

最大余压剖面——飞机爬升

如果座舱采用等压控制范围的飞机,需要爬升到一个更高的高度,在这个新的高度上,如果保持原座舱高度将超过最大余压。最大余压膜盒将打开排气活门,这样可以让座舱高度增加,保持一个更高的座舱高度,直到飞机下降。

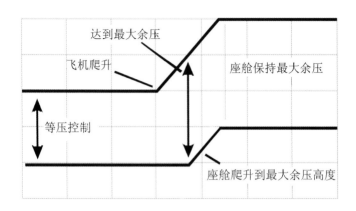

图 13-12　飞机爬升保持最大余压控制

波动

如图 13-13 所示，如果一架飞机座舱高度和飞行高度之间的差值准确地保持在最大值，那么任何扰动都会导致飞机爬升，座舱高度也随之爬升，以保持最大的余压。对那些受到扰动后能重新回到稳定状态的飞机来说，由于排气活门振荡，将导致座舱内压力的连续变化，这会使旅客和机组人员都感到不适。

为防止出现上述情况，飞机应当飞行在比最大余压高度低 600~1 000 ft 的高度。这样，当飞机受到扰动高度变化时，座舱高度仍然保持在预设高度。

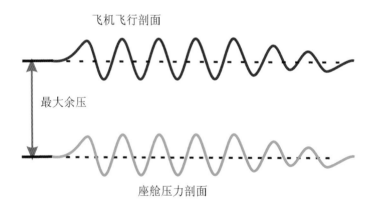

图 13-13　座舱压力波动

下降

在下降前，机组人员改变气压高度设定值，将其设为目的机场海拔高度。现在控制系统反向工作，缓慢关闭排气活门，以提高座舱压力。在图 13-5 中，在飞机接地的同时，座舱高度也达到了机场的海拔高度。

对于老式的使用气动压力控制器的小型飞机来说，增压着陆将增加机体结构的载荷，缩短结构的疲劳寿命，甚至损坏飞机的结构。与设定座舱高度相比，由于压力控制器存在一个 ±125 ft 的误差范围，所以在飞机接地的同时，如果机组人员依靠压力控制器来打开排气活门，可能导致飞机增压着陆。

为了解决该问题,在座舱压力控制器上设定的气压高度,比着陆机场的海拔高度高700 ft。随着飞机降落座舱压力增加,当飞机下降到最后进近航段700 ft时,座舱压力和周围环境压力相等,排气活门被完全打开。最后一段的座舱下降率和飞机的下降率相同,都可能小于200 ft/min,在人体可以接受的压力变换范围内,如图13-14所示。

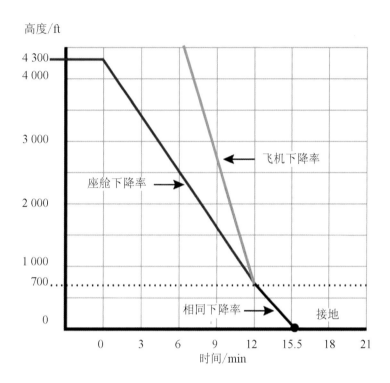

图 13-14 气动控制器着陆剖面

如图13-14所示,座舱高度为4 300 ft的飞机将降落到一个海平面机场,机组设定的气压高度比机场海拔高度大700 ft。座舱高度必须以300 ft/min的下降率下降3 600 ft,这需要12 min。飞机的下降率是2 000 ft/min,当飞机到达700 ft时,座舱高度和飞机的下降率都是200 ft/min,从该点到接地需要3.5 min。

复飞

如果中断着陆,称为复飞或着陆爬升。由于飞机要爬升到最小安全高度,所以机组人员必须重新设置大于机场高度的座舱高度,以防止座舱高度上升率与飞机爬升率相同。

释压活门

如图13-15所示,气动座舱压力控制系统需要安装释压活门。如果气动式控制器或排气活门失效,通过关闭排气活门控制座舱压力,称为非计划下降。这时通过调整释压活门的位置,可以人工控制座舱压力,这称为微调。

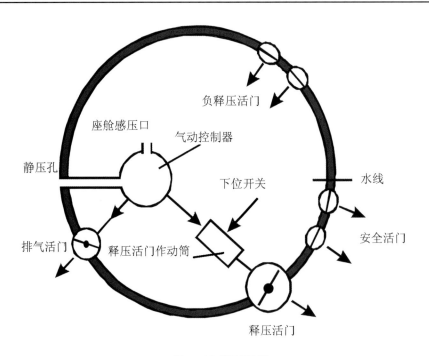

图 13-15　释压活门

　　为清除飞机内的烟雾或异味,机组可以将释压活门打开以增加换气量,同时将座舱压力保持在限制范围内。在着陆过程中,空地逻辑电门发出信号将释压活门完全打开,这确保了飞机在接地时已经释压。释压活门操纵电门有保险装置,保险装置通常染成红色,以提示机组其重要性。

水上迫降

　　如图 13-16所示,为了帮助水上迫降的飞机尽可能久地漂浮在水面上,所有在飞机水线以下的活门必须能关闭,并且在水压作用下能保持关闭状态。可采用机械方式关闭活门并保持在关闭状态,或者直接将水引入活门的控制腔,因此水压本身就可以将活门保持在关闭状态。

图 13-16　波音 707 由于燃油耗尽在水上迫降并漂浮

水上迫降控制电门需要专门保护装置,该装置通常是具有弹力的红色盖子,红色指示机组其重要性,同时便于找到它的位置。通过操作该电门,所有相关的活门均关闭。但是,该电门不能阻止水从缝隙流入,设计人员通过密封装置和垫圈能将泄漏量降到最低。

气动式压力控制器及其指示

图13-17为气动式压力控制器的座舱增压控制面板。左上侧是座舱升降速度表,它上面标记了最大可以接受的座舱高度变化率。如果座舱压力和环境压力相同,这个升降速度表仅仅显示了飞机高度的变化率。

在第二块仪表上集成了余压表和飞机高度表。余压表指示了飞机座舱内外的压差,表盘上的绿色的弧线表示正常余压范围,红线表示最大余压值。

在这两块仪表的下方是压力控制器,它的外刻度盘表示座舱压力,飞行员使用右下侧的座舱高度选择旋钮,操纵指针选择相应的座舱高度。当座舱高度设定好后,基于最大余压的最大飞行高度显示在下方的窗口上,这可以方便机组检查座舱高度对应的计划飞行高度。在该表顶部的窗口显示了大气压力,该压力通过压力修正旋钮设置。座舱高度变化率旋钮位于主面板的左侧,只标识了其最大和最小值。APR规定控制率可以平滑地从50 ft/min调整至不小于750 ft/min。

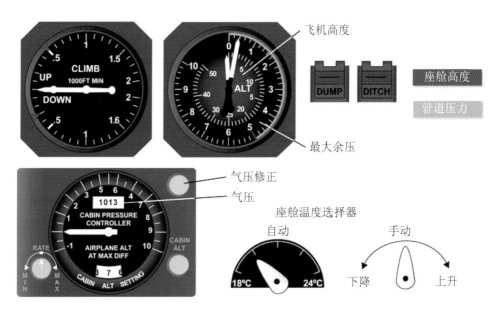

图13-17 气动式压力控制器

电子气动式压力控制系统

电子气动式压力控制系统也经常称为混合系统,作为全气动控制器和电子控制器的过渡出现,现代大型运输机多使用电子控制器。但由于其成本低,通用飞机常使用这种系统。图13-18是一个电子气动系统的示意图,排气活门由低压气体操作,而低压气体受到电信号的控制。如果使用手动选择器,则手动电子气动伺服器操纵排气活门。

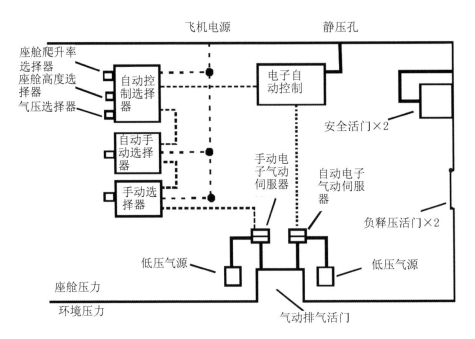

图 13-18　电子气动压力控制系统

电子压力控制系统

图 13-19 是一个电子压力控制器的基本原理示意图。该系统由两个独立电机驱动的全电操纵代替了气动控制排气活门。这些系统的自动化水平和复杂程度不尽相同。

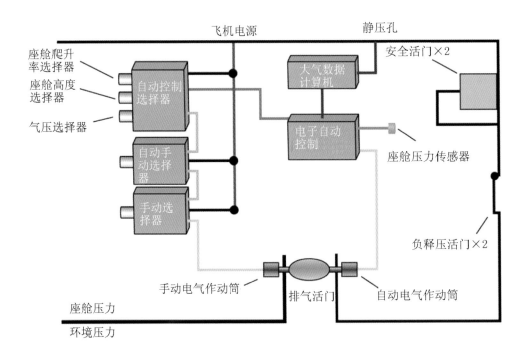

图 13-19　电子压力控制系统

　　使用自动电子控制系统有两个好处：一是可以降低机组的飞行工作负荷；二是随着现代大型运输机的机身结构强度增加，结合电子控制系统能实现增压起飞和着陆。因此，在下述飞行阶段中，使用电子控制系统能提高舒适性。

- ➤ 舱门关闭，空调系统开始送气；
- ➤ 从停机位滑出；
- ➤ 起飞并完成从地面模式到空中模式转换；
- ➤ 爬升；
- ➤ 巡航或保持高度；
- ➤ 下降和大气压力修正；
- ➤ 着陆并完成从空中模式到地面模式转换；
- ➤ 滑向停机位；
- ➤ 开舱门。

　　如图13-20所示为现代飞机从关闭舱门起动发动机开始，如何进行增压。在从停机位滑向起飞点的过程中，飞机座舱高度低于起飞机场的海拔高度。如果机组决定以最大余压或略小于最大余压飞行，在起飞爬升过程中，座舱压力增加，使座舱高度低于海平面或低于机场海拔高度。

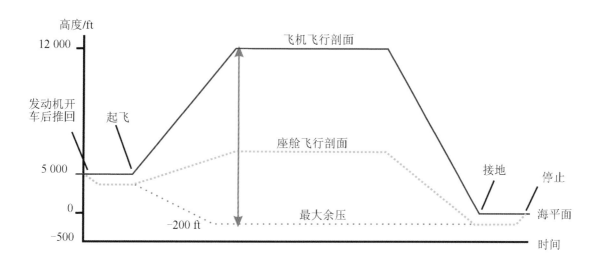

图13-20　飞机起飞着陆压力剖面

　　在接地前，座舱内压力比着陆机场压力大0.1 psi，即座舱高度比着陆机场海拔高度低200 ft。在飞机着陆过程中，座舱内一直保持这个压力。随着飞机滑向停机位，座舱高度开始增加，所以，在舱门打开时，座舱内压力和机场环境压力相同。

　　为了节省燃油，机组可能让飞机在一个更高的座舱高度上飞行，如图13-20中座舱飞行剖面所示。起飞后，在高度变化率模式控制下座舱高度开始增加，然后在等压控制模式下保持巡航高度。在着陆过程中，座舱高度再一次受高度变化率模式控制。但是，此外还要控制座舱高度比着陆机场海拔高度低约200 ft。

电子控制器的操纵

如图13-21所示为自动压力控制器的不同工作方式,该压力控制器常安装于中型双发喷气飞机。勺形排气活门位于机身后下侧,该类型的排气活门能有效减小飞行阻力。

任意一部电机都可驱动排气活门。为提高安全裕度,一部电机使用直流电源,另一部使用交流电源,两部电机都和座舱压力控制器相连。座舱压力控制器和大气数据计算机相连,大气数据计算机向其提供环境压力信息。座舱压力也提供给压力控制器,起落架空地逻辑系统提供空地信号。

真实的控制面板分为四个区域,左侧是自动工作区域,中间是备用方式区域。在自动控制失效时,备用工作方式允许机组以半自动方式操纵排气活门。底部的区域是工作模式选择器面板,机组通过它可以选择不同的工作模式。

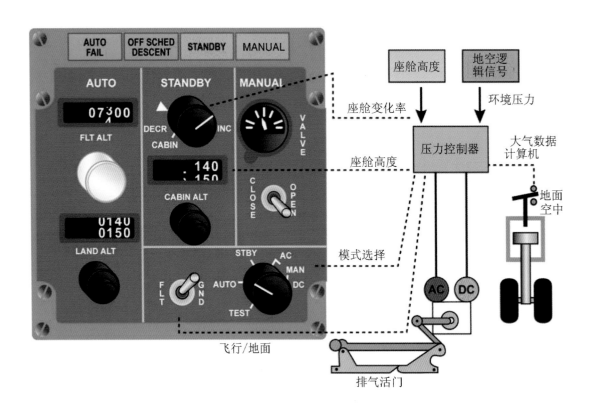

图13-21 电子控制器操纵

自动模式

如图13-21所示,起飞前,机组在左侧面板上设置巡航高度和目的地机场海拔高度,在备用方式面板上设置座舱高度,在工作模式选择器上选择自动位,并将空地逻辑电门扳向飞行位。如果飞行计划没有变更且没有系统失效,机组只需对其进行监控即可。

如图13-22所示为电子压力控制器在自动模式下,如何保持座舱压力。由于系统按计算机程序工作,当飞机在爬升的过程中在特定高度改平时,座舱高度也随之保持在相应的高度。该图也显示座舱按程序下降。后续章节中,常用PSID来代表余压PSI。

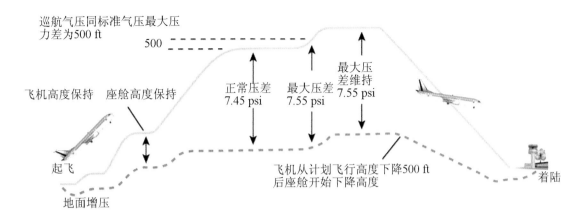

巡航气压同标准气压最大压
力差为500 ft

500

飞机高度保持　座舱高度保持

飞机高度保持

起飞

地面增压

正常压差
7.45 psi

最大压差
7.55 psi

最大压
差维持
7.55 psi

飞机从计划飞行高度下降500 ft
后座舱开始下降高度

着陆

图13-22　多发喷气飞机的阶梯爬升剖面

如果飞机不得不返回起飞机场着陆,由于在大气数据计算机中存有相关环境数据,所以不需要做什么工作。如果飞机必须备降其他机场,必须重新输入备降机场的海拔高度。现代飞机很多系统通过EFIS来驱动,所有信息要通过计算机进行访问。

如果机组选择了巡航高度、座舱高度和着陆机场高度,但是在空地电门没有设置空中状态,当飞机离地时,增压系统自动进入空中模式。如果要返回起飞机场,机组必须重新设置着陆高度。

备用模式

如果自动模式失效,琥珀色的"自动失效"灯点亮。机组将模式电门旋转至备用模式,"自动失效"灯关闭,绿色的"备用模式"灯点亮。在备用模式下,机组使用座舱变化率控制旋钮调整座舱压力,座舱压力控制器仍然使用等压控制和最大余压控制。

非计划下降

如果在备用模式下,座舱压力开始增加,琥珀色的"非计划下降警告"灯点亮,这表示排气活门的控制失效。在这种情况下,机组人员必须选择人工模式。

人工模式

人工模式选择器有两个位置,一个是使用直流电,另一个是使用交流电。正常情况下,所有的排气活门由交流电机驱动。当选择人工模式时,绿色的"备用模式"灯和琥珀色的"非计划下降"灯熄灭,白色的"人工模式"灯点亮。

在人工模式下,机组必须缓慢调节排气活门,以获得所需的座舱压力和座舱高度变化率。这可以根据活门位置指示表的指示,使用瞬时电门来控制相应的排气活门驱动电机来完成。

虽然人工模式可以达到2 000 ft/min的座舱高度变化率,但是允许的最大变化率是1 500 ft/min,即0.16 psi的压力变化率。

由于所有的电子式系统的排气活门均有两套动力源,且多数系统都有两个排气活门,所以安装电子式控制器和电动排气活门的飞机,通常不需要安装释压活门。

剩余压力指示器

由于现代飞机是带增压着陆，所以在每扇舱门上有一个剩余座舱压力指示器，如图13-23所示。如果显示座舱压力高于外界环境压力，剩余座舱压力指示器闪烁红色灯光。在打开舱门前，舱门被放置在手动位。如果有该警告信息，机组不能打开舱门，并需要通知机长。

如果舱门没有完全关闭或上锁，座舱的所有外部舱门必须能防止座舱压力下降到不安全高度压力以下。

图13-23 剩余压力指示器

泄漏与密封

所有的飞机都会因泄漏造成座舱压力下降。通过正确安装密封装置能将泄漏量减到最小，由于气体泄漏的存在，所以必须由发动机引气进行补充。图13-24显示了一些常使用的密封方法。对于控制杆，在飞机结构上安装橡胶膜盒，橡胶膜盒将控制杆夹住，这样，控制杆可以往复运动，而不会造成气压损失。让控制索通过一个橡胶密封垫，并在反复穿过密封垫的这一段钢索上涂上润滑油，就可以对控制索完成密封。

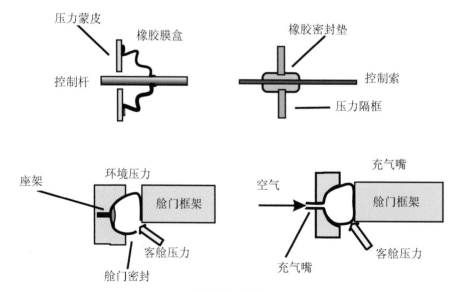

图13-24 密封

增加座舱的舱门必须密封。一些老式飞机使用类似大号自行车内胎的膨胀管来密封舱门,膨胀管与舱门结构连接,当舱门关闭时,膨胀管膨胀。现在这种系统已经被更硬的橡胶密封装置大量取代。虽然这是一种管状密封装置,但它有一系列朝向座舱内的小孔,可以让座舱空气进入密封管。由于外部压力低,座舱压力可以将密封装置紧压在门框上。如果该类密封装置失效,将造成持续的噪声,但不会影响座舱压力。

释压

座舱压力的降低称为座舱释压,有三种程度的释压:

- ➤ 爆炸释压;
- ➤ 快速释压;
- ➤ 正常释压。

释压率应该基于允许的最大座舱变化率。

爆炸释压

由于飞机结构出现灾难性破坏,如舱门或大的面板脱落,将导致座舱爆炸释压。爆炸释压时,在0~4 s内,座舱压力将下降到与外界压力相同。根据释压时间长短,可能导致肺和耳朵受到损伤,或飞机结构的严重破坏。

快速释压

当座舱压力在5~7 s内下降到周围环境压力值时,称为快速释压。在快速释压过程中,旅客和机组可能会听到因气体泄漏而产生的噪声,感受到因气体快速流过而产生的吹风感,瞬时出现烟雾,这是由于座舱压力下降,座舱中空气膨胀水汽凝结所致,或感到头昏。

由于压力降低,体内的气体膨胀。气体从口鼻流出,使肺和中耳内的压力相等。由于肺能承受的释压速率比座舱的释压速率快,所以快速释压不会对肺组织造成损伤。

快速释压最主要的危险是缺氧。除非快速使用飞机辅助氧气系统,否则机上人员将失去意识。由于释压而导致肺内气体快速排出,将使人丧失意识的时间缩短为正常情况下的1/2~1/3。

如果机组认为他们现在处于释压的危险中,他们必须启用氧气系统,下降飞行高度,提高座舱高度以减小余压,从而减小因随后的释压产生的影响。

如果飞机在高空出现释压,机组能使用的最大下降率速度为俯冲速度v_D。

增压失效时的座舱高度

能在25 000 ft以上高度飞行的飞机,如果增压系统出现任何可能故障时,必须能保持座舱压力高度不超过15 000 ft。

在座舱增压失效时,由于座舱高度升高,将出现下列警告信号和行为:

- ➤ 当超过10 000 ft时,音响警告响起,驾驶舱内红色警告灯亮;
- ➤ 当超过13 000 ft时,排气活门自动关闭;
- ➤ 当超过14 000 ft时,旅客氧气面罩自动掉下。

当座舱高度超过10 000 ft时,音响警告信号和目视警告信号提醒机组人员可能出现的问题,因此他们有时间纠正可能出现问题的系统,从而减小旅客的不适和防止旅客氧气面罩掉下。

如果问题不能解决,压力控制器发出信号关闭排气活门,减少座舱压力损失。如果两套送气系统均失效,或排气量大于最大进气量,机组可以打开应急冲压空气活门。这样,外界冲压空气可以经座舱空调分配管道送入座舱,如图13-25所示。

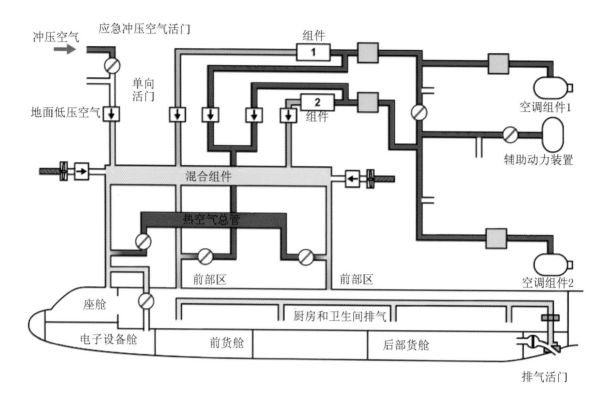

图13-25 应急冲压空气

如果座舱高度到达14 000 ft,储存在旅客顶部的服务组件内的氧气面罩(如图13-26所示),在静压控制器的作用下掉至半悬挂位置。在该座舱高度,氧气面罩掉下,确保在座舱高度到达15 000 ft前能及时用氧。

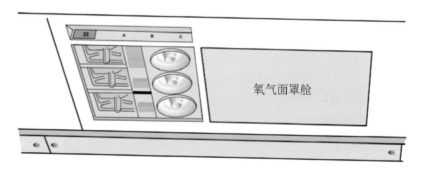

图13-26 乘客顶部服务组件

座舱余压图

如图13-27所示,根据原始数据,采用对数形式表示座舱高度与飞行高度的关系。在给定的余压参考线之间,采用插值法计算座舱高度时,必须要仔细。

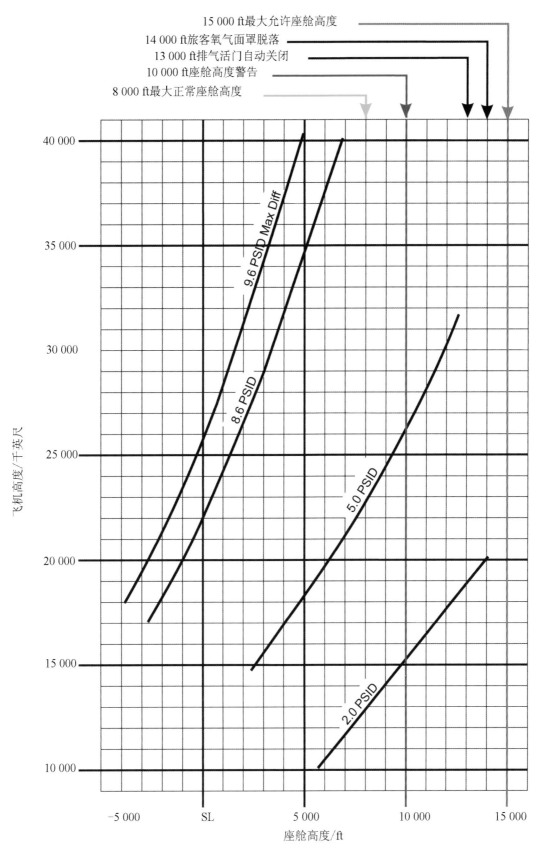

15 000 ft最大允许座舱高度
14 000 ft旅客氧气面罩脱落
13 000 ft排气活门自动关闭
10 000 ft座舱高度警告
8 000 ft最大正常座舱高度

图 13-27　座舱余压图

氧气系统

本章和前一章已介绍了增压系统的相关规章,以及增压系统如何给机组和旅客提供必要氧气的基本原理。本章将介绍JAA关于在增压及非增压飞机上,旅客和机组辅助氧气系统、应急氧气系统的规章要求。

缺氧

缺氧是指体内缺少氧气。通常缺氧难以察觉,缺氧会影响人的决策能力,当缺氧到一定程度时,人将不能做出合理的判断,甚至会忘记自己的名字,缺氧能导致人完全丧失意识,如果不进行干涉甚至将导致人死亡。

血液含氧饱和度

大气中有效氧气含量是21%,海平面大气压力是14.69 psi,所以由氧气施加的压力是2.94 psi(正常时,围绕3 psi波动),这称为氧分压。肺内的氧分压使氧气通过肺组织进入血液。在海平面,血液中的氧饱和度为100%。随着高度的增加,由于大气压力降低,血液中氧饱和度下降。

表13-1所示为缺氧对人体的影响。其严重程度,受在缺氧环境下暴露的时间、飞行高度,以及座舱释压快慢等因素影响。

表13-1　缺氧的影响

高度	有意识时间	心理、生理影响	血氧饱和度
海平面		身体正常,心理正常	100%
0~7 000 ft		身体正常,心理正常	100%~95%
10 000 ft		长期暴露在该环境下导致疲劳和头痛	90%
15 000 ft		嗜睡,嘴唇和指甲发紫,视力下降,心跳加速,人格改变,过度自信,缺乏决策能力	81%
18 000 ft	30 min		
22 000 ft		协作能力下降,重影,抽搐,崩溃	68%
25 000 ft	2~3 min	失去意识直至死亡	55%~50%
30 000 ft	45~75 s	超过75 s将导致意识丧失直至死亡	
33 000 ft		在环境压力下呼吸100%纯氧能恢复到海平面生理心理状态	
35 000 ft	30~60 s	最多1 min将导致意识丧失直至死亡	
40 000 ft		使用100%纯氧的最大高度,超过该高度需要增压氧气	
45 000 ft	约12 s	最多12 s将导致意识丧失直至死亡	
65 000 ft		无座舱增压和增压服将导致体液沸腾	

旅客氧气面罩的数量及配置

JAR-OPS 1规定,从1998年11月9日起,在25 000 ft以上高度飞行的飞机,或者那些飞行高度在25 000 ft以下(含25 000 ft),但不能在4 min内安全下降到13 000 ft的飞机,必须为机上每位乘员配备自动氧气设备,无论他们所处任何位置都可以马上使用。氧气面罩的总数量必须至少超过座位数

10%,这些额外的面罩均匀分布在整个客舱内。

这些额外的面罩可以让离开自己座位的乘务员或旅客获得氧气。由于当需要用氧时,机组人员或旅客可能在飞机的卫生间内,所以每一个飞机卫生间内必须配备两个面罩。

对于飞行高度超30 000 ft的飞机,在座舱高度超过15 000 ft以前,面罩必须能自动掉下。如果自动系统失效,机组必须有人工方式来释放氧气面罩。在驾驶舱内,应该有自动系统的工作指示信号。

氧气

在航空上,使用的氧气有三种物理状态:

> 液态;
> 气态;
> 化学状态。

由于液态氧非常昂贵,而且在使用、储存和安全等方面存在的问题,所以在民用航空上没有使用液体氧。由于气态氧最经济,并且能很好满足规章要求,所以飞行机组一般使用气态氧。根据设计,一些运输机的旅客辅助氧气系统也使用气态氧。但是,更常见的是化学氧气发生器。这是因为,化学氧气发生器生产成本低,保质期长达五年,除更换外不需要额外维护。

气态氧气系统

现在使用的有两种气态氧气系统:

> 连续供氧系统(图13-28);
> 断续供氧系统。

飞行高度超过10 000 ft的轻型非增压飞机,常使用连续供氧系统。在一些增压飞机上,旅客辅助氧气系统也使用连续供氧系统。断续供氧系统更复杂昂贵,常用于运输机的飞行机组氧气系统。

连续供氧系统

在这些系统中,氧气存储在一个高压氧气瓶中,使用一步调节器将压力从1 800 psi降到10 psi。

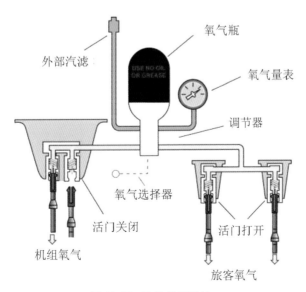

图13-28　连续供氧系统

调压后的低压氧气供向所有面罩接头。当面罩接入该接头时,不管使用者是吸气还是呼气,氧气连续流入面罩。面罩上安装外释压活门,以便使用者向外呼气,使用该系统向外呼气时需要用力。当不使用时,这些面罩不接入接头,并需妥善储存。

连续供氧旅客辅助氧气系统(图13-29)

在这些系统中,气态氧气储存在1 800 psi的氧气瓶中。氧气流出时经过一个中间压力调节器,它将氧气压力降低至80~100 psi。然后,氧气被送入环路或总管。一个气动活门阻止氧气流入旅客氧气面罩。

当座舱高度超过14 000 ft时,气动活门打开,氧气流入低压调节器。同时,气压打开舱门插销,让旅客服务组件舱门打开,氧气面罩掉至半悬挂位置。向下拉面罩能将面罩的活门打开,连续的氧气流入罩在口鼻上的橡胶面罩。面罩只有一个尺寸,但适用于所有人,面罩上有一根弹性头带。

总管内保持压力状态,以确保在总管末端的旅客和最近的旅客都能获得氧气,同时也可阻止水汽进入。若氧气总管有轻微的泄漏,运营人不得不承受该损失。加上额外的氧气瓶、管道和调节器的重量以及维护成本等因素,导致多数现代飞机的运营人,在旅客氧气系统中多采用化学氧气发生器。

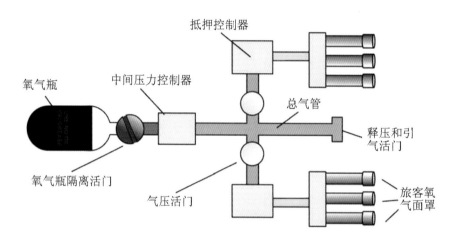

图13-29 连续供氧旅客辅助氧气系统

飞行机组的断续供氧系统

图13-30所示为安装于运输机上的断续供氧系统的示意图。来自氧气瓶的氧气以400 psi高压状态供向稀释需求组件,通过过滤器后流向关断活门。

氧气从关断活门流出后通过眨眼器。由于氧气无色无味,眨眼器给机组提供供氧的可视指示。

需求活门、隔膜和弓形弹簧一起控制低压调节器。当选择"正常"位时,飞行员不吸气或呼气时,需求活门在弹簧力和氧气压力作用下关闭。当飞行员吸气时,在面罩内形成局部真空导致隔膜变形。

在隔膜的另一侧连通座舱,隔膜两边的压差将推动隔膜向右变形,弓形弹簧和氧气压力作用在需求活门上,需求活门上的弹簧限制隔膜的运动。因此,氧气可以流过需求活门。当飞行员吸气时,保持大约8 psi的压力。随着飞行员的吸气压力降低,作用在隔膜上的压力增加,从而关闭需求活门。在该系统中,同呼气相比,飞行员在吸气过程中需要更大的力。

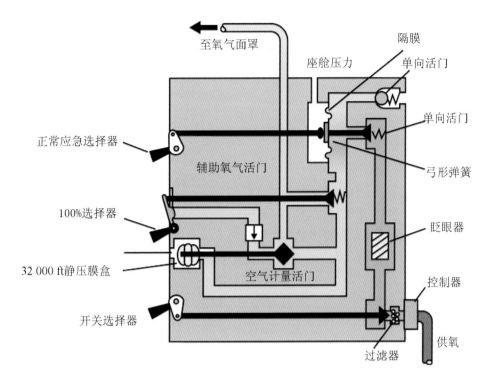

图 13-30　断续供氧系统

在某些情况下,当座舱高度低于 33 000 ft 时,飞行机组需要辅助氧气供应系统。因此,需求供氧时提供 100% 纯氧是不经济的。为了解决该问题,座舱里的空气可以经由一个单向活门流入调节器,所以当飞行员吸气时,在面罩中提供的是座舱空气和氧气的混合气体。

在缓慢释压的过程中,由于座舱高度上升,设定值为 32 000 ft 的气压活门开始关闭空气计量活门,减小座舱空气相对氧气的比例。当到达 32 000 ft 时,空气计量活门完全关闭,确保在 33 000 ft 前,飞行员吸入的是 100% 纯氧。在 40 000 ft 时,一个静压膜盒(图中未显示)提高供氧流量,保证飞行员处于增压供氧状态(连续供氧)。

在正常座舱高度,如果座舱空气被烟雾污染,飞行员使用调节器设置在"正常"模式时,面罩将经空气计量活门吸入烟雾。为了解决该问题,飞行员应选择 100% 纯氧。这样将关闭座舱空气的通气口,打开辅助氧气活门。虽然空气计量活门仍处在减少氧气流量的位置,但此时由辅助氧气活门进行补偿。此时供氧系统仍作为一个需求系统工作。

如果出现浓烟、高座舱高度和精神紧张等情况,飞行员可以选择应急供氧。当选择应急供氧时,隔膜向右偏(如图 13-30 所示),将需求活门推开,氧气以更高压力(与需求供氧比,通常为 12 psi)连续流入面罩。这样,在面罩内形成了一个正压,确保烟雾不能进入,同时提高飞行员的血液氧饱和度。

正常/应急选择器还有一个挡位,即"面罩测试"位。将选择器设置在该位置,需求活门开得更大,使更高压力的氧气进入系统。在飞行前的检查中常这样做,以清洁面罩管道。不要尝试戴上面罩或者使用这个压力来呼吸,它可能对肺造成损伤。需求调节器中的任何过高压都将导致释压活门打开。

旅客化学氧气发生器

旅客化学氧气发生器和旅客面罩存储在旅客顶部的服务组件内(如图 13-31 所示)。发生器依据化学反应原理工作,当被点燃时,释放出的氧气比它燃烧过程中所消耗的氧气要多,因此可以使用这部分氧气。

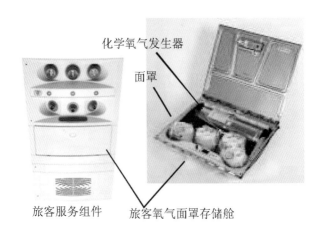

化学氧气发生器

面罩

旅客服务组件　　旅客氧气面罩存储舱

图13-31　旅客氧气面罩和氧气发生器存储

图13-32是一个典型的化学氧气发生器的截面图。在圆柱形壳体内的化学药品由氯酸钠和铁粉组成,周围包裹着过滤和隔热材料。

当被点燃时,化学药品至少燃烧15 min,其温度可能达到400 ℉,释放出相当于它总量约45%的可用氧气。在供氧管路和储气袋中,氧气被逐渐冷却,储气袋位于面罩前的管路上。当氧气进入面罩时,氧气的温度必须不能超过周围环境温度10 ℃。

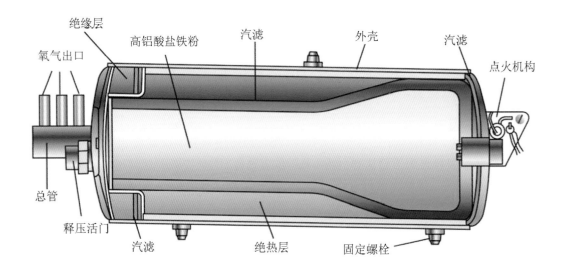

绝缘层　　　　　　　汽滤　　　　　外壳　　　　　汽滤

高铝酸盐铁粉

氧气出口

点火机构

总管

释压活门

汽滤　　　　绝热层　　　固定螺栓

图13-32　化学氧气发生器截面图

每一个组件安装了一个释压活门,以释放过大的内部压力。一旦被点燃,组件将持续燃烧,直到全部的药品反应完毕。在发生器上刷了一圈热敏性漆,用来识别发生器是否已经使用过(如图13-33所示)。

图13-33　化学氧气发生器

对于化学氧气发生器,旅客服务组件的舱门销由从气压组件发出的28 V直流电信号来释放。在初始释压时,飞行员可以通过驾驶舱内的电门来释放氧气面罩。对那些向不止一个面罩供氧的发生器来说,第一个旅客将面罩从半悬挂位置拉下,将启动发生器的化学反应。

在早期的系统中,当向下拉面罩时,系在供气管上的系索激发弹簧撞针将撞击火药,如图13-34所示。现代系统使用28 V直流点火器来点燃药品,这仍然需要向下拉面罩来启动化学反应。

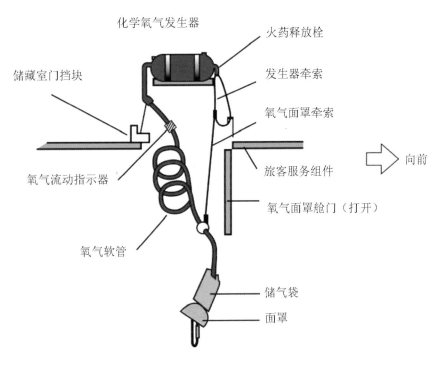

图13-34　半悬挂位置

旅客面罩和防烟

当使用者佩戴面罩吸气时,周围的座舱空气可以流入面罩内,流入面罩的空气同氧气系统的氧气混合。不能在充满烟雾的环境中使用氧气面罩,因为富余的氧气能使佩戴者的气管开放,导致吸入更多的烟雾。

客舱乘务员

乘务员与旅客使用相同的辅助氧气系统。当座舱增压失效时,多余的10%的旅客面罩保证远离座位的乘务员能获得氧气。

在那些不易获得辅助氧气面罩(在座位处)的乘务员工作区域内,应该提供另外的面罩组件,例如在厨房内。

保护性呼吸设备

保护性呼吸设备(PBE)向乘务员提供不少于15 min的氧气,并保护乘务员的眼、鼻和口,防止吸入烟雾和其他有害气体。

提供给飞行机组使用的保护性呼吸设备,必须位于驾驶舱内方便存取的位置,以便机组在其座位上就能方便拿到。乘务员的保护性呼吸设备位于其通常的工作岗位边。

另外的保护性呼吸设备,必须位于客舱手提灭火器处或其附近。在商务舱,手提式灭火器位于舱门内侧,保护性呼吸设备也位于该位置,但在舱门的外侧。保护性呼吸设备有两种形式:一种是便携式氧气瓶和全脸面罩,另一种是化学氧气发生器和防烟面罩。

图13-35所示为美式单筒气态氧便携式保护性呼吸设备。通常这类设备存储120 L氧气,压力1 800 psi。它们有两种或三种连续供氧速率,分别是:

➢ 正常状态:2 L/min,持续时间60 min;
➢ 高速:4 L/min,持续时间30 min;
➢ 紧急状态:10 L/min,持续时间12 min。

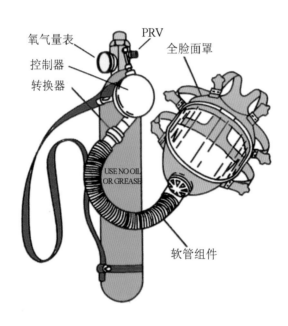

图13-35　保护性呼吸设备

每一个氧气瓶均有压力表,可以通过氧气压力或体积进行校准,压力表被分为八个部分。第一部分是红色区域,指示氧气压力已经很低。每一个氧气瓶均有关断活门和流速选择器,虽然未强制要求,但一些氧气瓶还是安装了应急活门。全脸面罩能保护眼、鼻和嘴,防止吸入烟雾,氧气瓶配有背带,这样可以解放双手用于其他工作。

每一个氧气瓶必须安装释压活门,以防止因为火灾不能把氧气瓶从它的存储位置搬开而发生爆炸。发生火灾时,释放的氧气将使火灾更为严重。释压活门的开启压力,根据氧气瓶能承受的最大结构强度设置,同时防止座舱内空气中氧气含量过高。

图13-36所示为防烟面罩。在发生火灾时,它不仅能保护机组人员的眼、口和鼻免受烟雾侵害,也能防止熔化的塑料烫伤机组人员的头部,同时能让机组人员空出双手来进行其他工作。这些防烟面罩配备的化学氧气发生器,在拉下方的红色绳索时启动,发生器可以提供至少15 min的所需氧气。

事实上,像图13-36所示的这种现代防烟面罩内部经过化学处理,由使用者的体温和呼气激活,能至少工作20 min。

图13-36 防烟面罩

机组面罩

当机组坐在他们的工作位置时,面罩必须位于他们能立即拿到的位置。对于可以在25 000 ft以上飞行的增压飞机,机组面罩必须是快戴式,即必须能用一只手在5 s之内戴上,然后空出双手来工作。面罩必须能戴在眼镜上,且不影响视线。面罩不能干扰机组间的无线电通信或直接交流,以及通过内部通信系统,机组与机上其他成员之间的相互交流。

图13-37展示了一个典型的快戴式面罩,它们需要防烟护目镜才能为飞行机组提供保护性呼吸。面罩上有充气软管,同时按压面罩两侧的开关,软管膨胀,并将面罩套在头上。当释放两侧的开关时,软管放气面罩将套在脸上。

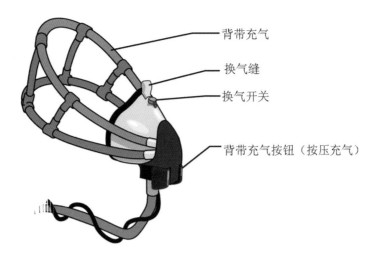

背带充气

换气缝

换气开关

背带充气按钮（按压充气）

图 13-37　机组面罩

非增压飞机

除非辅助氧气系统能存储和供应所需的氧气，否则非增压飞机不能在超过 10 000 ft 以上的高度飞行。

当非增压飞机在超过 10 000 ft，但低于 13 000 ft 高度飞行超过 30 min，或只要飞机飞行高度超过 13 000 ft 时，所有工作中的机组人员必须连续使用辅助氧气，机长有责任确保所有机组人员连续使用氧气。

从 2000 年 4 月 1 日起，载重量超过 5 700 kg 或 20 座以上的非增压飞机，必须确保每一位飞行机组人员有至少 15 min 的辅助供氧，并且氧气面罩能有效保护眼、鼻和口。另外，当飞行机组不止一人且没有座舱乘务员时，必须携带保护性呼吸设备，保护其中一名飞行机组人员。参见本章末附录 2（JAR-OPS 1 要求）。

急救氧气

飞行高度超过 25 000 ft 且有乘务员的增压飞机，需要携带急救氧气。在座舱释压后，急救氧气为那些由于生理原因可能需要氧气的旅客提供纯氧。氧气可以来自一个便携式的氧气瓶，或来自供氧系统的急救接口。

氧气系统最少有两个急救接口，每一个接口应该能提供最少 4 L/min 的流量。在任何座舱高度，流量下降不应该少于 2 L/min。

气态氧气系统组件

气态氧气（正常 1 800 psi）储存在一个高强度合金钢瓶内，氧气瓶的两端是半球形。如果氧气瓶出现灾难性破损，氧气瓶外缠绕的金属丝可以提高氧气瓶的强度。为了指示瓶内存储物为氧气，氧气瓶被涂上了相应的颜色。美制氧气瓶被涂成了绿色，英制氧气瓶被涂成黑色，而瓶颈和瓶肩为白色。参见图 13-35 和图 13-38。

瓶体上用红色字体标出"禁止使用滑油或油脂"，用白色字体标出"航空用氧"，在瓶颈处标记氧气瓶的制造商和检测日期。在主氧气瓶的瓶颈处安装了隔离活门，隔离活门仅由地面工程师关闭，除此外隔离活门应该位于打开位。

如图13-38所示,如果外界温度过高,氧气瓶可能发生爆炸,因此氧气瓶通过防爆膜与外界相通。

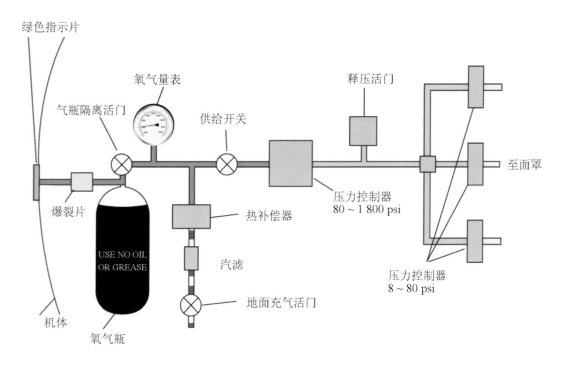

图13-38 气态氧气系统

如果因外界温度过高,使氧气瓶内压力超过设计最大压力,防爆膜破裂,瓶内的全部氧气将排到外界大气。为了指示氧气瓶已经释压,放气口绿色塑料指示片被吹出,留下红色的底座。

相对于用一个较大气瓶来存储全部氧气,使用几个较小的气瓶具有更多优点。每一个氧气瓶经由单向活门与主管道相连,每一个氧气瓶有自己的防爆系统,这样如果某个氧气瓶释压,并不会损失全部氧气。

驾驶舱内安装了氧气量表。老的系统使用的是直读式仪表,现代系统使用压力传感器,在一个专用的氧气表上显示了氧气量,或作为EFIS显示信息的一部分。该信息可以以压力形式显示,或以容量的形式显示。当以容量的形式显示时,显示区域分为八个部分。第一部分为红色区域,显示氧气压力非常低。由于气体的物理性质,1 800 psi时表示瓶内氧气充满,900 psi并不表示瓶内有一半氧气,而是比一半更少。

因为供氧关断活门安装在氧气表的下游,所以不需向调节器供氧,就可以观察到实际的氧气量。机组使用该活门将调节器与氧气瓶隔离开。

压力调节可以在一个组件中完成,或分成几个阶段来完成。1 800 psi的供氧压力先减压到80～100 psi的中间压力,然后在机组人员各自的调节器中减压到最终的目标压力8～10 psi。如果中间压力调节器出现失效,为了避免机组承受过高氧气压力,在中间压力管路上安装了释压活门。

飞机氧气系统的加氧

飞机加氧时必须要小心仔细。必须以低速度灌充,让氧气瓶内压力缓慢增加。如果使用的灌充速度过大,氧气的流动和压力变化将使氧气及氧气瓶温度升高,从而导致加氧量误差。

当氧气温度变化时,氧气瓶的实际容量也将变化。很多飞机在氧气灌充点附近,有温度计和一张氧气压力与体积对应关系表,它假定当灌充氧气时,氧气瓶和氧气的温度与大气温度相同,这可以确保得到精确的氧气量。

热补偿器

当加氧时为减少氧气的温度波动,在充氧管路过滤器的下游,安装有热补偿器,如图13-38所示。热补偿器为一根管道,管道内有很多细铜丝(像头发丝),铜丝从管壁向内伸出。这些铜丝导热性能良好,因此当氧气流过它们时,可以减少氧气的温度波动。

氧气的细菌污染

在加氧口都有一个口盖,在每次加氧后,必须盖好口盖以防止污物和水分的进入,以防止氧气系统出现结冰的危险。如果水分进入氧气系统中,细菌能在里面生长和繁殖,氧气将出现臭鸡蛋气味。为了防止这种情况出现,使用前必须清洁所有的充气软管,所有氧气瓶必须保持正压力状态,以防止水汽进入。

失火和爆炸

除非是达到极高的温度,否则氧气自身不会燃烧,但它可以助燃。爆炸是非常快速的燃烧,氧气助燃的效果与其所占比例及它的压力成正比,高浓度和高压氧气可以使通常认为不燃的物质燃烧。

当氧气遇到石油基的滑油和油脂时特别危险,油脂快速吸收分子状态的纯氧、分子振动产生的热量以至自燃。

氧气组件的润滑

唯一能用来润滑氧气系统组件的介质是石墨、炭或特氟纶基材料。

附录1

表13-2 增压飞机的辅助氧气系统的氧气最低需求(JAR-OPS 1.770)

供氧对象	供氧时间和座舱高度
驾驶舱内所有的工作位置	当座舱增压高度超过13 000 ft时,全部的飞行时间; 当座舱增压高度超过10 000 ft,但没有超过13 000 ft时,除开始的30 min所有的飞行时间,但: 对于许可飞机高度不超过25 000 ft的飞机,供氧时间绝不少于30 min(见备注2); 对于许可飞机高度超过25 000 ft的飞机,供氧时间绝不少于2 h(见备注3)。
所有需要的客舱机组人员	当座舱高度超过13 000 ft时的全部飞行时间,但供氧时间绝不少于30 min(见备注2); 当座舱高度超过10 000 ft,但低于13 000 ft时,除开始的30 min所有在这个高度上的飞行时间。

供氧对象	供氧时间和座舱高度
全部旅客	当座舱高度超过15 000 ft时的全部飞行时间,但供氧时间不少于10 min(见备注4)。
30%的旅客	当座舱高度超过14 000 ft但低于15 000 ft时的全部飞行时间。
10%的旅客	当座舱高度超过10 000 ft,但低于14 000 ft时,除开始的30 min所有在这个高度上的飞行时间。

备注1 氧气供应必须考虑座舱增压高度和相关航线的下降剖面。

备注2 最少的氧气量必须满足:在10 min内,飞机从许可的最大飞行高度连续下降到10 000 ft,并在10 000 ft上至少保持20 min。

备注3 最少的氧气量必须满足:在10 min内,飞机从许可的最大飞行高度连续下降到10 000 ft,并在10 000 ft上至少保持110 min。JAR-OPS 1.780(a)(1)中关于需要的氧气量可能被包含在测定所需氧气量中。

备注4 最少的氧气量必须满足:在10 min内,飞机从许可的最大飞行高度连续下降到15 000 ft。

备注5 基于这张表格的目的,"旅客"指的是实际搭乘的旅客,包含婴幼儿。

表13-3　非增压飞机的辅助氧气系统(JAR-OPS 1.775)

供氧对象	供氧时间和座舱高度
驾驶舱内所有的工作位置	座舱高度超过10 000 ft的全部飞行时间。
所有需要的客舱机组人员	座舱高度超过13 000 ft的全部飞行时间;座舱高度超过10 000 ft,但低于13 000 ft时,在这个高度上停留时间超过30 min的这段时间。
全部旅客(见备注)	座舱高度超过13 000 ft的全部飞行时间。
10%的旅客(见备注)	座舱高度超过10 000 ft,但低于13 000 ft时,开始30 min后所有的飞行时间。

备注:基于这张表格的目的,"旅客"指的是实际搭乘的旅客,包含2岁以下婴幼儿。

第十四章
火警探测与灭火系统

概述

大多数情况下,在发生火灾时可以看到跳跃的火焰。同时,必须意识到,无烟燃烧如果没有及时发现和扑灭也具有同等危害。

在学习火灾探测、机组警告和灭火系统之前,先了解火灾的基本化学原理、火灾的分类与相关定义和规章等是十分必要且有益的。

基本化学原理

火灾的发生和发展必须具备三个基本条件(如图14-1所示):

> 可燃物;
> 热量;
> 氧气。

图14-1　燃烧三要素

火三角

当三个要素都具备的时候,如图14-1左边那幅图所示,三要素之间的关系得到满足就会引起火灾。若火三角任何一边断裂,如图14-1右边那幅图所示,结果将是:

> 已经存在的火熄灭;

➤ 防止火灾的发生。

可燃物

不管是固体还是液体可燃物质,当可燃物被加热的时候,其开始转变为气态,实际上是这些气态物质在燃烧。因此,这些物质转化为气态的温度越低,这些物质就越容易燃烧。反之,这些物质转化为气态的温度越高,这些物质就越不容易燃烧。这种自发的使一种可燃物从液态或固态转变到气态的过程称为挥发性。

热量

热量(起火的原因)聚集是产生可持续的燃烧必备的条件之一。只要达到可燃物可燃烧的最低温度,即燃点,就可以燃烧。在燃点这个温度能使可燃物转变为气态,并使气态的可燃物点燃,然后使这种转变持续。当最初点燃这种可燃物后,可燃物的温度继续升高。温度升高后反过来增加可燃物转变为气态的速度,因此,火灾蔓延至全部可燃物。

氧气

要使火灾发生并持续,必须有一定比例的氧气。氧气自身并不能燃烧,除非可燃物质达到燃点。氧气能够加速可燃物的燃烧,除非是该物质燃烧过程不需要氧气,如该物质在燃烧过程中能自己产生氧气。

燃烧产物

燃烧产生的基本物是热量和烟雾。

热量

燃烧产生的热量依赖于可燃物燃烧的表面面积。可燃物燃烧时发热,同时需要大量的氧气。例如,用乙炔进行焊接的时候,乙炔像火炬一样地燃烧。如果增加更多的氧气可以使乙炔燃烧更加剧烈。然而,如果氧气增加得过多,可能导致火焰熄灭。

热量的传递是靠传导、对流和辐射进行的:

传导——当触摸一个热的物体时感觉到热量即热传导。

对流——热空气从一个热的物体表面升起即热对流。

辐射——太阳的热能就是通过热辐射的方式从太阳经过真空的宇宙空间传到地球。

如图14-2所示,当火灾发生在一个固定的空间时,热量就通过热传导、热对流、热辐射的方式传递到房间内的其他物体上,同时,周围的建筑物也因此升温。

如果热量传到周围的物体使其温度升高到燃点以上,那么这些物体也会被点燃,这样就会导致火灾的蔓延。正如图14-2所示,发生在左下方的火灾由于蔓延,可能导致房间内右上方的物体被点燃。

热量同样可以通过隔间的墙传递到临近的隔间。如果临近的隔间里面有可燃物品,热量的传递有可能导致这些物品的温度升高到燃点以上,这些物品就会自燃,同时也导致火灾的蔓延。

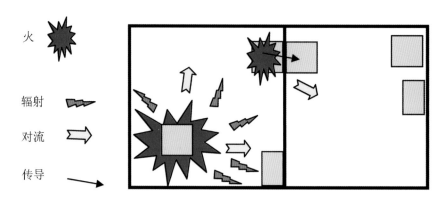

火
辐射
对流
传导

图14-2　封闭空间内火的传播

烟雾

烟雾是指可燃烧物质的燃烧产生的以碳为主的细小颗粒。然而,可燃物在燃烧前和燃烧过程中产生的烟雾的类型,以及是否有毒,取决于可燃物质的材料和燃烧过程的状况。

燃烧产生气体的量和密度,取决于可燃物的材质和燃烧时的温度,这些气体中的一部分本身是可以燃烧的。因此,可以这样认为,燃烧产生的所有物质,不管可见与否,都是烟雾。有一句谚语"没有火就没有烟雾"是对粗心者的警告。但是,要产生火焰的话,必须有可燃气体。

当在一个密闭的空间发生火灾时,燃烧会减少该空间内氧气的含量。烟雾的产生进一步降低氧气的含量,同时使能见度降低。

缺氧和吸入烟雾会影响人们的呼吸功能、视觉和认知能力。视觉的影响主要是因为气体的浓度和烟雾进入眼睛后人的自然反应。可燃物质燃烧产生有毒气体也非常危险,这种有毒气体可以使人失去知觉甚至死亡。

火的分类

A类火:固体可燃物质,主要指纸张、棉花和木材等燃烧产生的火。

这类火的灭火方法主要是降温,使用水做灭火剂使可燃物质浸湿而防止重新燃烧。

B类火:液体或可溶解的固体着火。

这类火的灭火方法是用泡沫或者干粉灭火剂,如二氧化碳或者卤代烃灭火剂。

C类火:气体或者液化气燃烧,如丁烷、丙烷、甲烷、沼气等。主要是由气体溢出或者泄漏导致。

这类火的灭火方法是用泡沫或干粉灭火剂隔绝氧气而使火焰窒息,同时用水使泄漏的容器降温。

D类火:金属失火,如金属铝着火。

这类火的灭火方法是用干粉灭火剂隔绝氧气而使火焰熄灭。

电气火灾

对于涉及电气设备的火灾还没有一个系统的分类,因为电本身并不能燃烧。但是,在上述火灾分类中,任何一种火灾都有可能是电气原因所致,因此,在使用水或泡沫灭火剂进行灭火时,首先要隔离供电设备。

国内情况

电气设备着火可以用二氧化碳,干粉和卤代烃1301和1211作为灭火剂,但首先要切断电源。然而,如果火灾的发生和电气设备有关,尽可能先切断电源,同时隔离电气设备,这样会更加安全。

防火设计

显然,对抗火灾的最好的办法是在第一时间内防止火灾的发生。在理想情况下,飞机上所有材料都应当是防火的。但在实际上,飞机在制造过程中,除大部分采用防火材料外,都会用到一些可燃材料。为了尽可能降低火灾的风险,飞机制造商必须遵守JAR 23和JAR 25的相关规定。

JAR 23和JAR 25详细规定了飞机舱位、发动机着火区域,以及飞机在防火方面的详细设计要求。因此飞机上任何部位着火都不会导致难以控制的局面,也不会出现对某一设施或者设备无法进行有效的灭火操纵。

JAR 定义

JAR 1定义了防火材料、抗火材料、抗火焰材料、抗燃材料和易燃材料的区别,这些定义如下:

防火

防火材料、部件和设备,必须能承受火焰温度1 100 ± 80 ℃,且15 min内不能产生导致飞机危险的任何损坏。

抗火

抗火材料、部件和设备,必须能承受火焰温度1 100 ± 80 ℃,且5 min内不能产生导致飞机危险的任何损坏。

抗火焰

当移除火源后,抗火焰材料不易燃烧出火焰。

抗燃

当点燃后,抗燃材料不易剧烈燃烧。

易燃

不管是液体还是气体,点燃后能够持续和稳定地燃烧或爆炸。

货舱的分区

按照JAR 23和JAR 25适航的飞机货舱分区如下:

A区:

在该区,机组人员在各自的岗位上就能够容易地发现火灾,同时在飞行过程中,机组人员能够容易到达该区。

B区：

在该区,机组人员在飞行过程中,有足够的通道能到达这些区域的任何部位。同时在这些部位具备手提灭火器。

在到达该区域的过程中,必须无有害烟雾、火焰。同时要保证没有灭火剂进入乘客和机组人员所在的区域。

在这些区域,安装有烟雾或者火警探测器,用来警告机组人员飞机的该部位发生了火灾。

C区：

除了A区和B区以外的其他机身区域。

在这些区域发生火灾,有烟雾或者火警探测器来警告机组飞机的该部位发生了火灾,同时,在这些区域有相应的灭火系统供机组灭火。

换气量应该可控,因此使用灭火剂时能够控制火灾。

在机组和乘客区域,需要有多种方法排出有害气体、火焰和灭火剂。

D区：

D区是飞机上火灾发生后,该区完全不会产生任何危害。D区的容积不超过1 000 ft³(28.3 m³)。

在该区,需要有多种方法排除机组和乘客区域的有害气体、火焰和灭火剂。

D区发生火灾,其发出的热量不允许对飞机上一些关键部件造成影响。

在该区域,换气是受控制的,因此,任何该区域的火灾不会发展到影响整个飞机的安全。

换气速度是建立在下面这个公式基础上的：$W=2\,000-V$,在这个公式中,W指每小时排出多少立方英尺的空气,V指这个区域总共的容积有多少英尺。

例如：一个容积为500 m³的区域,换气速度在1 500 m³/h为可接受的范围。

E区：

E区仅出现在货机上,此时飞机的主要舱室用来装载货物。

在该区域必须有烟雾或者火警探测装置,用于警告机组该区发生火灾。

机组必须能够关断这些区域的换气。

在该区,需要有多种方法排出机组和乘客区域的有害气体、火焰和灭火剂。

在该区,紧急出口在任何情况下都不能被占用。

卫生间

不管飞机上是否允许吸烟,飞机卫生间内必须配备烟灰缸。其中一个烟灰缸位于卫生间内侧,临近卫生间门的位置;另外一个烟灰缸位于卫生间外侧,临近卫生间门的位置。卫生间门必须在不使用特殊工具的条件下,能从外面打开。

燃烧区

燃烧区是那些存在燃烧的区域,例如主发动机以及辅助动力装置(APU)。主发动机主要包括活塞式发动机和燃气涡轮发动机。

燃气涡轮发动机

燃气涡轮发动机通常情况下划分为三个区域,如图14-3所示。

> 区域1,燃烧区;

> 区域2,冷却区;

> 区域3,热尾气区。

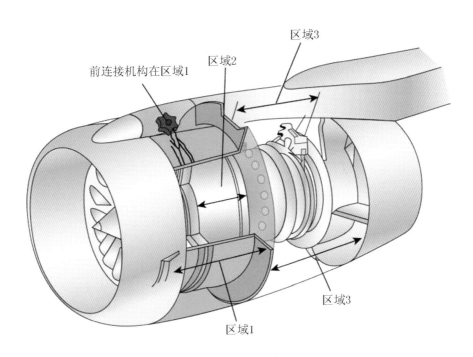

图14-3　燃气涡轮发动机分区

区域1

区域1是指压气机及附件,这两部分是独立于发动机的其他部位的。附件区是指燃油泵、液压泵、发动机滑油系统、发电机和齿轮箱所在的位置。这个区域要求要有火警探测和火警保护装置,因为该区域的火灾能快速发展至失控状态。

区域2

区域2是指压气机轴附近,在该区域没有可燃物也没有火源。如果该区域发生火灾,可能是压气机叶片和机匣之间摩擦导致的金属着火。出现这种情况,发动机将剧烈震动,需要立即停车排除故障。

区域3

区域3是指燃烧室后部的高温区域。正常情况下,虽然该区域无易燃物,但被认为是超温区。如果排气管出现破损,将导致炙热尾气进入该区域。如果下列条件之一存在,该区域应该属于区域1。

> 如果该区域存在携带可燃液体或气体的管路或部件,则压气机、涡轮和尾部区域应该划归给区域1。

> 如果发动机内,压气机、附件、燃烧室、涡轮和排气管没有相互隔离。

辅助动力装置——APU

辅助动力装置一般位于飞机的尾部,该区域用防火墙使其独立于飞机的其他结构。整个APU及其附件属于区域1,如图14-4所示。

图14-4 辅助动力装置舱

燃烧区的放油和通风

每一个燃烧区都必须有相应的放油系统,放油口的位置不能引起额外的火灾危险。每一个燃烧区都必须保持通风以避免可燃蒸气的积聚。通风口不允许有可燃液体、蒸气或者从其他区域传过来的火焰。每一种通风方式都必须保证排出的蒸气不会造成额外的火灾危险。

防火墙

防火墙的目的是把燃烧区域和飞机上其他区域隔离。当在防火墙上开口时(例如在防火墙上开孔用来布置电线等),必须用防火材料重新进行密封。

防火墙

图14-5 轻型飞机的防火墙

可燃液体防火

对于在可燃区外通过管路或部件传输存储可燃液体的区域,设计人员必须要考虑到可能的泄漏和引燃危险。办法之一为采用专门管道对传输液体的管道进行包裹。

发动机防火关断活门

发动机必须有相应关断措施,防止燃油、滑油、防冰液和其他可燃液体进入、通过或聚集在燃烧区域。但这不包括湿机匣滑油系统。参考第九章,液压系统;第十章,燃油系统。

操纵关断活门后,不能妨碍其他后续应急设备的操作,如不能妨碍螺旋桨顺桨。必须有措施防止误操纵导致的关断活门关闭,同时,在飞行中关闭的关断活门必须能重新打开。

位于燃烧区的可燃液体管路

在可燃区的管路和部件必须具有抗火能力,否则因为管道的失效将导致火灾蔓延到飞机上的其他区域。管道必须用防火材料制造,轻型飞机的发动机舱内的燃油管道的外表面被涂成赭红色。

位于燃烧区的飞行操纵系统和发动机吊架

位于燃烧区的飞行操纵系统核心部分和发动机吊架,必须用防火材料制造或包裹,以确保其具有防火能力。

干翼

对于翼下吊装发动机的飞机,当发动机发生火灾时,火灾可能沿着发动机吊架通过燃油系统的管道或者其他设施,进入机翼而发生危险。如图14-6所示,从发动机引擎罩发出的火焰也有可能烧到机翼的前缘。如果这些部位是燃油箱的一部分,有可能导致机翼油箱发生灾难性的火灾。为了防止这种情况的发生,除了用防火材料对发动机吊架进行密封外,机翼前缘和发动机吊架相连的区域必须进行密封防止燃油进入,这称为干翼。

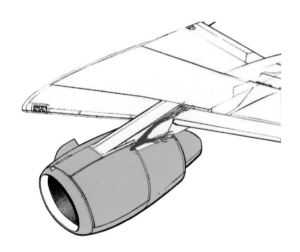

图14-6　干翼

火警探测系统介绍

火警探测有三种方法,分别是热探测、烟雾探测和火焰探测。热探测主要用于通风区域,这些区域有比较大的空气流动量,主要用于发动机、APU和主起落架舱。烟雾探测主要用于货舱(B区到E区)和盥洗室。而火焰探测需要快速的响应。

发动机火警探测和警告时间

安装于发动机舱的火焰探测系统,必须在发动机着火后5 s内探测出火灾。

货舱火警警告时间

当属于C类区的货舱发生火灾时,火警系统必须能在火灾发生后1 min内完成探测。这能保证机组有足够的时间,在火灾产生较大破坏之前采取措施。因为此时为火灾的初始阶段,火灾还没有产生明显火焰,通常该情况下使用烟雾探测器进行探测。

然而,为了保证在没有大量烟雾产生的情况下也能快速探测火灾,某些现代化的烟雾探测装置,集成了热传感器形成双系统备份,如基德火警探测器。

烟雾探测器

在属于B区和C区的货舱,最常用的烟雾探测器是根据空气中的烟雾颗粒进行探测的。原理如下:

> ➤ 放射电离;
> ➤ 光电效应中光散射;
> ➤ 光电效应中光衰减。

放射电离探测器

罗尼斯烟雾探测器和普通的家用烟雾探测器的工作原理相似,能够探测出燃烧时发出的微小颗粒。如图14-7所示,这种探测器有一个电离室,发射一束电子从而产生α离子,α离子在电离室内使空气中的氧分子和氮分子发生电离。

电离的实质是从分子周围移除一个电子。电子带负电而剩余的分子带正电。电离室中有两块隔离的金属板,通过连通飞机的电气系统,一块金属板为正电压,而另外一块为负电压。当金属板上通电时,电离室形成电磁场吸引相反极性的粒子运动。

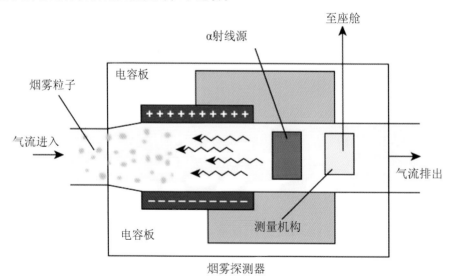

图14-7　放射电离烟雾探测器

系统能探测由电子和离子形成的微弱电流,当烟雾颗粒进入电离室时,颗粒会干扰电子和离子的运动,同时烟雾颗粒被离子吸引并中和离子的电位。出现这种情况时,烟雾探测器的电流会相应降低,从而触发报警系统工作。

光电探测器

因为在洁净的空气中光沿直线传播,在该装置中一个感光元件被放置于偏离光直线传播的位置。在正常情况下,感光元件不能接收到光信号。而当烟雾进入探测器的时候,光线被烟雾颗粒散射,感光元件接收到光信号。

如图14-8(a)所示,光源是一个高功率发光二极管,这种红外线发射装置和光电传感器成90°直角安装。风扇用于抽吸空气,当发光二极管上发出的光有一部分被散射到光电传感器上时,光电元件将产生一个额外的电压,当电压增加到一定值的时候,电路就会触发警告[如图14-8(b)]。

为了防止由于灰尘进入的虚假报警,风扇吸入的空气必须通过一个滤网,同时,探测器必须加热以防止在潮湿的环境中水蒸气凝结。该类探测器本身能够完成自检,同时能防止给机组提供虚假报警。当探测器失效的时候,失效灯点亮以提醒机组探测器失效。

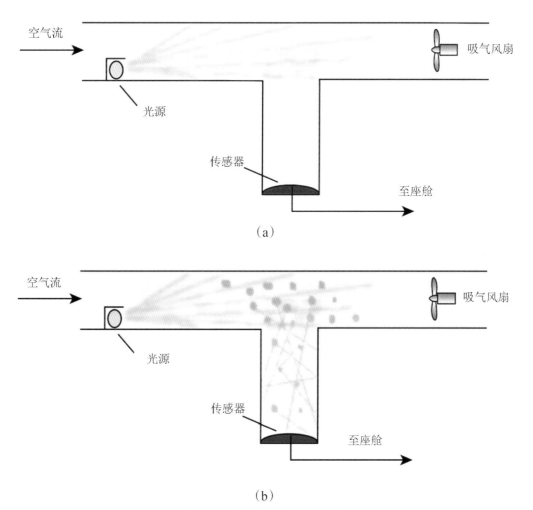

（a）

（b）

图14-8　迷宫形光电烟雾探测器

光电衰减探测器

如图14-9所示,在这种光电探测器中,光源和传感器直线安装。在正常情况下,从光源发出的光线照射到传感器上产生电压信号,电压信号和预先的设定值相比较,从而判断是否有变化。

当烟雾进入探测器的探测腔时,烟雾颗粒的衰减作用使光源发出的光亮度降低,进而使传感器产生的电压降低,从而触发报警。这种探测器比前面介绍的几种探测器需要更多的烟雾颗粒,因而灵敏度更低。

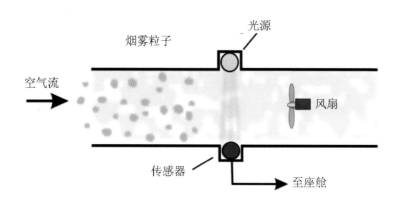

图14-9　光衰减烟雾探测器

探测器的安装位置和冗余

烟雾探测器安装在监测区域的最高点或最远点。无论采用何种方法,必须能保证其中一个探测器失效时,整个探测系统依然能正常工作。

为了保证探测系统中,任一探测器失效而不影响整个探测系统的工作,通常安装两个探测器,因此,在同一个区域有两套独立的监测系统。

顶部安装

如果安装在顶部,必须保证在任何位置发生火灾后,有足够的探测器在1 min内能够探测出火灾。一个大的货舱通常要分成几个区域,每个区域都要安装数个探测器。放射电离探测器灵敏度最高,因此适合在该区域使用。

远端安装

另外一种方法是在远端安装一对烟雾探测器。货舱内多处的空气被送向烟雾探测器,因此两个探测器可以探测较大范围的火灾。 如图14-10所示,光电烟雾探测器比较适合在这些地方使用,当空气流经探测器腔体时,这种探测器反映比较灵敏。

为了确保冗余,安装两套该种探测器来探测同一位置的火灾。用风扇驱使含有烟雾的空气流经探测器的探测腔,风扇也进行了冗余设计,即使其中一个探测器风扇失效或过热,另外一个风扇也能够正常工作。

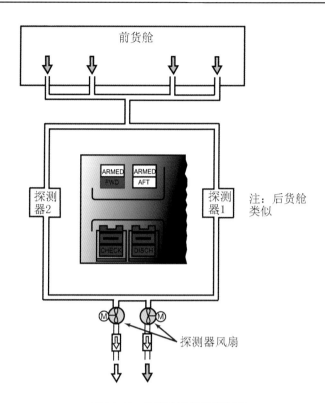

图 14-10　远端安装烟雾探测器

过热探测器——芬沃尔热敏开关

过热探测器用在可能产生高温气体的区域,或管道破裂导致高温气体损坏结构以致引起火灾的区域。这些区域主要是燃气涡轮发动机的区域3,尾气喷管和防冰引气管道附近。

如图14-11所示,是一个典型的过热探测器。一个具有高膨胀系数的管道安装于金属板上。管道内安装有双金属片,由于管道的压缩作用,双金属片反向弯曲变形。金属片采用膨胀系数较低的材料制造。

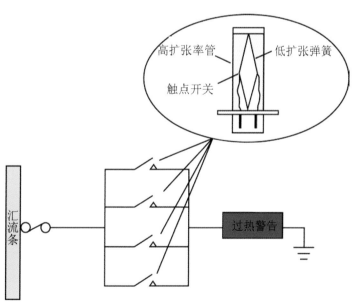

图 14-11　过热探测器

双金属片互相绝缘,金属片一端接到金属板上,另一端接到探测器的密封端。双金属片分别和导线相连,因此探测器形成断路开关。

当探测器周围的温度升高后,管道比双金属片膨胀得更快,当温度升高到预设温度时,导致双金属片相互接触,形成闭合回路。该探测器能感应小的温度变化,也能对突然的温度升高快速响应。

在发动机舱的区域3,若干该类型探测器被安装在发动机的燃烧室附近。他们分成两组平行排列,确保至少有一组在发生火灾的情况下触发报警。

火警探测器

火警探测器通常情况下分为两类:一类是根据探测器周围的温度的升高做出反应;另外一类是根据火灾发生的光学特性做出反应。后者通常被称为火焰探测器。

几种根据热量进行探测的探测器如下:

➢ 电阻火警线系统;

➢ 电容火警线系统;

➢ 气压探测系统;

➢ 热电偶探测系统。

火警线——基德火警探测系统

火警线是基德火警探测系统的注册商标,该产品是以双模式进行工作的,它能同时根据电阻和电容的变化进行工作。其他公司制造的同类型产品,只有一种工作模式,要么根据电阻的变化,要么根据电容的变化。

如图14-12所示,火警线有一根细的中央电极,电极周围使用填充材料填充,然后再用不锈钢管道包在最外侧,中央电极和飞机机体共同接地。火警线以闭合环路形式,安装于有可能发生火灾的设备附近。

同时,火警线能够在半径25 mm的范围内弯曲。火警线有可能因为扭结、变形或者过度的振动而失效。为了防止出现过度弯曲和较大的振动,在火警线上隔一定距离安装一个夹子。夹子夹在不锈钢外壳上,同时和周围其他物体相连。

严重的扭结或振动可能导致火警线失效,为防止出现这种情况,采用不锈钢支撑管和夹子对火警线进行固定。

基德火警线的中央电极周围用玻璃氧化物填充,这种填充物是一种对温度很敏感的半导体材料,具有负的电阻系数。火警线的整个回路和一个控制系统相连,通过检测其电阻和电容进行工作。

火警线测量中央电极和外部管道之间的电阻。火警线的任何一点(称为热点)或一段受热,将导致填充材料的电阻减小。电阻减小的同时会导致电容的增加。

控制系统监测电阻和电容的变化量,当电阻达到其预设值时触发报警信号。该值通常设置在1 000 Ω,这种情况下电容足够高。这样能防止电阻降低时发生虚假报警。

火警线的两端都和一个控制系统连接,任何一个地方断裂时,只要中央电极没有和外部管道接触,且系统仍然是接通的,则断裂后的每一部分仍然能够正常工作。

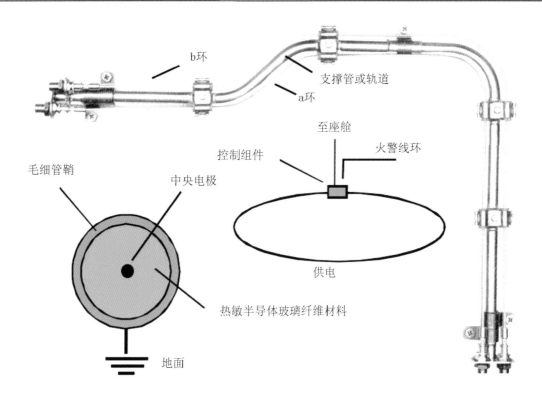

图 14-12　火警线

控制系统检查项目：

➤ 探测器元件和导线连接正常；

➤ 绝缘材料的使用在限制之内；

➤ 系统的完整性。

火警线是一个信号平均系统，火警线被加热的长度越长，触发警报的温度越低。如图 14-13 所示，此图表示火警线被加热的长度和导致出现报警的温度之间的关系。

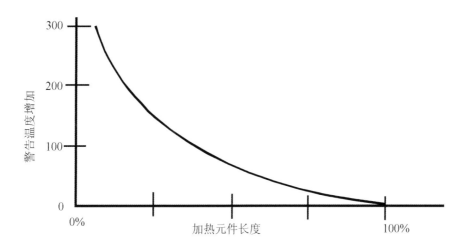

图 14-13　温度和元件加热长度的关系

因为需要防火的区域有不同的环境温度,如发动机舱和起落架舱。火警线被设置成3种不同的报警工作温度。最高平均报警温度为75 ℃,位于该探测器正常报警温度范围之内。

火警线为一类火警探测器

其他公司生产的类似火警探测器也称为火警线。火警线有两类:一类是只根据电阻的变化工作;另一类是只根据电容的变化工作。两种都使用了一个中央电极和细长管道外壳,在中央电极和外壳之间填充其他材料。

电阻式火警线

如图14-14所示,是一个和基德火警探测器在结构上类似的探测器,系统完全依靠填充材料的电阻减小进行工作,根据探测器电阻的变化,导致电桥中电压的不平衡,从而闭合电磁开关,触发驾驶舱报警信号。

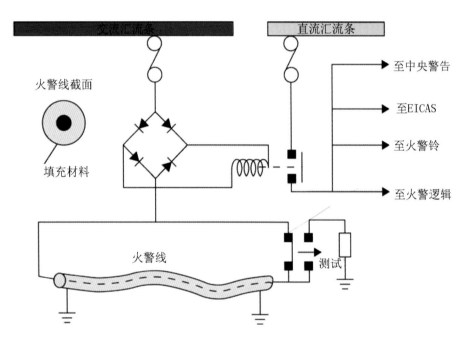

图14-14 电阻式火警线

如果探测器失效,有可能中央电极和外部管道直接接触,致使中央电极接地,从而造成虚假报警。即使火警线没有失效,发动机舱温度升高也有可能导致虚假报警。如果使火警线制造得更细,可以减少填充材料的量。

为了测试系统,通过模拟接地火灾情况,火警线加载电流可以进行系统完整性测试。

电容式火警线

为了克服纯电阻火警线的缺陷,生产商设计了电容探测系统。如图14-15所示,在这种系统中,火警线回路和控制器相连。控制器以设定周期对中央电极充电,然后系统在测量回路进行放电。

当发生火灾时,系统的电容增加。当系统进行放电的时候,就会有更大的电流并触发报警。即使该系统失效并接地,控制器发现系统无放电时,会在座舱中触发失效灯,因此该系统不会出现虚假报警。

当系统进行故障测试时,中央电极放电,这将点亮失效灯。测试系统给火警线提供一个大电容,然后进入控制电路。

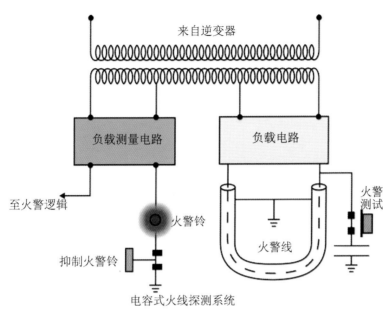

图 14-15　电容式火警线

唐尼压力过热火警探测器

该系统的工作原理是温度升高会使气体膨胀,如果气体在一个密闭容器里面,其体积膨胀导致压力升高,进而可以闭合压力开关。

如图14-16所示,探测器一端密封,另一端连接两个压力开关,这称为响应单元。在密封探测器内有一个钛氢化物的螺旋线圈,钛氢化物在常温时能像"海绵"一样吸附气体,而当温度升高时候释放氢气。

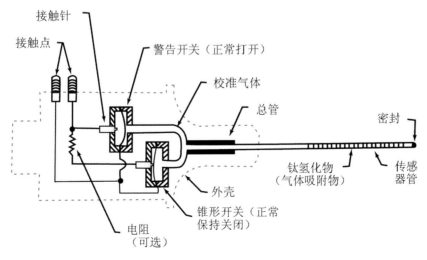

图 14-16　压力型过热探测器

探测器内充装氢气,其压力高于大气压力。该压力保持压力开关状态,这称为完整性或内置测试。当氢气压力降低到预先设定的值以下时,压力开关打开,同时驾驶舱中的警告灯亮。

当出现过热和周围的温度升高时,氢气压力增加,开关闭合,触发驾驶舱中的火警信号。

如果火灾是局部发生,火焰仅触及探测器局部,探测器只有小部分受热。此时,在整个区域平均温度升高之前,钛氢化物内的氢气释放,压力增加,报警开关闭合,触发驾驶舱中的火警信号。

该系统利用飞机的重要汇流条供电,然后通过闭合的完整性开关进入开路警告开关。电流经过一个电阻再进入探测系统完成循环,因此,当电流返回控制电路时电压得以降低。

如果失去校准气体压力,完整性开关断开电路。控制电路触发点亮失效灯。当警告开关闭合时,全部电压施加于控制电路,触发座舱警告。

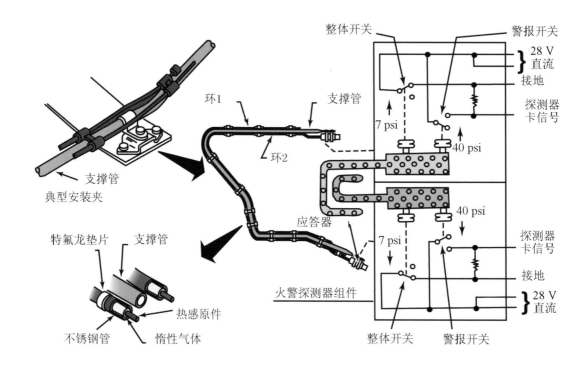

图 14-17 赛斯特丹勒探测器

热电偶火警探测器

这是一种比较老式的火警探测器,探测器内有两条不同材质的金属带,金属带两端连接,当其中一端被加热时,利用两条不同金属带产生的电压进行工作。

如图 14-18 所示,多个热电偶依次连接。一个参考热电偶被放置于同监测区具有相同温度的位置,且该位置不容易发生火灾或受热。

当出现过热的情况时,参考电偶和测量电偶之间的不同温度差将导致附加电流。温差越大,或者出现过热的电偶的数量越多,产生的附加电流越大。附加电流通过敏感继电器触发火警。

为了实现系统完整性测试,在参考电偶位置设置另外一个热电偶。当飞行员选择"测试"电门时,该区域被加热,热电偶温差产生附加电流触发火警。在该系统中,仅和冷端相连的热电偶才能起到火警探测作用。

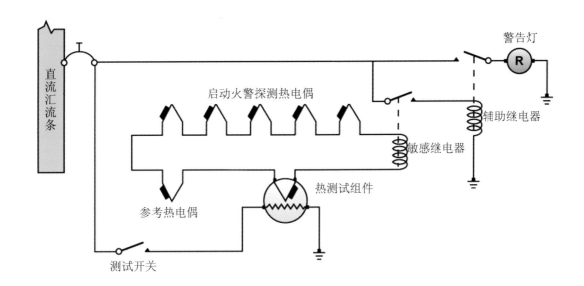

图14-18　热电偶火警探测器

JAA火警相关规章

对于双发飞机(燃气涡轮发动机或活塞发动机)、通勤飞机或在座舱不能方便观察发动机的飞机上,当出现火灾或过热时,机组必须能收到警告。

  ➢ 发动机燃烧区1;
  ➢ 燃气涡轮发动机的区域2,包括:
    • 燃烧室,
    • 涡轮区,
    • 排气管;
  ➢ APU;
  ➢ 其他可能发生火灾的区域;
  ➢ 主起落架舱;
  ➢ 货舱(B~E区);
  ➢ 休息室。

JAA规章要求,配备火警探测系统的飞机,当飞机的火警或灭火系统工作不正常时不能继续起飞。

双回路

许多飞机使用两套探测系统监测同一个位置。两套系统通常标志为A、B系统。如图14-19所示,用一个三位开关或者三位旋转开关进行控制,三个位置如下:

  ➢ 只使用A回路;
  ➢ 只使用B回路;
  ➢ A+B回路共同使用。

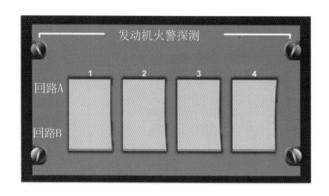

图14-19　火警探测器选择电门

如图14-20所示,为三种不同的火警探测逻辑关系。如仅仅选择A或者B回路模式,任何触发A或B回路的信号将导致座舱火警警告。如果选择A+B回路,两个回路把各自的信号传送到"与"逻辑门,必须要两个回路都触发火警信号,才能最终触发座舱警告。

A和B回路同时工作可以减少误报概率。如果在飞行中有一个回路故障,机组人员可以取消A和B回路工作模式,即选择单个回路模式进行工作。JAA最低设备清单仅仅要求在起飞时有一个可靠正常的火警探测设备。因此,双回路系统允许当一个回路出现故障时继续飞行。

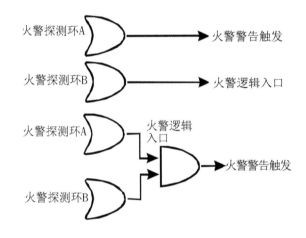

图14-20　火警逻辑

内置测试——BIT

现代火警探测系统装备了内置测试系统。当给该系统通电时,这些系统连续监控整个系统的完整性。如果该系统出现故障,火警面板上琥珀色的失效灯亮,这可警告机组选择其他可用探测系统。

然而,当其中一个回路出现故障,而此时机组选择双回路工作模式时,现代固态控制器能监控系统,并触发火警信号。

一些较老的系统,要求飞行员在飞行过程中经常按压测试电门,以确认系统的完整性。

飞行前检查

机长在起飞前必须确认火警探测系统的完整性,以确保满足规章要求。

音响和视觉信号

对于火警报警,音响信号可以是铃声、喇叭或钟声。机组可以抑制报警声音,如果抑制后再发生火灾,音响警告声音会再次响起。

为了便于飞行员看到警告信号,视觉警告信号采用红色闪烁灯光。视觉信号也可以抑制,和音响信号一样,如果抑制后再发生火灾,红色闪烁灯光会重新点亮。

火警指示

如图14-21所示,在驾驶舱的火警面板上出现一个持续的红色灯光。

火警解除之前,飞行员不能对火警指示灯进行复位。当火警探测器自己复位以后,如果在同一个区域又发生了火灾,火警系统在复位后将重新起动。

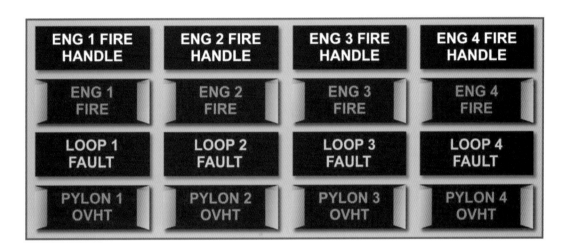

图14-21　中央警告面板

按照JAR 25标准制造的大飞机,如图14-22所示,当发动机发生火灾时将点亮火警手柄灯进行报警。火警手柄的功能将在下面的章节描述。

图14-22　出现发动机火警时火警手柄点亮

过热警告

当有过热的情况发生时,例如燃气涡轮发动机排气温度升高等,琥珀色或者黄色的过热指示灯会在警告面板的适当位置点亮,但此时不会触发火警手柄灯亮。如图14-20所示的吊架过热警告,在飞行手册的非正常程序中详细描述了处置措施。

卫生间火警系统

对于座位数在20座及以上的飞机,每一个卫生间必须配备一个烟雾探测器或类似设备。该设备能提供:

➤ 驾驶舱警报灯;或

➤ 机组容易察觉的客舱音响或灯光警报。

灭火

本章下一部分详细描述在飞行过程中如何灭火,以及相应的规章强制要求。该内容细分为固定式灭火系统和手提式灭火瓶。我们首先讨论飞机上使用的灭火剂。

表14-1　灭火剂

灭火剂	俗名	化学式	用途
二氧化碳	CO_2	CO_2	货舱 发动机舱
溴氯二氟甲烷	BCF-Halon 1211	$CBrClF_3$	座舱 客舱 货舱 发动机舱
水	水	H_2O	客舱
甲基溴,溴化甲烷	MB	CH_3Br	发动机舱

二氧化碳(CO_2)

CO_2靠隔离火灾区域的氧气实现灭火,因为CO_2对人有一定毒副作用,因此在客舱不常用。

CO_2用于灭火非常有效,液态的CO_2灭火能力非常强,能有效降低着火材料的温度。但是,根据JAA规章要求,任何舱位灭火使用的CO_2不能超过5 lb。因此,飞机上使用最多的灭火剂并不是CO_2。

CO_2以液态形式装在灭火瓶内,由于其具有较强的挥发性,所以不需要增加压力就能够使其从灭火瓶内喷出。

注:虽然人在呼吸的时候,肺内有一定比例的CO_2,但空气中CO_2含量增加对人体有毒副作用。

溴氯二氟甲烷($CBrClF_3$)

BCF-Halon 1211是一种卤代烃,此类化合物也称作氟利昂。BCF是一种无腐蚀性的化学物质,当其汽化时能形成毯状薄雾。BCF薄雾能将发生火灾处的可燃物和氧气隔开,进而阻止火灾发生。

氟利昂在氮气高压作用下以液态形式存贮,当使用灭火器时氟利昂以液态形式喷出。BCF使着火点降低以后不会再重新燃烧，并且毒性比CO_2更低。同时BCF能够从手持的灭火瓶中喷出，让灭火者保持适当的安全距离进行灭火。无论B区或者C区都可以采用该种灭火剂。

水（H_2O）
在客舱和飞机的A类区域，手提式灭火瓶使用水作为灭火剂，水在高压氮气的作用下喷出灭火。

甲基溴化物（MB）
甲基溴化物也是在氮气的作用下以液态的形式存贮，当使用灭火器的时候，也以液态形式喷出。这是一种比较老的灭火剂，有剧毒，对铝合金、镁合金和锌合金有较强的腐蚀作用。如果发动机舱错误地使用了该种灭火剂，灭火后发动机必须加热使灭火剂汽化，同时检查周围结构是否损坏。

甲基溴化物有剧毒，空气中如果有$0.5\% \sim 1\%$的甲基溴化物，在半个小时内就可以导致人死亡。

甲基溴化物是所有灭火剂中毒性最高的，由于制造商不提供这种灭火剂的相关服务，因此这种灭火剂已基本被淘汰了。然而，需要小心的是仍然有部分飞机使用该种灭火剂。

防护性呼吸设备
如图14-23所示，在飞机上安装灭火系统的地方，规章要求每一个机组人员都必须配备防护性呼吸设备。当飞行机组人员发现火警并证实有火灾发生的时候，首先要带上防护性呼吸设备，确保有毒的烟雾和灭火剂不会使机组失能。

图14-23　防护性呼吸设备

固定灭火系统
对机组人员使用手提灭火瓶无法到达的区域，必须安装固定灭火系统。规章要求如下：
➤ 对每一个明确的火警区域，必须安装两套灭火系统，每一套都有充足灭火剂。
➤ 每一个固定灭火系统都有充足的灭火剂，必须保证在所保护区域内发生火灾时能够扑灭。要考虑所保护区域的容积及其空气流通量。
➤ 在飞机的发动机舱里面的灭火系统，必须能够同时保护飞机的发动机舱里面的所有区域。

为了遵守上述规章,灭火系统必须有足够的灭火剂,以保障:

> 完全灭火;

> 在冷却过程中灭火剂保护该区域,阻止火灾进一步发生。

然而,为了减轻携带两个全尺寸灭火系统带来的重量损失,当局同意两个灭火系统可以同时向一个发动机供应灭火剂,参见下面的交输系统。

球形固定灭火器

现代固定灭火系统的灭火瓶都是球形的,因为和老式圆柱形灭火瓶相比,球形灭火瓶能够以更小的尺寸存储更多的灭火剂。

爆炸帽与测试

如图14-24所示,爆炸帽出口安装有易碎的圆形活门,少量炸药形成的轻微爆炸能击穿该活门。当操作灭火装置时,炸药由电流引爆,直接击穿圆形活门或将塞子穿透活门,释放灭火剂。

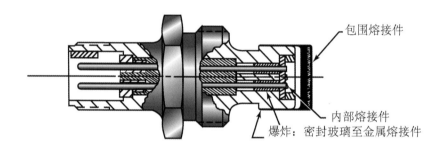

图14-24 爆炸帽

如图14-25所示,为了保证每个火警电路的完整性,机组人员在飞行之前要进行一系列的测试。当飞行员按下爆炸帽测试按钮时,一个微电压接通至爆炸帽。这样可不必引爆爆炸帽,同时完成系统的完整性测试。如果系统正常,一个绿色或黄绿色指示灯点亮;如果测试不通过,要排除故障后才能起飞。

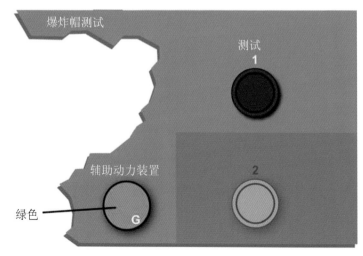

图14-25 爆炸帽测试面板

圆柱形固定灭火器

如图14-26所示为圆柱形的固定灭火器,该灭火瓶有两个接头通常称为双操纵头,操纵头和灭火瓶的颈部相连。

双操纵头及其腿部像一个倒立的"Y"字,每个操纵头和另外的舱位或发动机相连,其有自己的爆炸帽,参见后面交输系统描述。

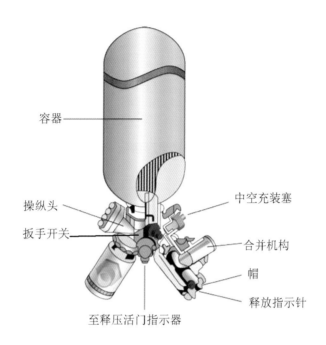

容器

操纵头

扳手开关

中空充装塞

合并机构

帽

释放指示针

至释压活门指示器

图14-26　双操纵头圆柱形固定灭火瓶

热释放活门和热释放指示

为了防止灭火瓶由于温度过高导致爆炸,释压活门将释放部分灭火剂到外部大气。热释放过程操纵外部的过热释放指示器,为了保证机组意识到灭火瓶已经发生热释放,系统安装了压力开关,该开关和火警面板相连,热释放时压力开关闭合点亮座舱释放指示灯。

为了指示灭火瓶由于高温高压已经发生了热释放,在飞机的蒙皮上安装了热释放指示器,如图14-27所示。热释放指示器和灭火剂释放管路相连,当灭火剂热释放到机身外部时,将吹落指示器的绿色指示盘,露出红色底盘。当进行起飞前外部检查时,红色底盘将警告检查人员灭火器瓶已经发生了热释放。

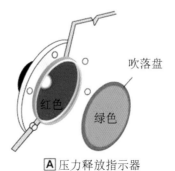

吹落盘

红色

绿色

Ⓐ 压力释放指示器

图14-27　过热释放指示器

在不需要加电和检查火警面板的条件下,有两种方法可以用来检查灭火瓶是否已经释放。

➤ 释放销;

➤ 释放塞。

如图14-28所示,如果可以接近操纵头,可以利用释放销判别灭火瓶是否释放。当爆炸帽引爆时塞子落下,同时在帽中央突出一个小的销子,这个销子可以被观察或触摸到。

如果操纵头不能接近,可以用释放塞进行判断。在灭火瓶至相应舱位安装有释放塞,释放塞连通飞机蒙皮。当爆炸帽引爆时,灭火剂产生的压力向外推动释放塞,弹出一个黄色的圆盘,一方面阻止灭火剂喷出机身,另一方面可以让灭火剂喷向发生火灾的区域。

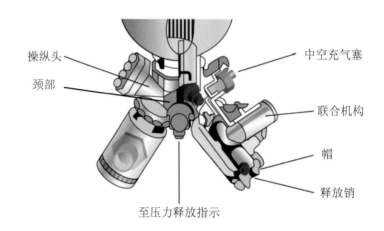

图14-28 固定式灭火器释放销

如图14-29所示为某中远程双发飞机的交输灭火系统的示意图。在该系统中,两个固定灭火瓶都有双操纵头。每个灭火瓶都分别有一个前货舱操纵头和后货舱操纵头。

较大的灭火瓶是主灭火瓶,不管前货舱还是后货舱发生火灾,都会释放灭火剂灭火。主灭火瓶容量足以扑灭发生的火灾,同时能较长时间地隔离空气中的氧气,直到燃烧物降温,以防止重新发生火灾。

如果空气流通的量比较大,火警未能成功解除,第二个灭火瓶可以增加灭火剂的量,在剩余飞行过程中保护货舱。这种设计方法可以允许运营人降低飞机的重量,否则飞机的每个舱位都必须配备两个全尺寸灭火瓶。

如图14-29所示,前货舱发生火灾将在警告面板上触发连续的红色火警灯。红色火警灯上部的预位灯表示主灭火瓶和备用灭火瓶的爆炸帽已经预位。打开灭火瓶释放电门保险,按压电门将释放主灭火瓶。

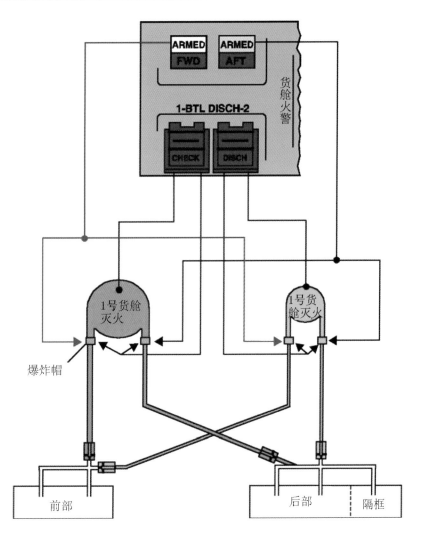

图 14-29　货舱交输灭火系统

　　如果安装的是单个的灭火瓶,每个灭火系统都有预位电门和有保险的释放电门。这些开关常采用脉冲控制,采用按下接通并锁上的工作模式。

　　如果火警发生,驾驶舱的"FWD/AFT"或"FIRE/SMOKE"预位灯亮。按压该电门使该灭火回路预位。

　　为了显示预位电门已被按下,且灭火系统已预位,一个白色的 ARMED 灯点亮。现在预位电门上所有标志均点亮。

　　为了实施灭火,飞行员必须打开保险并按压灭火电门。这使整个灭火电路接通,爆炸帽爆炸,同时白色的释放灯亮。当火灾被成功扑灭以后,传感器返回正常状态信号,红色警告标志熄灭。

　　为了实施灭火,飞行员必须打开保险并按压灭火电门。这样就使整个灭火电路接通,导致所选择的灭火瓶的爆炸帽爆炸,同时对应的白色的灭火剂释放灯亮。

当火灾被成功扑灭以后,传感器返回正常状态信号,红色警告标志熄灭。如果火灾继续蔓延,飞行员可以操作第二个已经预位的灭火瓶。

发动机火警指示系统

对于大型运输机,持续的火警用相应的发动机灭火手柄灯亮表示。当发动机失火时,需要切断发动机的可燃液体供给,隔离可能的火源,关车并快速预位并起动发动机灭火系统,上述功能只需要对灭火手柄进行两步操纵即可完成。

灭火手柄

如图14-30所示,首先拉起相应的灭火手柄,这个动作同时完成下列步骤:

➢ 发动机的交流发电机从整个飞机的电源系统中隔离;

➢ 关断发动机的燃油、液压油和其他任何可燃液体供给;

➢ 关闭发动机的点火系统电路;

➢ 预位灭火系统。

如果是大型涡扇发动机,机组人员必须等发动机的转速降低后,才能对发动机灭火,这是因为转速降低能减小火灾区域的通风。

第二步是向1号主灭火瓶转动灭火手柄,扳住手柄能触发相应灭火瓶的爆炸帽,然后小心地将手柄再扳回中央位置。向相反方向扳动手柄,将触发另一个灭火瓶的爆炸帽。因为手柄是使用弹簧加载,所以松手后手柄可能弹回中央位置。

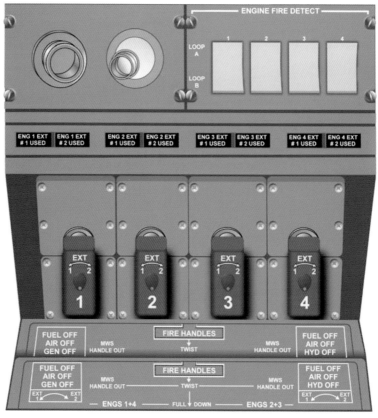

图14-30　发动机火警面板

直到成功灭火并且系统复位后,灭火手柄灯才熄灭。操纵灭火手柄释放特定灭火瓶,将导致相应灭火瓶白色释放灯点亮。在剩余飞行中白色释放灯保持点亮。灭火手柄的标准程序要求,灭火后手柄保持在拉出位,以确保发动机仍然和燃油系统隔离。

当成功灭火后,操作程序要求机组在着陆以前,释放第二个发动机舱/货舱灭火瓶,以防止在着陆阶段重新发生火灾。

对于涡桨飞机,螺旋桨必须顺桨以防止风车效应,否则不但增加阻力,还能带动发动机增加通风。

辅助动力装置火警保护

现代APU有两种工作情况:

> 在地面工作;
> 飞行中工作。

在地面上,座舱无人时通常需要保持APU运行。为了确保灭火系统正常工作,灭火系统通常选择自动工作模式。如果两套灭火系统中的一套探测到火灾发生,系统自动关闭并隔离APU,同时起动灭火系统进行灭火。

在飞行中,规章要求机组人员必须监控APU,这时系统改为人工模式。当出现火警包括音响、灯光报警时,机组人员操纵APU灭火系统。现代控制系统使用空地逻辑自动转换APU灭火系统的飞行模式和地面模式,如图14-31所示。

图14-31　辅助动力装置控制面板

起落架舱

主起落架舱需要火警和过热监控,因为过热的刹车装置可能在机翼油箱旁边引起火灾。如果出现了过热警告,正确程序为减速至v_{LE},并放下起落架利用相对气流进行降温或吹灭明火。

手提式灭火瓶

规章要求:

➤ 手提式灭火瓶必须经过适航认证;

➤ 灭火剂的型号和数量必须和所使用区域可能发生火灾的类型相对应,必须能降低有毒气体的危害;

➤ 手提式灭火瓶都应该易于拿到,并且容易从安装托架上取下;

➤ 除非手提式灭火瓶是容易被发现的,否则都应该有标牌指示其所在位置。

座舱

座舱内至少应该有一个灭火瓶,并且适用所有类型可燃液体和电气设备火灾,灭火剂应该是1211(溴氯乙烷,即CBrClF2)或类似的灭火剂,必须安装在机组人员方便拿到的地方。座舱通常使用1211灭火剂。

座舱以及和其相连的舱位,通常不能使用干粉灭火剂。因为使用干粉灭火剂对人的视线影响较大,同时,绝缘体接触干粉灭火剂残留物可能改变其导电性能。

货舱A区、B区和E区

在货舱的A区、B区以及行李舱区,至少有一个手提灭火瓶可用。在飞行中,机组可以进入的E区或行李舱区有同样的规章要求。

厨房

在飞机的上下厨房,至少配备一个容易拿到的手提式灭火瓶,图14-32为典型的下部厨房。

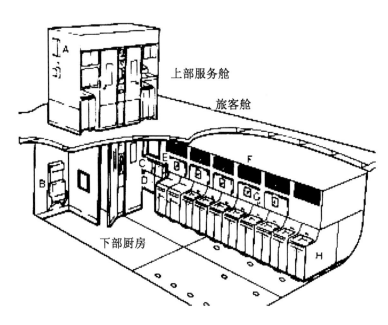

图14-32 大型运输机的下部厨房

客舱手提式灭火瓶

客舱配备的灭火瓶最低数量及其型号如表14-2所示。

表14-2　客舱配备的灭火瓶最低数量及型号

乘客数量	灭火器数量	灭火剂类型
7到30	1	Halon 1211或同类型灭火剂
31到60	2	Halon 1211或同类型灭火剂
61到200	3	两个Halon 1211或同类型灭火剂
201到300	4	两个Halon 1211或同类型灭火剂
301到400	5	两个Halon 1211或同类型灭火剂
401到500	6	两个Halon 1211或同类型灭火剂
501到600	7	两个Halon 1211或同类型灭火剂
601到700	8	两个Halon 1211或同类型灭火剂

➤ 在需要多于1个灭火瓶的客舱,其他灭火瓶必须适合于该舱位可能发生的火灾类型。

➤ 在只需要1个灭火瓶的客舱,灭火瓶应该放在离机组服务站比较近的位置。

如果在客舱中没有机组人员,灭火瓶应该放置在门边。

➤ 如果客舱只有2个手提灭火瓶,规章没有明确要求放在什么地方,灭火瓶应该在客舱前后各放置1个。

如果在客舱中有1名机组人员,第二个灭火瓶应该靠近进门的地方,或者放置在座舱的另一端。

➤ 在客舱,当需要多于2个灭火瓶的时候,客舱前后必须放置至少1个灭火器,剩下的灭火瓶保证均匀分布在客舱内。

实际上,综合考虑到座舱座位数和座舱布局,最小化有毒气体的排放,以及卫生间、厨房的布置等,通常情况下实际布置的灭火瓶要多于规章最低要求。

卫生间灭火

对于客座数大于20的飞机,规章要求卫生间必须安装固定灭火器。当发生火灾时,灭火系统能自动对废纸篓进行灭火。

因为有乘客在长时间的飞行中试图使用卫生间吸烟。他们可能阻挡烟雾探测,然后将烟头扔进废纸篓。有些情况下烟头没有完全熄灭就直接扔进废纸篓,这可能将废纸篓内的可燃物点燃,从而引发火灾。卫生间的液体化学品也可能燃烧,因此,需要自动灭火系统自动扑灭废纸篓内的火灾。

如图14-33所示,装有卤代烃灭火剂的小型灭火瓶,被安装在卫生间的废纸篓后面。该灭火瓶的管路直径较小,灭火瓶内充装BCF灭火剂后,使用一种低熔点金属密封。

如果废纸篓发生火灾,热量使密封金属融化,灭火剂释放灭火。为了让地面工程人员知道灭火剂释放时的温度,有一排温度敏感银色圆点的一张卡片被安装在一侧,如图14-33右边所示。当达到相应温度时,银色的标记变为黑色。

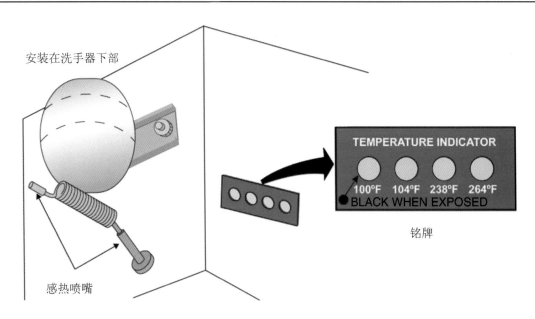

安装在洗手器下部

TEMPERATURE INDICATOR

100°F 104°F 238°F 264°F
BLACK WHEN EXPOSED

铭牌

感热喷嘴

图 14-33　卫生间火警监控

机轮火灾

将来 JAA 的 ATPL 和 CPL 执照考试中,涉及航空器一般知识的考题,有在地面使用何种灭火剂对飞机起落架舱、机轮刹车装置进行灭火的问题,最佳答案是用干粉作灭火剂。

实际上,签署遵守 JAR-FCL 规章的国家,并没有标准的机场消防程序。英国的机场消防规章遵循《家庭办公室消防服务手册》第 4 卷上的规定。

该手册反映了当前的消防思想,要求消防车从机轮的前面或后面接近机轮,使用水进行控制、冷却和扑灭火灾。如有需要,同样用干粉灭火剂喷洒机轮。

除非合格消防员,否则不能使用水对刹车装置机型灭火。因为,水遇到燃烧的镁合金将发生剧烈化学反应。

图 14-34　机轮刹车起火后

第十五章
通用应急设备

概述

在JAA的课程大纲中,规章要求的应急设备及相关系统,包括从急救箱到声呐定位系统。为了使内容更具条理性,本书对相关内容进行了细分。如在第十三章中介绍了氧气系统,在第十四章中介绍了灭火系统。剩下的应急设备将在本章中介绍。

应急照明

客机应该为所有的乘客提供照明以保证其安全上下飞机。当迫降后正常照明失效时,应急照明能使旅客和机组撤离飞机。

应急照明应完全独立于飞机的电源系统,或由飞机系统充电的蓄电池提供电源。无论使用何种系统,应急照明需要能至少维持在10 min以上的时间。

如果是使用蓄电池供电,应急照明应该在机身断裂的情况下能正常工作,同时要防止蓄电池的电完全释放。任何情况下应急照明必须能够在座舱或者客舱人工打开。

应急照明开关

如图15-1所示,座舱应急照明开关必须有"开""预位""关"三个位置,防止无意中将其从"预位"位扳到"开"位。当飞机接通电源且开关不在"预位"位时警告灯亮。当座舱开关选择"预位"时,如果飞机坠毁负加速度将触发坠毁电门,飞机115 V交流电失效,应急照明将自动点亮。

图15-1 座舱应急照明开关和指示灯

如图15-2所示,在客舱中机组成员所在位置可以人工打开应急照明,在客舱中的应急照明开关只有"开"和"关"两个位置,当客舱需要应急照明的时候,能够操控座舱中的"预位"位。

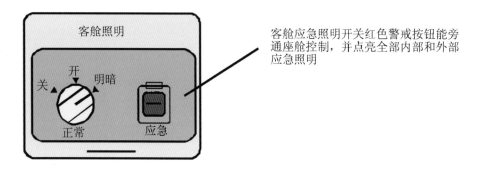

客舱应急照明开关红色警戒按钮能旁
通座舱控制,并点亮全部内部和外部
应急照明

图15-2　后部机组应急照明开关

应急照明区域

对于在1972年以后,按照JAR 23和JAR 25适航的飞机,在机身内部和外部都必须设置应急照明系统,如图15-3所示。

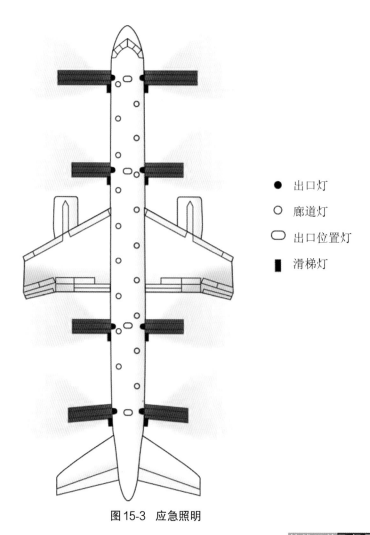

● 出口灯
○ 廊道灯
▭ 出口位置灯
■ 滑梯灯

图15-3　应急照明

内部应急照明

为了满足JAA规章对内部应急照明的要求,在地板或接近地板的位置每40 in必须要有指定强度的照明。该应急照明让撤离人员能看清到应急出口和舱门的路线,因此,在夜晚乘客离开座位后,乘客能沿着客舱通道看清应急出口所在位置,从而确认撤离路线。

对于地板灯,必须在40 in的范围内设置一盏。现代飞机使用冷光灯带,这也满足JAA对灯光的相关要求。

在应急出口的位置的上方必须有"EXIT"标志,根据该标志,乘客容易判断出口所在位置。"EXIT"标志采用冷色灯光,可以是白色背景下红色字体,或者红色背景下白色字体。如图15-9所示,舱门上的应急照明也采取类似方式。

外部应急照明

为了帮助乘客通过机翼应急出口或者滑梯撤离,在机翼应急出口或者滑梯处安装了应急撤离灯,照亮这些特殊区域,如图15-3所示。

应急手电筒

每个机组人员都要求配备一个手电筒,并且该手电筒在相应机组人员工作座位上就能拿到。如图15-4所示为机组人员使用的应急手电筒。每一个手电筒都放置在和飞机的电源系统相连的充电器中,当发电机工作时能够为手电筒的电池充电。

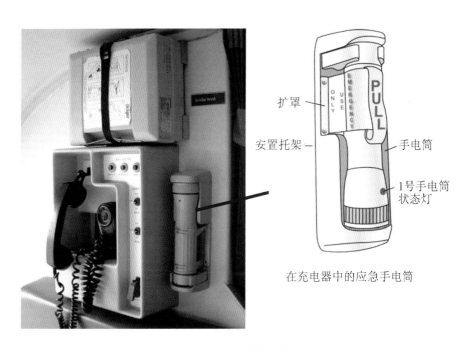

图 15-4 客舱机组站

一个LED灯显示手电筒的工作状态,当手电筒充电时红色的LED灯闪烁;当手电筒故障时红色LED灯常亮;当飞机关车时LED灯熄灭。可以通过手电筒开关打开手电筒,其至少可以使用20 min。

为了让机组人员能组织乘客在遇到应急情况时(在正常操作失效的情况下)实施紧急撤离,机组人员在遇到应急情况时应该能获得充电式便携扩音器,JAR 要求配备扩音器的最少数量如表 15-1 所示。

表 15-1　扩音器的配备

座位数量	必须配备扩音器数量
61~99	1
100 以上	2

对于座位数在 61 座及以上的飞机,载有一个及以上的乘客,除非安装如表 15-1 所示数量的扩音器并能正常使用,否则不能运行。

对于座位数少于 60 座的飞机,载有两个或者更多的乘客,必须配备一个扩音器。如果配备了两个或者更多的扩音器,扩音器必须均匀分布在客舱内,同时机组人员能够在紧急情况下使用以组织乘客撤离飞机。

扩音器应该放置在方便机组人员在工作岗位上获取的位置,然而,这个要求并不是必须要求固定扩音器的位置,只要机组人员要使用的时候能够拿到即可。对于按照 JAR 25 适航的飞机,存放扩音器的位置应该对扩音器起到一定保护作用,以便飞机在坠毁或者重着陆时不损坏扩音器。

紧急定位

当飞机失事后,为了寻找救助幸存者和确定失事飞机的位置。规章要求运输机必须安装紧急定位发射器、焰火发射器、声呐定位信标。规章和机载设备功能如下。

有不同类型的 ELT 如下所述。这些 ELT 用来帮助搜寻人员,定位失事地点和幸存者。

这种类型的 ELT 永久性固定安装在飞机结构中,当出现灾难性的事故后也将在残骸中保留。

这种类型的 ELT 安装在飞机上。在发生重着陆或者水上迫降等情况时,一个冲击传感器自动弹出天线发射信号,这种 ELT 可以漂浮在水中。

这种类型的 ELT 安装在飞机上。在发生重着陆或者水上迫降等情况时,一个冲击传感器自动使其工作发射信号。幸存者可以很容易地将该类 ELT 从飞机上取下来携带。

如果该类 ELT 使用飞机上固定天线发射信号,则在其壳体内安装了辅助天线装置。这种 ELT 在水上迫降的时候可以漂浮在水面上。

这种类型的ELT设计时就保证其可以从飞机上取下,当发生灾难时不管是浸入水中或手动起动,幸存者均能使其正常工作。这种ELT位于救生筏内并可以漂浮。

国际民航组织规定了ELT发射的频率,JAR-OPS 1规定ELT设备的最低要求,要求自2005年1月1日以后:

> ELT发射频率必须使用406 MHz和121.5 MHz;

> 飞机必须装备自动ELT;

> 对要从水域上空飞行的飞机,必须配备两个ELT。

焰火发射器

机载最普通的焰火发射器是全天候型应急信号器。该设备通常是一个圆柱形容器,两端各有一个帽子,一个帽子白天使用,另一个帽子夜晚使用。白天应急信号是橙色烟雾,晚上应急信号是手持型焰火。

声呐定位信标

JAR-OPS 1规定黑匣子必须配备一种可以帮助其在水中定位的装置,通常安装的是声呐定位信标。如图15-5所示,该定位信标在水压(在水下50 ft)的作用下触发开关自动开始工作。触动后发出一个"砰"的声音,该声音能在3 mile的范围内持续30天的时间。

图15-5　水下定位信标

对于洲际飞行的飞机,失事后很难找到和救助幸存者,因此就需要适当的救生设备。对难于救助的定义如下:

> 当飞机关键发动机失效后,至适合的着陆地点至少需要120 min以上飞行时间。

➢ 至其他着陆地点超过30 min。

应急出口

应急出口包括飞机的主舱门、机翼上的应急出口和腹部的应急逃生出口。基于结构的原因,所有这些门和出口都有圆形倒角,倒角对紧急撤离有一定影响。应急出口的尺寸、数量和位置在JAA的条款中都有说明,其不同类型及其大致比例如图15-6所示。

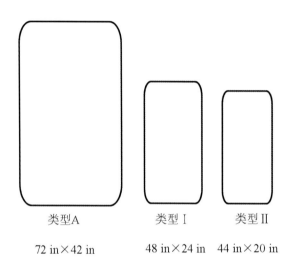

类型A   类型 I   类型 II

72 in×42 in   48 in×24 in   44 in×20 in

图15-6 应急出口对比

A类

A类是运输机正常的舱门,其下端和地板在同一个水平面上,长方形舱门打开时不少于42 in(1.07 m)宽×72 in(1.83 m)高。

I类

这类舱门要小一些,其下端和地板在同一个水平面上,长方形舱门打开时不少于24 in(61 cm)宽×48 in(1.22 m)高。

II类

这类舱门还要小一些,也是长方形,最小尺寸是20 in(50.8 cm)宽×44 in(1.12 m)高。这种舱门必须和地板平齐,除非作为机翼上的逃生门。

如果这些出口作为机翼上方的应急逃生出口,出口最低端不能高于座舱地板10 in(25.4 cm),和人走上一步台阶差不多,这个高度叫作"步高"。然后走到机翼或其他水平表面的时候不超过17 in(43.2 cm)。

应急出口之间的距离

对于在机身两边各有一个以上应急出口的飞机,在机身同一边布置应急出口的时候,间隔不能超过60 ft(18.29 m),这个距离沿着机身纵向进行测量,如图15-7所示。

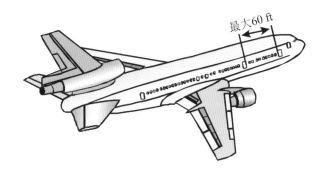

图 15-7　应急出口之间的最大距离

水上迫降应急出口

因为飞机有可能在水上迫降,在飞机漂浮时应急出口门应该在水线以上。

开门要求

每一个应急出口都必须能够从飞机的外部和内部打开。当门向内全开时不能影响向外开门。当出现下列情况如机身无变形、飞机在地面处于正常姿态、一个或者两个起落架受到损坏时,应急出口必须保证能够打开。

应急出口的打开必须简单方便,而且不需要额外用力。在开启机构正常工作的情况下必须保证10 s内完全打开。在应急情况下,如果一个或多个应急出口的打开主系统为电力驱动,当主系统失效时必须满足上述要求。为了满足应急出口打开要求,必须设置人工操纵装置。

每一个舱门必须有方法锁住,并防止由于误操纵或失效造成的意外打开。如果舱门设置是朝外开,必须让机组人员能直接目视确认舱门锁好,并且舱门上需要有窗子以便开门时确认外部无障碍。如图15-8所示。

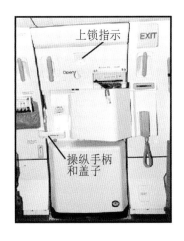

图 15-8　Ⅰ类舱门上锁手柄和盖子

任何外部旅客或服务舱门没有关闭锁好时,机组必须能收到相应目视警告信息。当舱门没有关闭锁好时,任何警告系统的失效不能误报舱门已经锁好。如图15-9所示,配备ECAM系统的飞机使用下部屏幕显示飞机舱门状态信息。未配备ECAM系统的飞机用中央警告板红灯指示舱门未关闭锁好。

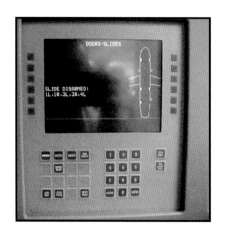

图 15-9　在 ECAM 下部屏幕上的舱门指示

机组应急出口

对于客座数在 21 座及以上的飞机,必须在座舱设置机组人员应急出口。为满足该规定,飞机的每一边或顶部需要设置应急出口。

对于客座数小于 21 座的飞机,在撤离时不方便或者不容易到达乘客应急出口时可以增设机组人员应急出口。对于某些飞机,飞行机组通过座舱可拆卸或滑动侧窗撤离。在大飞机上也可以通过这种方法撤离,同时配备了逃生绳索。如图 15-10 显示的机组人员应急出口。

图 15-10　机组应急出口——逃生口和可打开侧窗

飞机撤离时间

为了遵守安全规章要求,客座数在 44 座以上的飞机在失事后,在只使用一半的应急出口、内部应急照明、逃生滑梯的情况下,必须保证在 90 s 内全部撤离。按照 JAR 23 适航的通勤飞机必须满足使用单边的应急出口时,能在 90 s 内全部撤离。

逃生滑梯

该类滑梯适用于 2000 年 4 月 1 日后取得型号合格证的飞机。

如图 15-11 所示,逃生滑梯帮助乘客和机组人员快速逃离飞机,同时避免从飞机上直接跳下的时候受到伤害。规章要求在每一个离地面高于 6 ft(1.83 m)的应急出口,要设置一个逃生滑梯:

　　➤　起落架放下;或

>　一个或者几个起落架受损,同时出口高于地面1.83 m。

在A型门处配置滑梯时,必须配置双通道平行滑梯,允许两个逃生者并排撤离。所有的逃生出口至少配备一个单通道滑梯。

图15-11　波音747座舱滑梯

机翼上方的应急出口,其撤离路线通常是机翼后缘,因为后缘比前缘低。如图15-12所示,当起落架处于放下位置时,如果后缘襟翼处于起飞或着陆状态其最高离地距离超过6 ft(1.83 m),需要安装逃生滑梯。

如果由于飞机后缘高度原因没有逃生滑梯,撤离路线必须标明并覆盖防滑涂层。对于A类型门出口,滑梯必须有42 in(1.07 m)宽,其他所有类型的门都必须至少有2 ft(61 cm)宽。

当从飞机内部开启应急撤离门时,逃生滑梯应该自动打开。每一个逃生滑梯应该在10 s以内充气膨胀至正常工作状态。当不超过25 kt的风从最不利角度吹过时,不能影响滑梯的放出。 当所有人员都安全撤离到地面上的时候,一个人就能够将其收起,保证可以继续使用。

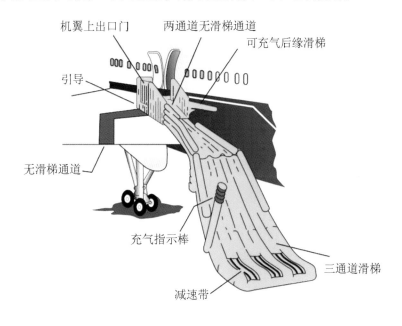

图15-12　机翼上逃生滑梯

逃生滑梯的预位与解除预位

如果应急出口是正常的旅客舱门或服务舱门,在正常地面运行中逃生滑梯必须解除预位,而当飞机滑出停机位准备起飞时必须能重新预位。机组通过舱门自动位/舱门手动位实施滑梯的预位和解除预位。

对于小型中短程双发飞机,比如波音737飞机,滑梯装在一个倒置的滑梯箱内,滑梯是舱门配重的一部分。当执行"舱门自动位"命令时,一名机组人员将一根标有"GIRT BAR"字样的钢制手柄插入和地板平齐位于舱门一侧的夹子内。滑梯的内侧一端连到手柄上,如果舱门打开且手柄处于预位位置,滑梯将被从滑梯箱内拉出。同时充气手柄被拉出,滑梯开始充气。解除滑梯预位时,取出标有"GIRT BAR"字样的手柄放于门上的夹子内,此时打开舱门将不启动滑梯。

如图15-13所示,大型宽体客机(如波音747飞机)的老式滑梯存储在滑梯箱中,飞行中将滑梯置于舱门处,而当乘客登机或离机时将滑梯箱存储在机体隔框结构空间内。滑梯有预位手柄,当手柄处于预位位置时,打开舱门将释放滑梯。当滑梯自动放出失效时,机组成员可以手动释放滑梯。

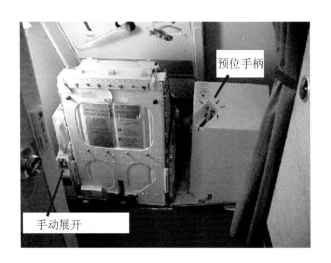

图 15-13　老式滑梯

如图15-14所示,现代飞机将滑梯放在滑梯箱中,而滑梯箱为舱门的一部分。当舱门设置为自动位时,手柄固定在舱门门框上。图15-15所示为当舱门打开后滑梯充气的全过程(10 s)。

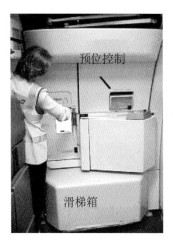

图 15-14　空客舱门

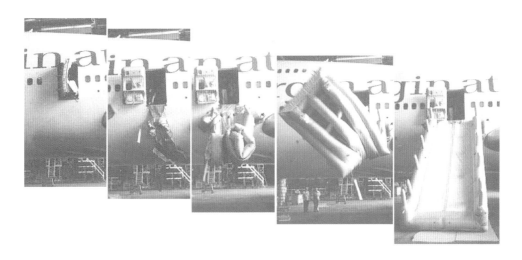

图15-15 舱门打开后滑梯在10 s内展开

水上飞行

水上漂浮救生设备根据如下要求配置：

➤ 飞机的飞行速度；

➤ 离岸距离；

➤ 离飞机适合着陆点的距离；

➤ 是否在水上机场进离场；

➤ 飞机的适航类型。

图15-16 波音平流层巡航飞机太平洋上迫降

对救生衣的要求

需要救生衣的情况：

➤ 对于陆上飞机，当飞越水域且离岸距离超过50 NM时；

➤ 当起飞或进近失败有可能水上迫降时。

对救生筏的要求

飞越水域需要救生筏的情况：

> ➤ 对于无双发延程运行的飞机,适合着陆点超过100 NM或需以巡航速度飞行30 min以上时;

> ➤ 对于有双发延程运行的飞机,适合着陆点超过400 NM或需以巡航速度飞行120 min以上时。

救生衣

为了满足JAA和CAA的规章要求,飞机上的每位乘员都必须配备一个可充气的救生衣,该救生衣必须从座位上可以方便地拿到。如图15-17所示为该种救生衣。救生衣可以使用压缩气体(通常是二氧化碳)进行充气,同时留有人工充气嘴。救生衣上有遇水起动的救生灯和口哨。对坐垫是否是救生设备不做要求。

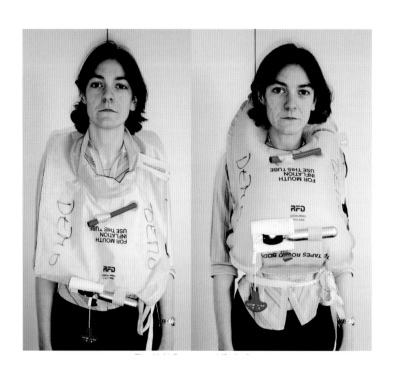

图15-17　旅客救生衣

救生筏

机内救生筏安装在应急出口附近,当飞机意外水上迫降时,救生筏必须能释放并充气。安装在飞机外部的救生筏,如安装在机翼翼根下缘整流罩内的救生筏,也必须能够自动或机内操纵释放并充气。

外部安装的救生筏必须靠易于解开的绳索固定在飞机上。为了防止救生筏或其使用者受到危害,若未解开绳索前飞机沉没则绳索必须能断开。

飞机上带的救生筏的数量取决于飞机的客座数及每个救生筏的座位数。乘客和救生筏之比必须足够,以保证当一个救生筏失效时,其余的救生筏能够容纳全部乘客。例如,一架100座的飞机,携带能够容纳25人的救生筏时,规章要求必须携带5个救生筏。

　　所有的救生筏都必须使用压缩气体(通常是二氧化碳)充气,同时必须有人工充气口以维持其充气压力。每个救生筏顶子的色彩都需易于分辨,如橙色、红色或黄色。救生筏有多个独立浮力腔,某个浮力腔失效不会影响其他部分。如图15-18所示,救生筏上需要配备遇水起动的救生灯,和可以将多个救生筏系在一起的长绳索。

图15-18　救生筏

救生筏上必须携带的设备

每一个救生筏必须配备如下设备:

- ➢ 充气泵;
- ➢ 海锚;
- ➢ 绳索;
- ➢ 防水手电筒;
- ➢ 急救工具;
- ➢ 食物;
- ➢ 水;
- ➢ 救生灯。

救生筏上唯一可以选装的设备是在6人及其以下的救生筏上的短桨。

滑梯筏

　　图15-19所示为某宽体客机(延程运行飞机)使用滑梯筏代替救生筏。该种滑梯筏安装在机身主舱门处(没有布置在机翼、腹部或尾锥出口处),滑梯筏所能容纳人的数量是救生筏的两倍。滑梯筏必

须有足够的空间能够容纳所有的乘客,并且当一个滑梯筏失效时,其余的滑梯筏能够容纳全部乘客。滑梯筏顶子必须涂成橙色、红色或者黄色等易于分辨的颜色,并能在不大于35 kt的海风中保护乘客。滑梯筏顶子可以是整体式的,也可以由乘员安装。

图15-19　滑梯筏

人工释放

滑梯筏必须设置自动和备用人工充气装置。如图15-20所示,当自动充气装置失效后可以进行人工充气。滑梯筏须和飞机结构可靠连接,这样能使其像陆地上滑梯一样。连接手柄必须易于取下,方便滑梯筏自由漂浮。当取下手柄时滑梯筏通过绳索和飞机相连;当飞机沉没时,绳索必须易于取下或断开。

图15-20　自动系统失效时手动对滑梯筏进行充气

图 15-21　滑梯筏充气

　　滑梯筏必须能够在25 kt的风力下正常工作,在舱门打开时,自动充气或者人工充气都必须在10 s内完成。一些滑梯筏存在滑梯模式和滑梯筏模式转换,如果模式转换需要转换充气嘴,相应充气过程也必须在10 s内完成。

　　滑梯筏上同样配备了救生设备,只是比救生筏上配备的少。这些设备放置在一个防水的容器里,当取下滑梯筏的安装手柄时这些救生设备自动释放,这样确保在陆地上时不妨碍紧急撤离。下面是最低设备清单。

　　每个滑梯筏必须配备的救生设备:

> 充气泵;
> 海锚;
> 绳索;
> 防水手电筒;
> 急救箱;
> 食物;
> 水;
> 救生灯;
> 应急刀具。

不可用应急出口,滑梯和滑梯筏

　　JAA规定的最低主设备清单上允许飞机有一个应急出口不可用。规章限制运营人可以在应急出口修好前,最多执行5次载客运行,总时间不超过72 h。当一个应急出口为不可用时,运营人必须考虑减少乘客数量,因为此应急出口及其附属的滑梯和滑梯筏也是不可用的。

　　飞机某一滑梯不可用时飞机也可以运行,假设相应舱门也不可用,对相关运营人的限制同不可用应急出口一致。如图15-22所示,不可用舱门在内部用橙色丝带标志,同时标示一个"禁止通行"标牌。在飞机的外部,该门的手柄处也标示了一个"禁止通行"标牌。该门配备的滑梯自动预位手柄,被置于地面位并锁住且需进行标示。

当机组人员在着陆后不能解除滑梯预位时,该舱门必须放置不可用标志和地面人员警告,必须有一名机组人员站在该舱门处,保证没有人试图打开使用该舱门。飞机在这种状态下可以在有限的时间内继续运行。

图 15-22　不可用舱门和滑梯

营救

舱门和应急出口的外部标志

在机身一侧的外部舱门要求在紧急情况下必须可以从外部打开,在机身外部必须有一个 2 in 宽的彩色带标志。如图 15-23 所示,色带的颜色必须和机身的颜色形成对比,以便于识别舱门所在位置。

应急出口使用强对比色标志

图 15-23　外部滑梯门标志

所有的应急出口及其边框,都必须用比较显著的颜色如红色或者黄色铬合金标志。如果舱门只能在飞机机身的某一侧打开,则该侧必须有明显标记。

切开标记

为了确保救援人员切开机身时不被高压管路或高压电路伤害,必须在飞机的外部标识切开区域。这将指导救援人员在该处切开不具有危险和困难,同时在标识区域切开后也不会影响飞机结构的整体受力。

标记必须遵守相关规章要求,如果因为飞机的背景色原因,导致红色的标志色不明显,则必须采用黄色进行标志。标志条的宽度和长度及标志条之间的距离如图15-24所示。

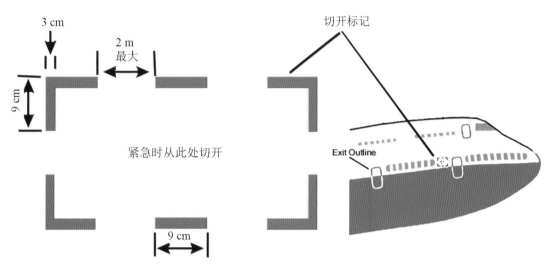

图15-24　切开标记

急救箱

运输机要求配备急救箱,供幸存者和机组人员使用,急救箱的最少数量如表15-2所示。

表15-2　最少急救箱数量

飞机客座数	飞机急救箱数目
0~99	1
100~199	2
200~299	3
300及以上	4

运营人必须定期检查急救箱以确定其有效,同时确保起飞前规章要求的最低数量急救箱可用。

主最低设备清单允许多余的急救箱可以不可用,但是如果需要不止一个急救箱时,一个急救箱不可用最多允许运行两天。

医用急救箱

如果飞机座位为30座及以上,且航段最不利点距可以提供医疗救助服务的机场超过60 min(以巡航速度计算),就需要配备医用急救箱。机长负责确保急救药品由具有医学资质的人员管理,同时飞机上医用急救箱必须放置在安全的地方。

医用急救箱必须定期检查,以确保其中的药品和设备可用。药品和设备必须用两种语言标志,其中之一为英语。标志内容包括所携带药物的作用和副作用。

运营人必须确保医用急救箱可用,否则不能起飞。主最低设备清单要求不满足上述要求的急救箱无效。

消防斧和撬棍

运营人运行最大起飞重量超过5 700 kg或最大客座数在9座以上的飞机,座舱内必须配备消防斧或撬棍。如果飞机的客座数在200以上,在后部厨房位置必须多配置一个消防斧或撬棍。位于客舱的消防斧和撬棍必须放置于乘客不可见位置。

防火手套

虽然JAR-OPS1的规章中没有强制要求,但是很多飞机上都携带了防火手套。防火手套通常都是用凯夫拉制成的长筒手套,手套能保护手和前臂不受高温和坚硬物体的伤害。防火手套、消防斧、撬棍和灭火器一起置于乘客不可见位置。

防烟面罩

为了使机组人员能在烟雾环境中组织乘客撤离,必须佩戴防烟面罩。防烟面罩放在机组站旁边,如图15-25所示。穿戴防烟面罩后能覆盖头部和肩部,其解放双手的同时能使穿戴者免于高温和烟雾的侵害。防烟罩内有化学氧气发生器,以确保穿戴者可在烟雾环境中工作至少20 min。

储藏箱内
防烟面罩

图15-25 防烟罩位置

后记

作为国民经济和社会发展的重要行业,我国民航业伴随着整个国民经济的发展而不断壮大。目前我国已拥有全世界最先进的民航飞机,机队规模也稳居世界前列,为适应民航业的高速发展,对飞行员培养的要求进一步提高。

飞行员作为民航运输业重要的从业人员之一,对其培养更要专业化、系统化,以实现民航运输业的安全与高效。为此,中国民航飞行员协会特组织民航业有关学者、专家编译了本套航线运输飞行员理论培训教材。

在本套教材的准备阶段,要特别感谢杰普逊(Jeppesen)公司对中国民航飞行员协会的支持。杰普逊公司以其80多年来为全球飞行人员提供理论培训的经验,为全球航空飞行的安全性和高效性等做出了积极贡献。为了支持中国民航业的发展,杰普逊公司更是将本套航线运输飞行员理论培训教材的版权通过民航总局飞行标准司无偿赠予中国民航飞行员协会,并主动放弃版权页的署名权,以便相关专家、学者在编译过程中将内容本土化,使本套教材更加适合中国飞行学员的实际理论学习。

同时,还要特别感谢中国民用航空局飞行标准司、中国民用航空飞行学院、中国东方航空股份有限公司飞行安全技术应用研究院、大连海事大学出版社,以及相关民航单位与个人在编译、编审、出版等方面的大力支持,使得本套教材得以顺利出版。

航线运输飞行员理论培训教材,包括《航空气象》《通用导航》《无线电导航》《飞机结构与系统》《动力装置》《航空电气》《航空仪表》《飞行原理》《飞机性能》《飞机重量与平衡》《飞行计划》《航空法规》《人的因素》《运行程序》《通信》,共15本教材。编译过程中紧密围绕飞行员航线执照理论考试大纲,力求概念清楚、理论正确、重点突出、条理清晰、知识点全面,并注重理论和实践相结合,涵盖了飞行的基本原理、飞机结构、运行程序及人的因素等各方面,图文并茂,疏朗的文字结构非常符合飞行员的阅读和思考习惯。

希望本套教材可以优化飞行员培养,夯实飞行员专业基础知识,从源头上提高人才培养的质量效益。

同时也欢迎同行及各界人士对本套教材提出宝贵意见,帮助本套教材与时俱进,实现飞行员理论基础培养的可持续发展。

2017年6月